广东省职业技能鉴定指导丛书

国家职业资格三级、二级、一级鉴定培训教材

工业控制新技术实训指导

广东省职业技能鉴定指导中心　组织编写

主　编　梁耀光　王小涓
副主编　郑誉煌　黄　鑫

·广州·

图书在版编目(CIP)数据

工业控制新技术实训指导/广东省职业技能鉴定指导中心组织编写;梁耀光,王小涓主编.—广州:华南理工大学出版社,2015.7(2025.2重印)

(广东省职业技能鉴定指导丛书)

ISBN 978－7－5623－4670－8

Ⅰ.①工… Ⅱ.①广… ②梁… ③王… Ⅲ.①工业控制系统－职业技能－鉴定－教材 Ⅳ.①TB4

中国版本图书馆 CIP 数据核字(2015)第 138447 号

工业控制新技术实训指导

广东省职业技能鉴定指导中心　组织编写

梁耀光　王小涓　主编

出 版 人：房俊东
出版发行：华南理工大学出版社
　　　　　(广州五山华南理工大学17号楼,邮编510640)
　　　　　http://hg.cb.scut.edu.cn　E-mail:scutc13@scut.edu.cn
　　　　　营销部电话：020－87113487　87111048（传真）
策划编辑：詹志青
责任编辑：詹志青
印 刷 者：广州一龙印刷有限公司
开　　本：787mm×1092mm　1/16　印张：18　字数：450千
版　　次：2015年7月第1版　2025年2月第8次印刷
定　　价：38.00元

版权所有　盗版必究　　印装差错　负责调换

编委会

主　任：陈俊传
副主任：杨耀基　彭衍惠　叶　磊
　　　　何秀文　邹炳辉　黄贵平
主　编：梁耀光　王小涓
副主编：郑誉煌　黄　鑫
编　委：（按姓氏笔画排序）
　　　　贝　瑛　牛保琴　田　琳　甘慧娟
　　　　叶　晖　叶光显　刘忠良　刘汉瑞
　　　　刘学忠　伍星红　吴　权　吴捷文
　　　　杨　帆　杨秀丽　张小慧　李　阳
　　　　林战国　周保廷　黄晓红　魏德仙

前　言

当前我国正面临经济结构调整、生产方式转变的关键时期，由工业化早期的劳动密集型向高新技术型的生产方式转变，在这历史转折点，亟须培养大批高素质、掌握现代工业控制先进技术的高技能经济建设人才。

为了使本书的编写更接近企业实际，编审人员深入工厂、企业进行调查研究，根据企业的需求和工业控制高新技术发展趋势，并结合多年教学、实践经验，本着"精选多练"的原则，安排教学内容，规划实践要求，确定了基本技能、综合技能、拓展技能的典型项目，特别是增设了近年工业控制领域中先进的工业机器人技术，努力实现与企业需要对接。

本书中项目源于生产实际，与企业生产中的核心技术有着紧密的内在联系，是维修电工等电类高技能人才必须掌握的重要技能。各实践项目起点较高、定位准确、目的清晰、可操作性强，力求符合当前对电类高技能人才培养的需要。本书可作为技工学校、技师学院、中高等职业院校、社会培训机构和参加职业技能鉴定测试的学生学习工业控制高新技术的实践性基础教材，也可作为有关工程技术人员、技术工人学习参考资料。

本书与《工业控制新技术教程》（广东省职业技能鉴定指导中心组织编写，主编梁耀光、余文烋，副主编王小涓、梁志坤，华南理工大学出版社2014年9月出版）是互为补充的配套教材，在完成本书各工作项目的过程中必须同时学习《工业控制新技术教程》的相关内容，掌握各项目的基本理论，才能更好地达到各项目的学习要求。

参加本书编审的专家、教授、企业的工程技术人员都长期从事教学、生产实践活动，具有丰富的教学和实践能力，他们来自华南理工大学、华南农业大学、广东工业大学、广东第二师范学院、广东番禺职业技术学院、广东轻工业学院、广州机电技师学院、广东国防科技技师学院、广州数控厂、广东三向教学仪器制造有限公司、广东珠江开关有限公司博士后工作站、ABB（中国）有限公司、深圳汇川科技公司等。

本书"基本技能篇"中工作项目一至六由郑誉煌博士后编写，工作项目七由刘学忠工程师编写，工作项目八由ABB公司叶晖工程师编写；"综合技能篇"的工作项目一、二由郑誉煌博士后编写，工作项目三、四、五由魏德仙副教授和杨秀丽老师共同编写，工作项目六由牛保琴高级讲师编写，工作项目七由牛保琴高级讲师和甘慧娟老师共同编写，工作项目八由叶光显工程师编写；

"拓展技能篇"由高级技师黄鑫等编写。他们为本书出版付出了辛勤努力,在此表示衷心感谢。

  本书在编写过程中得到广东省有关厅、局、院校、企业和科研单位的大力支持,在此深表谢意。由于编审者水平所限,不足之处敬请读者批评指正。

梁耀光 王小涓

2015 年 5 月

目　　录

第一篇　基本技能篇

工作项目一　双闭环晶闸管电机调速线路的安装与调速 …………………………… 3
　学习任务 1　三相桥式相控整流电路的安装与调试 ………………………………… 3
　学习任务 2　双闭环晶闸管不可逆直流调速安装与调试 …………………………… 13

工作项目二　FX 系列可编程控制器基本指令和主要功能指令的使用 …………… 17
　学习任务 1　FX 系列可编程控制器编程软件的使用 ……………………………… 17
　学习任务 2　数据传送处理和比较指令的应用 ……………………………………… 29
　学习任务 3　PLC 对自动售货机系统的控制 ………………………………………… 36
　学习任务 4　PLC 在隧道射流风机上的应用 ………………………………………… 45

工作项目三　三菱 FR 通用变频器使用的基本方法 ………………………………… 49
　学习任务 1　通用变频器的基本运行方式 …………………………………………… 49
　学习任务 2　通用变频器的程序运行及多段速度运行 ……………………………… 60

工作项目四　PLC、变频器和触摸屏之间的通信 …………………………………… 65
　学习任务 1　三菱触摸屏与 PLC 的通信 ……………………………………………… 65
　学习任务 2　昆仑通态触摸屏与 PLC 的通信 ………………………………………… 78
　学习任务 3　PLC（FX_{2N}）与三菱变频器的通信 …………………………………… 79
　学习任务 4　PLC（FX_{3U}）与三菱变频器的通信 …………………………………… 84
　学习任务 5　PLC（汇川 H2U）与三菱变频器的通信 ……………………………… 89
　学习任务 6　三菱触摸屏与三菱变频器的通信 ……………………………………… 92
　学习任务 7　昆仑通态触摸屏与三菱变频器的通信 ………………………………… 95

工作项目五　力控组态软件使用 ……………………………………………………… 97
　学习任务 1　力控组态软件的基本使用 ……………………………………………… 97
　学习任务 2　基于力控组态软件的交通灯模拟系统 ………………………………… 107

工作项目六　应用步进驱动系统实现机器人的定位控制 …………………………… 113
　学习任务 1　基于 PLSY 指令的步进系统控制 ……………………………………… 113
　学习任务 2　基于 FX_{2N}-1PG 模块的步进系统控制 ………………………………… 118

工作项目七　工业网络技术的应用 …………………………………………………… 123
　学习任务 1　CPU 315-2PN/DP PLC 与 Smart SR40 PLC 的 PROFINET 通信 ……… 124
　学习任务 2　CPU 315-2PN/DP PLC 与 MM440 变频器的 PROFIBUS-DP 通信 …… 138

工作项目八　工业机器人轨迹编程和搬运编程实施 ………………………………… 145

学习任务 1　工业机器人的轨迹编程 …………………………………………… 145
学习任务 1　工业机器人的搬运编程 …………………………………………… 151

第二篇　综合技能篇

恒压供水系统分析与控制

工作项目一　由单泵组成的恒压供水控制系统 ………………………………………… 163
工作项目二　由多泵组成的恒压供水控制系统 ………………………………………… 167

药物封装自动化生产线运行控制

工作项目三　上料工作站的控制 ………………………………………………………… 175
　学习任务 1　上料工作站的电气连接与操作控制 ……………………………… 175
　学习任务 2　上料工作站控制程序设计 ………………………………………… 186
　学习任务 3　上料工作站程序调试运行与优化 ………………………………… 192
工作项目四　加盖工作站的控制 ………………………………………………………… 198
　学习任务 1　加盖工作站的电气连接与操作控制 ……………………………… 198
　学习任务 2　加盖工作站控制程序设计 ………………………………………… 204
　学习任务 3　加盖工作站程序运行与优化 ……………………………………… 208
工作项目五　分拣工作站的控制 ………………………………………………………… 210
　学习任务 1　分拣工作站的电气连接与操作控制 ……………………………… 210
　学习任务 2　分拣工作站控制程序设计 ………………………………………… 215
　学习任务 3　分拣工作站运行与优化 …………………………………………… 217
工作项目六　机器人包装工作站的控制 ………………………………………………… 219
　学习任务 1　机器人包装工作站的电气连接与操作控制 ……………………… 219
　学习任务 2　机器人包装工作站控制程序设计 ………………………………… 229
　学习任务 3　机器人包装工作站程序调试与维护 ……………………………… 242
工作项目七　成品入仓工作站的操作控制 ……………………………………………… 246
　学习任务 1　成品入仓工作站的安装与接线 …………………………………… 246
　学习任务 2　成品入仓工作站的程序设计与调试运行 ………………………… 252
工作项目八　药物封装自动化生产线系统编程与调试优化 …………………………… 257

第三篇　拓展技能篇

工作项目一　工业洗衣机控制系统程序设计与运行 …………………………………… 267
工作项目二　手编器（手机）装配生产线系统自动化运行与优化 …………………… 269
工作项目三　工业机器人二维视觉系统的应用与设计 ………………………………… 274

参考文献 ……………………………………………………………………………………… 279

第一篇　基本技能篇

本篇内容是维修电工等电类高技能人才必须掌握的基本实践技能，也是完成其它篇实训项目的基础，包括电子、PLC、传感器、触摸屏、通信网络、工业机器人等当前工业控制领域中的主要技术。

工作项目一　双闭环晶闸管电机调速线路的安装与调试

随着电力电子技术的迅速发展，直流调速系统中的可控变流装置广泛采用晶闸管，将晶闸管的单向导电性与相位控制原理相结合，构成可控直流电源，以实现电枢端电压的平滑调节。本项目设计要求结合给定的初始条件来完成直流双闭环调速系统的设计。此部分即为学习任务1的内容。

直流双闭环调速系统的性能很好，具有调速范围广、精度高、动态性能好和易于控制等优点，所以在电气传动系统中得到了广泛的应用。直流双闭环调速系统中设置了两个调节器，即转速调节器(ASR)和电流调节器(ACR)，分别调节转速和电流。本项目对直流双闭环调速系统的设计进行了分析。此部分即为学习任务2的内容。

学习任务1　三相桥式相控整流电路的安装与调试

一、任务目的

(1)了解相控整流的基本原理，掌握不同性质负载时三相桥式相控整流电路输出直流电压的控制特性。

(2)观察输出直流和输入交流的波形。

二、任务实施的仪器设备

①三相桥式相控整流电路；②万用表；③导线若干。

三、任务准备

1. 三相桥式相控整流电路的原理

一般变压器一次侧接成三角形，二次侧接成星形，晶闸管分共阴极和共阳极。一般1、3、5为共阴极，2、4、6为共阳极。

(1)二管同时通形成供电回路，其中共阴极组和共阳极组各一，且不能为同一相器件。

(2)对触发脉冲的要求：

1)按 VT_1—VT_2—VT_3—VT_4—VT_5—VT_6 的顺序，相位依次差60°。

2)共阴极组 VT_1、VT_3、VT_5 的脉冲依次差120°，共阳极组 VT_4、VT_6、VT_2 也依次差120°。

3)同一相的上下两个桥臂，即 VT_1 与 VT_4，VT_3 与 VT_6，VT_5 与 VT_2，脉冲相差180°。

(3) u_d 一周期脉动6次，每次脉动的波形都一样，故该电路为6脉波整流电路。

(4)需保证同时导通的两个晶闸管均有脉冲，可采用两种方法：一种是宽脉冲触发，一种是双脉冲触发(常用)。

(5)晶闸管承受的电压波形与三相半波时相同,晶闸管承受最大正、反向电压的关系也相同。

三相桥式全控整流电路实质上是三相半波共阴极组与共阳极组整流电路的串联。在任何时刻都必须有两个晶闸管导通才能形成导电回路,其中一个晶闸管是共阴极组的,另一个晶闸管是共阳极组的。6 个晶闸管导通的顺序是按 $VT_6 - VT_1 \rightarrow VT_1 - VT_2 \rightarrow VT_2 - VT_3 \rightarrow VT_3 - VT_4 \rightarrow VT_4 - VT_5 \rightarrow VT_5 - VT_6$ 依次循环,每隔 60°有一个晶闸管换相。为了保证在任何时刻都必须有两个晶闸管导通,采用了双脉冲触发电路,在一个周期内对每个晶闸管连续触发两次,两次脉冲前沿的间隔为 60°。三相桥式全控整流电路原理图如图 1 – 1 – 1 所示。

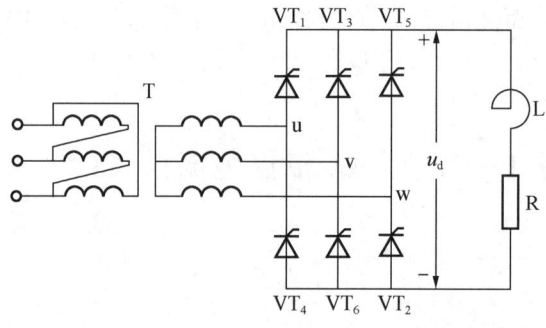

图 1 – 1 – 1　三相桥式全控整流电路原理图

三相桥式全控整流电路用作有源逆变时,就成为三相桥式逆变电路。由整流状态转换到逆变状态必须同时具备两个条件:一定要有直流电动势源,其极性须和晶闸管的导通方向一致,其值应稍大于变流器直流侧的平均电压;其次要求晶闸管的 $\alpha > 90°$,使 u_d 为负值。

三相桥式全控整流电路带电动机(阻感)负载原理图如图 1 – 1 – 2 所示。

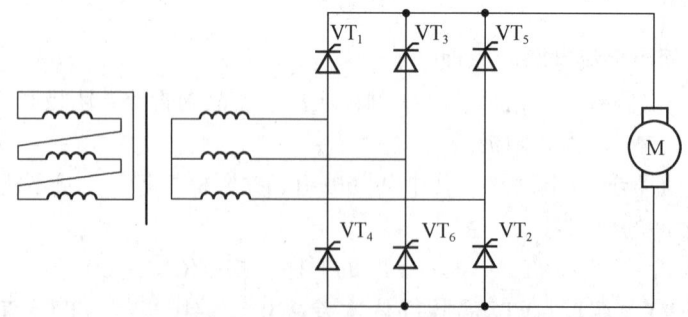

图 1 – 1 – 2　三相桥式全控整流电路带电动机(阻感)负载原理图

三相桥式全控整流电路大多用于向阻感负载和反电动势阻感负载供电(即用于直流电机传动)。下面主要分析阻感负载时的情况,因为带反电动势阻感负载的情况,与带阻感负载的情况基本相同。

当 $\alpha \leq 60°$ 时，u_d 波形连续，电路的工作情况与带电阻负载时十分相似，各晶闸管的通断情况、输出整流电压 u_d 波形、晶闸管承受的电压波形等都一样；区别在于负载不同时，同样的整流输出电压加到负载上，得到的负载电流 i_d 波形不同，电阻负载时 u_d 波形与 i_d 的波形形状一样。而阻感负载时，由于电感的作用，使得负载电流波形变得平直，当电感足够大时，负载电流的波形可近似为一条水平线。图 1-1-3 和图 1-1-4 所示分别为三相桥式全控整流电路带阻感负载 $\alpha = 0°$ 和 $\alpha = 30°$ 的波形。

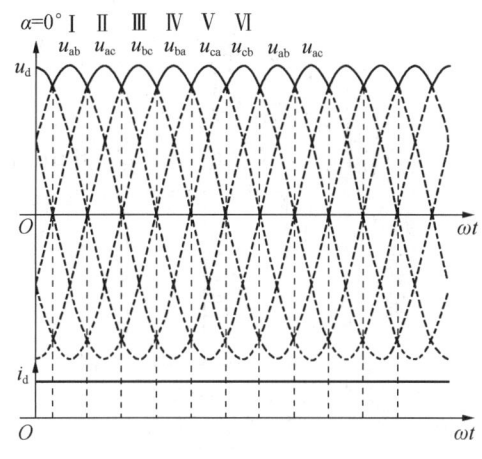 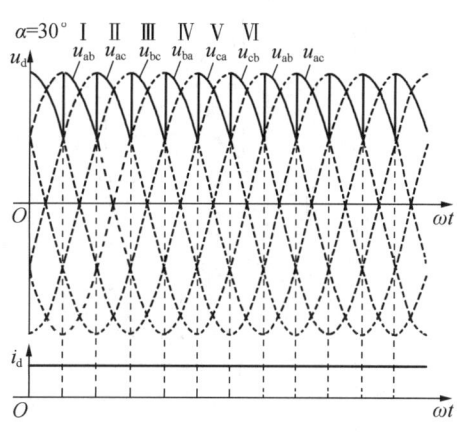

图 1-1-3　触发角为 0° 时的波形图　　　　图 1-1-4　触发角为 30° 时的波形图

当 $\alpha > 60°$ 时，阻感负载时的工作情况与电阻负载时不同，电阻负载时 u_d 波形不会出现负的部分；而阻感负载时，由于电感 L 的作用，u_d 波形会出现负的部分。图 1-1-5 所示为 $\alpha = 90°$ 时的波形。若电感 L 值足够大，u_d 中正负面积将基本相等，u_d 平均值近似为 0。这说明，带阻感负载时，三相桥式全控整流电路的 α 角移相范围为 90°。

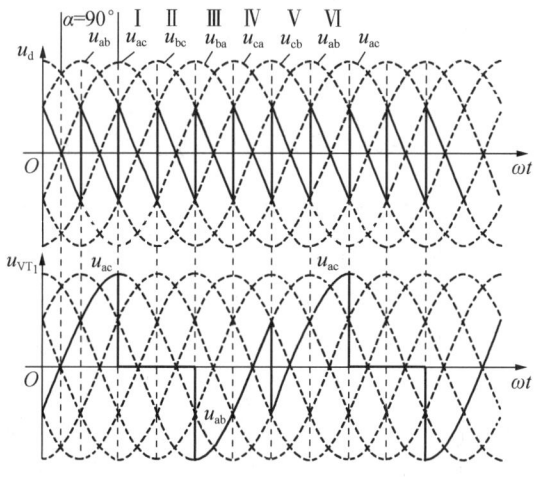

图 1-1-5　触发角为 90° 时的波形图

2. 三相桥式全控触发电路

三相桥式全控触发电路由 3 个 KJ004 集成块和 1 个 KJ041 集成块(KJ041 内部是由 12 个二极管构成的 6 个或门)及部分分立元件构成,可形成 6 路双脉冲,再由 6 个晶体管进行脉冲放大即可,分别连到 VT_1、VT_2、VT_3、VT_4、VT_5、VT_6 的门极。6 路双脉冲模拟集成触发电路如图 1-1-6 所示。

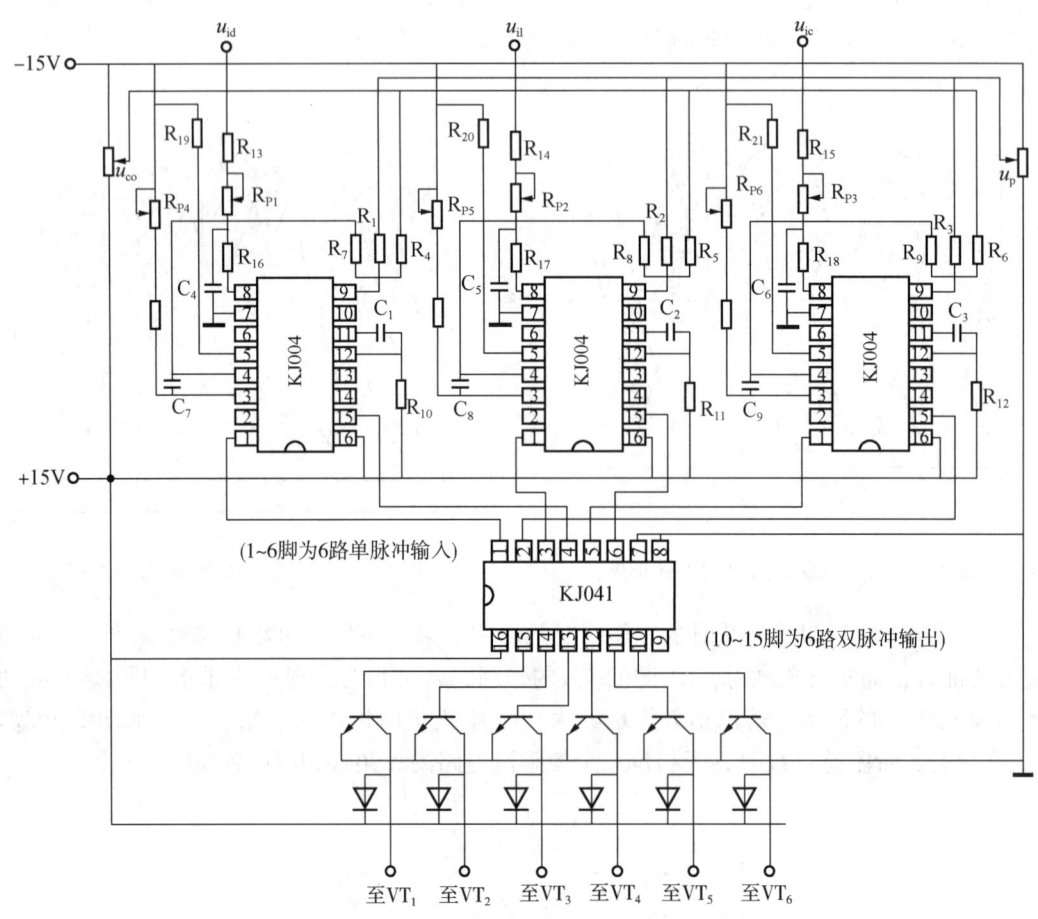

图 1-1-6　6 路双脉冲模拟集成触发电路

KJ004 与分立元器件的锯齿波触发电路相似,也是由同步、锯齿波形成、移相控制、脉冲形成及放大输出等环节组成。该电路在一个交流周期内,在 1 脚和 15 脚输出相位差 180°的两个窄脉冲,可以作为三相桥式主电路同一相所接的上下晶闸管的触发脉冲,16 脚接 +15V 电源,8 脚接同步电压,但由同步变压器送出的电压须经微调电位器 1.5kΩ 和电容 C_4、C_5、C_6 组成的滤波移相,以消除同步电压高频谐波的侵入,提高抗干扰能力。所配阻容参数使同步电压约后移 30°,可以通过微调电位器调整,使得输出脉冲间隔均匀。4 脚形成的锯齿波,可以通过调节 6.8kΩ 电位器使三片集成块产生的锯齿波斜率一致。9 脚为锯齿波、直流偏移电压 $-u_p$ 和控制移相电压 u_{C0} 综合比较输入。13 脚为负脉冲调制和脉冲封锁的控制。KJ004 各引脚电压波形如图 1-1-7 所示。

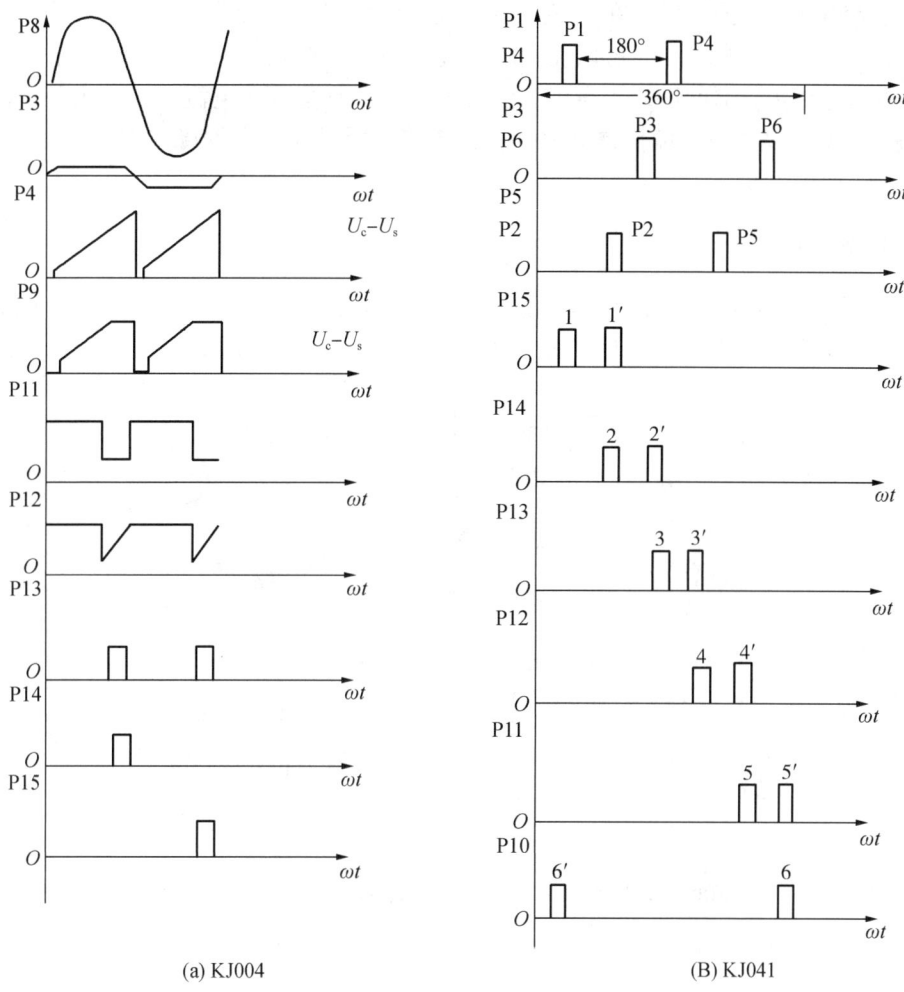

图 1-1-7 KJ004 与 KJ041 各引脚电压波形

四、任务内容

三相全桥相控整流主电路如图 1-1-8 所示。

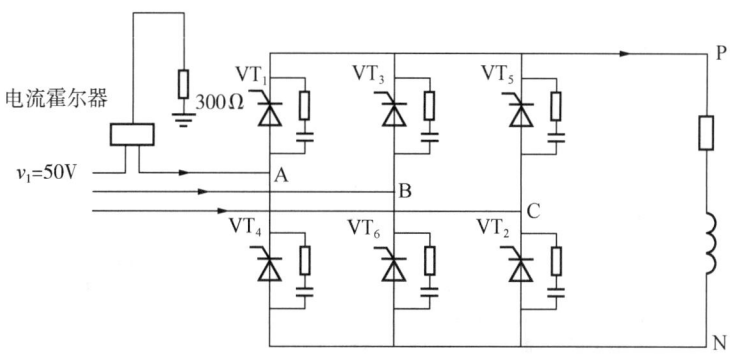

图 1-1-8 三相全桥相控整流主电路

(1)输入电流瞬时值,可以在A相电源引线上传入霍尔传感器。

(2)输出直流电压的大小,可以在负载侧直接使用示波器测量(衰减10倍)。

(3)霍尔电流传感器的设计。霍尔传感器主要用于测量输入电流大小。为了提高测量的灵敏度,可以选择"5匝"端使得灵敏度变为5倍,同时在二次侧接入300Ω电阻,此时传感器变比为1A/1.5V。

五、任务实施

1. 接纯电阻负载 $R = 200\Omega$ 且不接滤波器,观察相控角对输出电压的影响,记录输出电压、输入电流波形。当 $\alpha = 0°$ 时,输出电压和输入电流波形如图 1 - 1 - 9 所示。

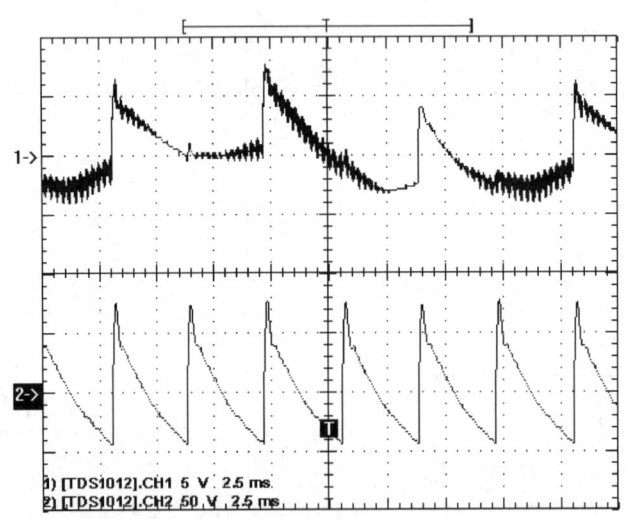

图 1 - 1 - 9 相控角等于 0°时输出电压(上)和输入电流(下)波形图

当 $\alpha = 30°$ 时,输出电压和输入电流波形如图 1 - 1 - 10 所示。

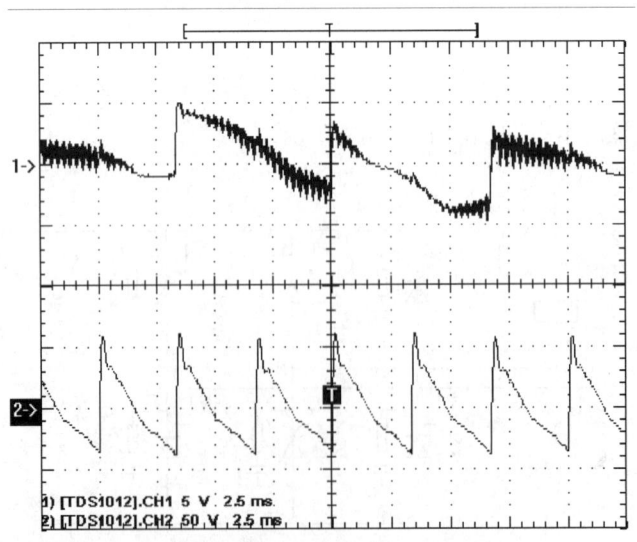

图 1 - 1 - 10 相控角等于 30°时输出电压(上)和输入电流(下)波形图

当 $\alpha = 60°$ 时，输出电压和输入电流波形如图 1-1-11 所示。

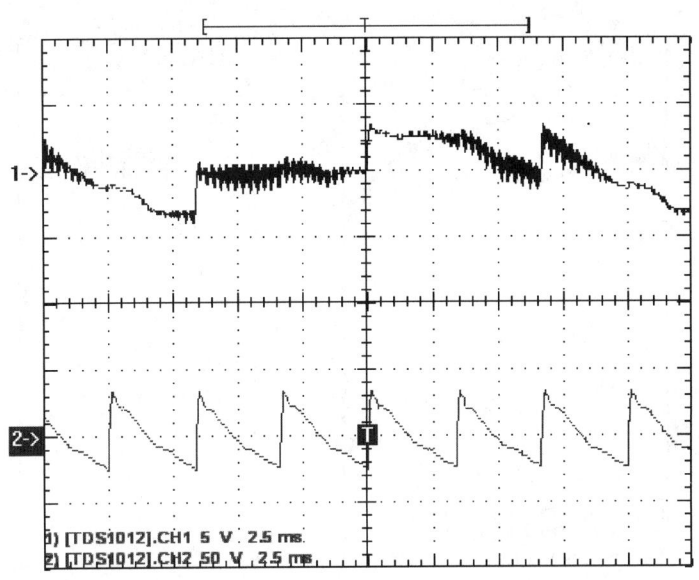

图 1-1-11　相控角等于 60°时输出电压(上)和输入电流(下)波形图

当 $\alpha = 90°$ 时，输出电压和输入电流波形如图 1-1-12 所示。

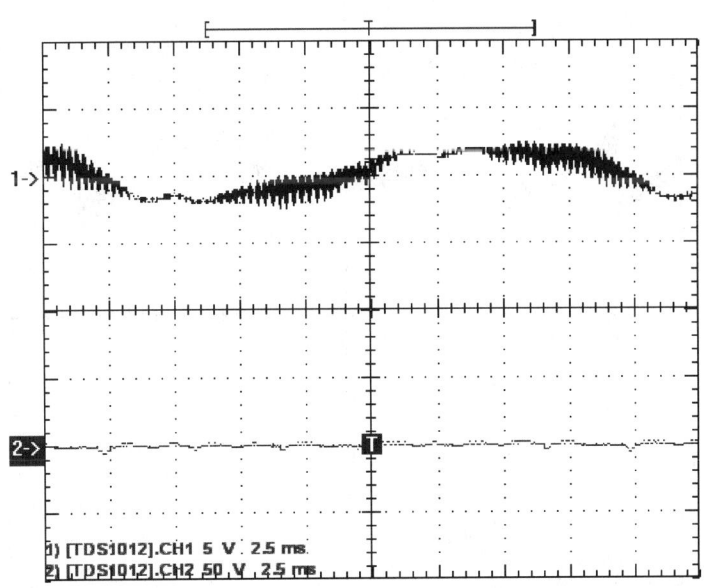

图 1-1-12　相控角等于 90°时输出电压(上)和输入电流(下)波形图

2. 接负载 $R = 200\Omega$，$L = 133\text{mH}$ 且不接滤波器，观察相控角对输出电压的影响，记录输出电压、输入电流波形。

当 α=0°时，输出电压和输入电流波形如图 1-1-13 所示。

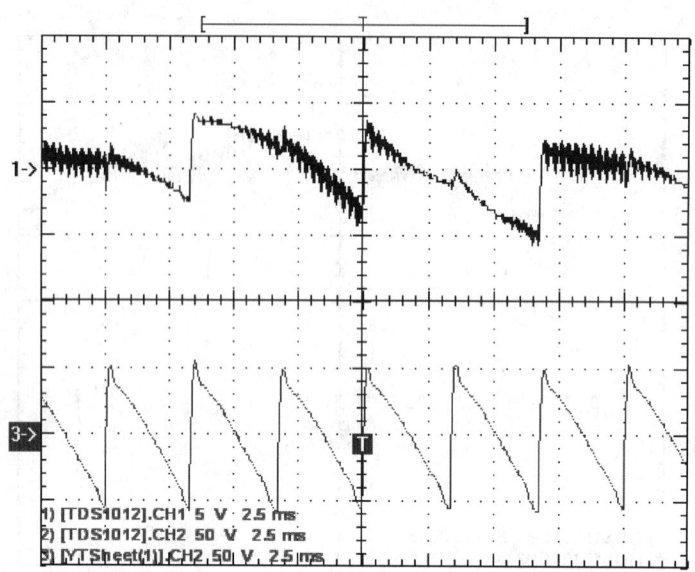

图 1-1-13　相控角等于 0°时输出电压(上)和输入电流(下)波形图

当 α=30°时，输出电压和输入电流波形如图 1-1-14 所示。

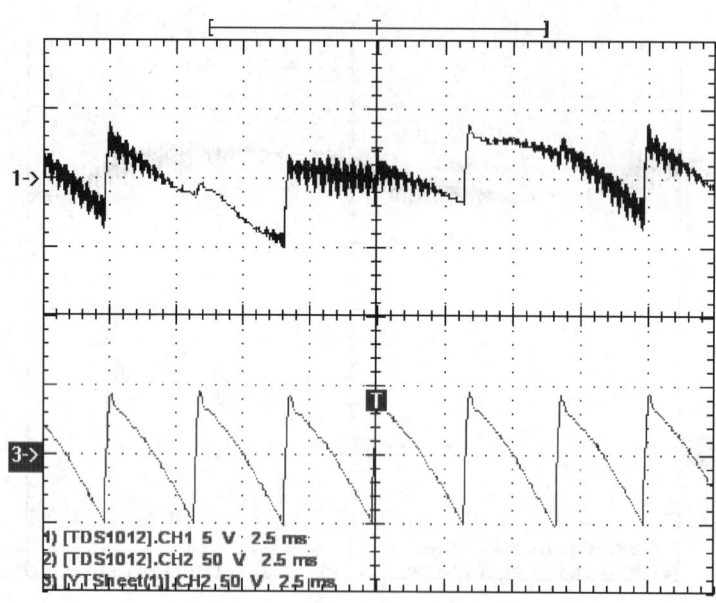

图 1-1-14　相控角等于 30°时输出电压(上)和输入电流(下)波形图

当 α=60°时，输出电压和输入电流波形如图 1-1-15 所示。

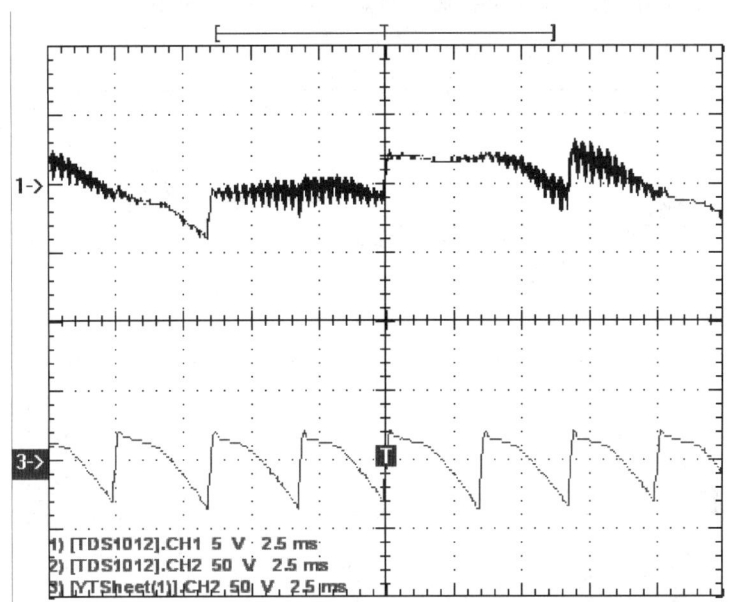

图 1-1-15　相控角等于 60°时输出电压(上)和输入电流(下)波形图

当 α=90°时，输出电压和输入电流波形如图 1-1-16 所示。

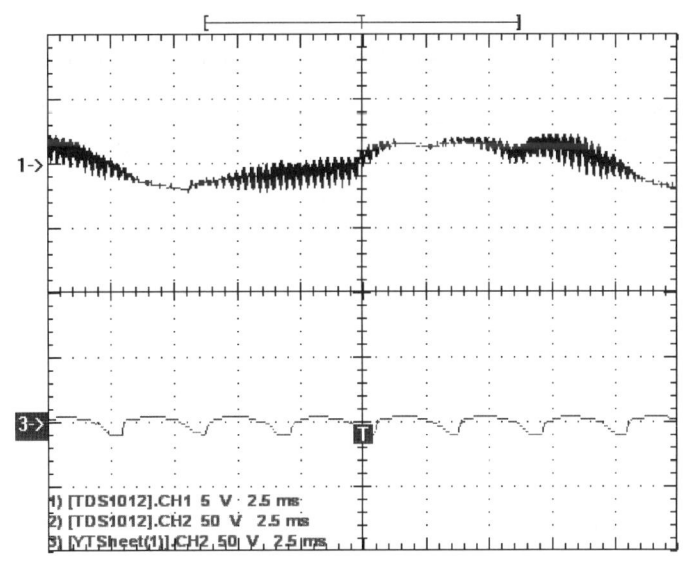

图 1-1-16　相控角等于 90°时输出电压(上)和输入电流(下)波形图

3. 接纯感性负载且不接滤波器，观察某相控角下输出电压、输入电流波形

当 $\alpha = 60°$ 时，输出电压和输入电流波形如图 1-1-17 所示。

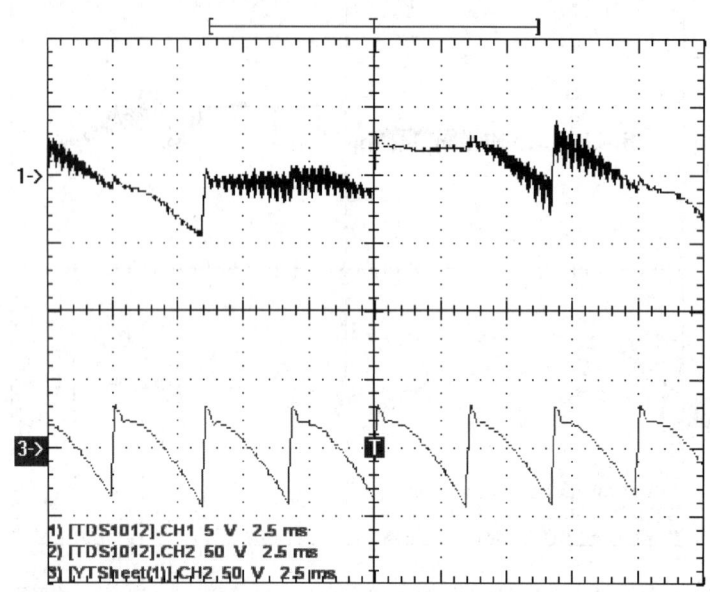

图 1-1-17　相控角等于 60°时输出电压(上)和输入电流(下)波形图

六、思考题

(1) 观察相控整流电路的功率因数应该观察哪些因素(波形或数据)？如何观察？
(2) 影响相控整流的电路功率因数的原因有哪些？如何提高功率因数？
(3) 相控整流电路滤波器设计的原则有哪些？
(4) 相控整流电路的稳压控制需要考虑哪些问题？

学习任务 2　双闭环晶闸管不可逆直流调速安装与调试

一、任务目的

（1）了解双闭环不可逆直流调速系统的原理、组成及各主要单元部件的原理。
（2）熟悉电力电子及教学实验台主控制屏的结构及调试方法。
（3）掌握双闭环不可逆直流调速系统的调试步骤、方法及参数的整定。

二、任务实施的仪器设备

①双闭环不可逆直流调速系统；②万用表、示波器；③导线若干。

三、任务要求

（1）双闭环调速系统调试选择。
（2）开环外特性的测定。
（3）单元部件调试。
（4）系统调试。

四、任务内容

双闭环调速系统是建立在单闭环自动调速系统上的，实际的调速系统除要求对转速进行调整外，很多生产机械还提出了加快启动和制动过程的要求，这就需要一个电流截止负反馈系统。

由图 1-1-18 所示的启动电流的变化特性可知，在电机启动时，启动电流很快加大到允许过载能力值 I_{dm}，并且保持不变，在这个条件下，转速 n 得到线性增长，当达到需要的大小时，电机的电流急剧下降到克服负载所需的电流 I_{fz} 值，对应这种要求可控硅整流器的电压在启动一开始时应为 $I_{dm}R_\Sigma$，随着转速 n 的上升，$U = I_{dm}R_\Sigma + C_e n$ 也上升，当达到稳定转速时，$U = I_{fz}R_\Sigma + C_e n$。这就要求在启动过程中把电动机的电流当作被调节量，使之维持在电机允许的最大值 I_m，并保持不变，这需要一个电流调节器来完成这个任务。带

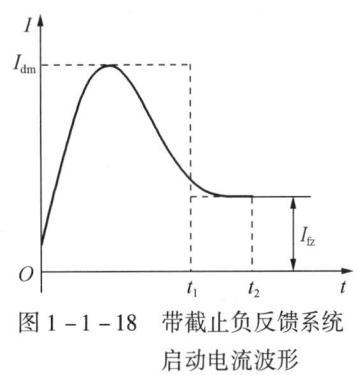

图 1-1-18　带截止负反馈系统启动电流波形

有速度调节器和电流调节器的双闭环调速系统便是在这种要求下产生的。

为了实现转速和电流两种负反馈分别起作用，在系统中设置了两个调节器，分别调节转速和电流，二者之间实行串级连接，如图 1-1-19 所示，即把转速调节器的输出当作电流调节器的输入，再用电流调节器的输出去控制晶闸管整流器的触发装置。从闭环结构上看，电流调节环在里面，称为内环；转速环在外面，称为外环。这样就形成了转速、电流双闭环调速系统。

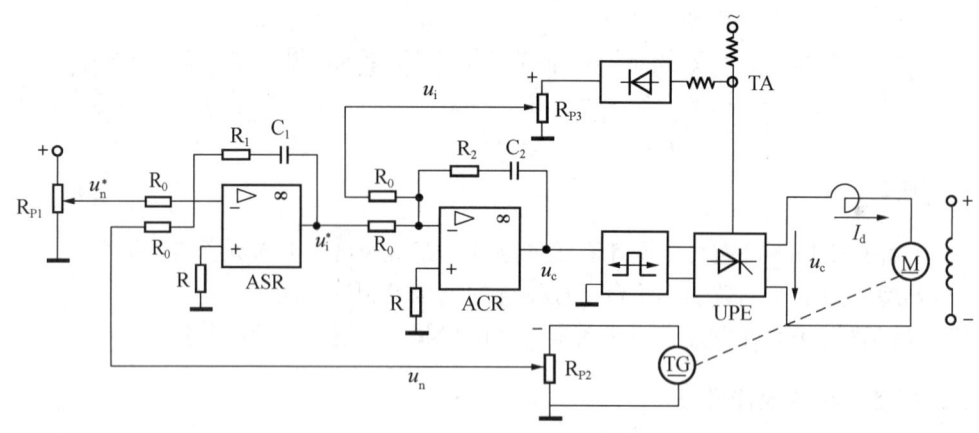

图 1-1-19 转速、电流双闭环直流调速系统

u_n^*、u_n—转速给定电压和转速反馈电压；u_i^*、u_i—电流给定电压和电流反馈电压；
ASR—转速调节器；ACR—电流调节器；TG—测速发电机；TA—电流互感器；UPE—电力电子变换器

该双闭环调速系统的两个调节器 ASR 和 ACR 一般都采用 PI 调节器。因为 PI 调节器作为校正装置既可以保证系统的稳态精度，使系统在稳态运行时得到无静差调速，又能提高系统的稳定性；作为控制器时又能兼顾快速响应和消除静差两方面的要求。一般的调速系统要求以稳和准为主，采用 PI 调节器便能保证系统获得良好的静态和动态性能。

五、任务实施

1. 未上主电源之前，检查晶闸管的脉冲是否正常

(1) 用示波器观察双脉冲观察孔，应有间隔均匀、幅度相同的双脉冲。

(2) 检查相序，用示波器观察"1""2"脉冲观察孔，"1"脉冲超前"2"脉冲 600，则相序正确，否则，应调整输入电源。

(3) 将控制一组桥触发脉冲通断的 6 个直键开关弹出，用示波器观察每只晶闸管的控制极、阴极，应有幅度为 1~2V 的脉冲。

2. 双闭环调速系统调试原则

(1) 先部件，后系统。即先将各单元的特性调好，然后才能组成系统。

(2) 先开环，后闭环。即使系统能正常开环运行，然后在确定电流和转速均为负反馈时组成闭环系统。

(3) 先内环，后外环。即先调试电流内环，然后调试转速外环。

3. 开环外特性的测定

(1) 控制电压 u_n^* 由给定器 R_{P1} 直接接入。主回路接线，直流发电机所接负载电阻断开，短接限流电阻。

(2) 使 $u_n^*=0$，调节偏移电压电位器，使 α 稍大于 $90°$，合上主电路电源，调节调压器旋钮，使 U_{uv}、U_{vw}、U_{wu} 为 200 V，逐渐增加给定电压 u_n^*，使电机启动、升速，调节 u_n^* 使电机空载转速 $n_0 = 1500$ r/min，再调节直流发电机的负载电阻 R_G，改变负载，在直流电机空载至额定负载范围，测取 7~8 点，读取电机转速 n、电机电枢电流 I_d，即可测出系统的开环外特性 $n=f(I_d)$，记入表 1-1-1。

表 1-1-1　开环特性 $n=f(I_d)$ 的测定

$n/(\text{r/min})$								
I_d/A								

注意，若给定电压 u_n^* 为 0 时电机缓慢转动，则表明 α 太小，需后移。

4. 单元部件调试

ACR 调试：使调节器为 PI 调节器，加入一定的输入电压，调整正、负限幅电位器，使脉冲前移 300，使脉冲后移 300，反馈电位器 R_{P3} 逆时针旋到底，使放大倍数最小。

5. 系统调试

将 U_{blf} 接地，U_{blr} 悬空，即使用一组桥 6 个晶闸管。

(1) 电流环调试

电动机不加励磁。

(a) 系统开环，即控制电压 u_n^* 由给定器 R_{P1} 直接接入，主回路接入电阻 R_D 并调至最大（R_D 由两个 900Ω 电阻并联）。逐渐增加给定电压，用示波器观察晶闸管整流桥两端电压波形。在一个周期内，电压波形应有 6 个对称波头平滑变化。

(b) 增加给定电压，减小主回路串接电阻 R_d，直至 I_d = 220mA，再调节电流反馈电位器 R_{P3}，使电流反馈电压 U_{fi} 近似等于速度调节器 ASR 的输出限幅值（ASR 的输出限幅可调为 ±5V）。

(c) 输出电压 u_n^* 接至 ACR 的 "3" 端，ACR 的输出 "7" 端接至 u_c，即系统接入已接成 PI 调节的 ACR 组成电流单闭环系统。ASR 的 "9" "10" 端接可调电容，可预置 7μF，同时，反馈电位器 R_{P3} 逆时针旋到底，使放大倍数最小。逐渐增加给定电压 u_n^*，使之等于 ASR 输出限幅值 (+5V)，观察主电路电流是否小于或等于 $1.1 I_{ed}$，若 I_d 过大，则应调整电流反馈电位器，使 u_i 增加，直至 I_d < 220mA；若 I_d < I_{ed}，则可将 R_d 减小直至切除，此时应增加有限，小于过电流保护整定值，这说明系统已具有限流保护功能。测定并计算电流反馈系数。

(2) 速度变换器的调试

电动机加额定励磁，短接限流电阻 R_D。

(a) 系统开环，即给定电压 u_n^* 直接接至 u_c，逐渐加正给定，当转速 n = 1 500 r/min 时，调节速度反馈电位器 R_{P2}，使速度反馈电压为 +5V 左右，计算速度反馈系数。

(b) 速度反馈极性判断：系统中接入 ASR 构成转速单闭环系统，即给定电压 u_n^* 接至 ASR 的第 2 端，ASR 的第 3 端接至 u_c。调节 u_n^*（u_n^* 为负电压），若稍加给定，电机转速即达最高速且调节 u_n^* 不可控，则表明单闭环系统速度反馈极性有误。但若接成转速-电流双闭环系统，由于给定极性改变，故速度反馈极性可不变。

6. 系统特性测试

将 ASR、ACR 均接成 PI 调节器接入系统，形成双闭环不可逆系统。

ASR 的调试：

(a) 反馈电位器 R_{P3} 逆时针旋到底，使放大倍数最小；

(b) "5" "6" 端接入可调电容，预置 5～7μF；

(c) 调节 R_{P1}、R_{P2} 使输出限幅为 ±5V。

(1) 机械特性 $n=f(I_d)$ 的测定

(a) 调节转速给定电压 u_n^*,使电机空载转速至 1 500 r/min,再调节发电机负载电阻 R_g,在空载至额定负载范围内分别记录 7~8 点,可测出系统静特性曲线 $n=f(I_d)$,记入表 1 – 1 – 2。

表 1 – 1 – 2　系统静特性曲线 $n=f(I_d)$

$n/(\mathrm{r/min})$								
I_d/A								

(2) 闭环控制特性 $n=f(u_n^*)$ 的测定调节 u_n^*,记录 u_n^* 和 n(表 1 – 1 – 3),即可测出闭环控制特性 $n=f(u_n^*)$。

表 1 – 1 – 3　闭环控制特性 $n=f(I_d)$

$n/(\mathrm{r/min})$								
u_n^*/V								

8. 系统动态波形的观察

用双踪慢扫描示波器观察动态波形,用数字示波器记录动态波形。在不同的调节器参数下,观察、记录下列动态波形:

(1) 突加给定启动时,电动机电枢电流波形和转速波形。

(2) 突加额定负载时,电动机电枢电流波形和转速波形。

(3) 突降负载时,电动机电枢电流波形和转速波形。

注:电动机电枢电流波形的观察可通过 ACR 的第"1"端,转速波形的观察可通过 ASR 的第"1"端。

六、思考题

ACR 和 ASR 是什么意思?

工作项目二　FX 系列可编程控制器的基本指令和主要功能指令的使用

本项目通过四个任务，加强学员对 FX 系列可编程控制器的基本指令和主要功能指令的理解。其中：

任务 1 侧重于 FX 系列可编程控制器编程软件的使用以及基本逻辑指令、步进指令的实验。

任务 2 主要是传送处理和比较类指令的实验。

任务 3 以自动售货机系统为控制对象，重点学习算术运算类指令、触点比较类指令、数据处理类指令等。

任务 4 通过隧道射流风机的控制，重点学习时钟运算类指令、方便指令等。

学习任务 1　FX 系列可编程控制器编程软件的使用

一、任务目的

(1) 掌握 FX 系列可编程控制器的编程软件的基本使用方法。
(2) 掌握用 FX 系列可编程控制器编程软件编程和调试程序。
(3) 掌握 FX 系列可编程控制器编程软件在顺序控制中的应用。

二、任务实施的仪器设备

①FX_{2N}-48MR 的 PLC 1 台；②PC 1 台及 SW0PC-FXGP/WIN-C 软件 1 套；③PC 1 台及 GX Developer 软件 1 套。

三、任务要求

(1) 掌握采用 SW0PC-FXGP/WIN-C 编写顺序控制程序、下载和调试程序的方法。
(2) 掌握采用 GX Developer 编写顺序控制程序、下载和调试程序的方法。

四、任务内容

(1)给定梯形图如图1-2-1所示,在PLC上编写和调试该程序。

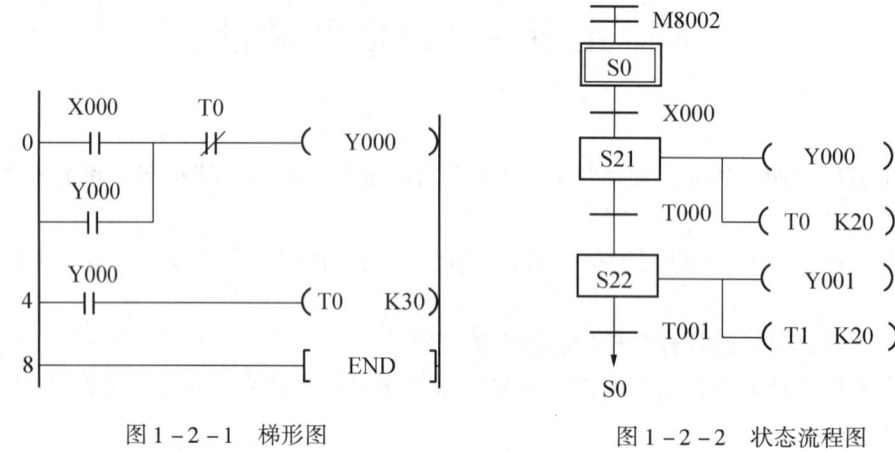

图1-2-1 梯形图

图1-2-2 状态流程图

(2)给定状态流程图如图1-2-2所示,在PLC上编写和调试该程序。

五、任务实施(采用FXGP/WIN-C软件)

检查PLC与计算机的连接是否正确,计算机的RS232C端口与PLC之间是否用指定的缆线及转换器连接;使PLC处于"停机"状态,接通计算机和PLC的电源。双击FXGP_WIN-C的图标(见图1-2-3),即出现了FXGP_WIN-C的软件界面(见图1-2-4)。

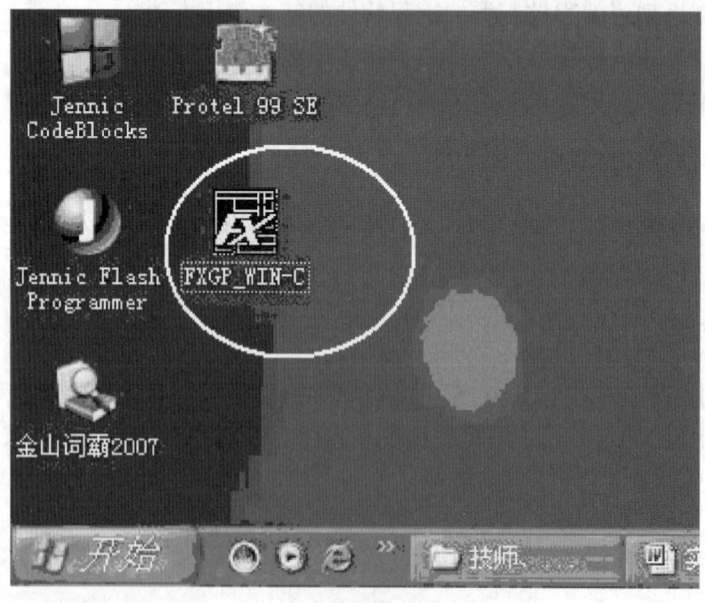

图1-2-3 FXGP_WIN-C的图标

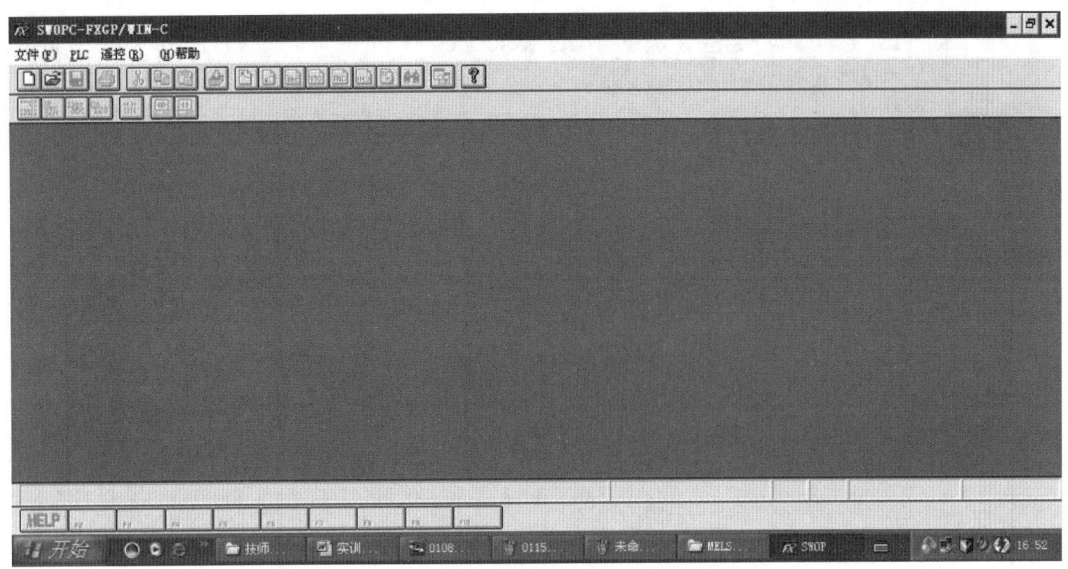

图 1-2-4 FXGP_WIN-C 的软件界面

点击菜单栏的"文件"—"新文件"(见图 1-2-5),新建一个文件,接着选择恰当的 PLC 类型,这里选择 FX_{2N} 型 PLC(见图 1-2-6),就弹出图 1-2-7 所示的界面。

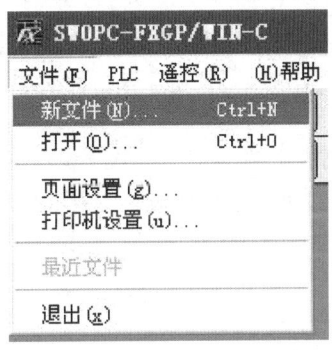

图 1-2-5 新建一个文件

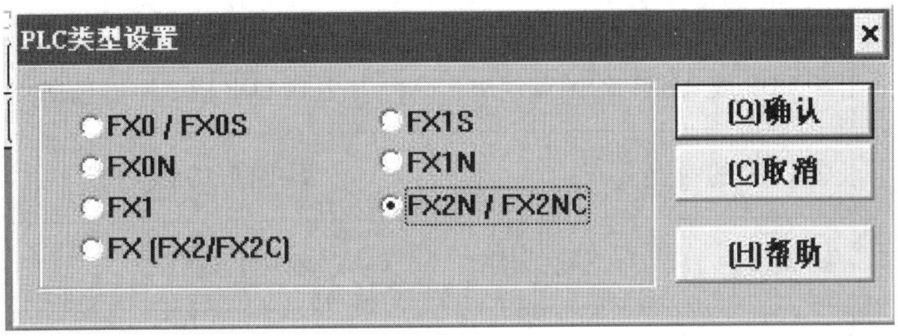

图 1-2-6 PLC 类型设置

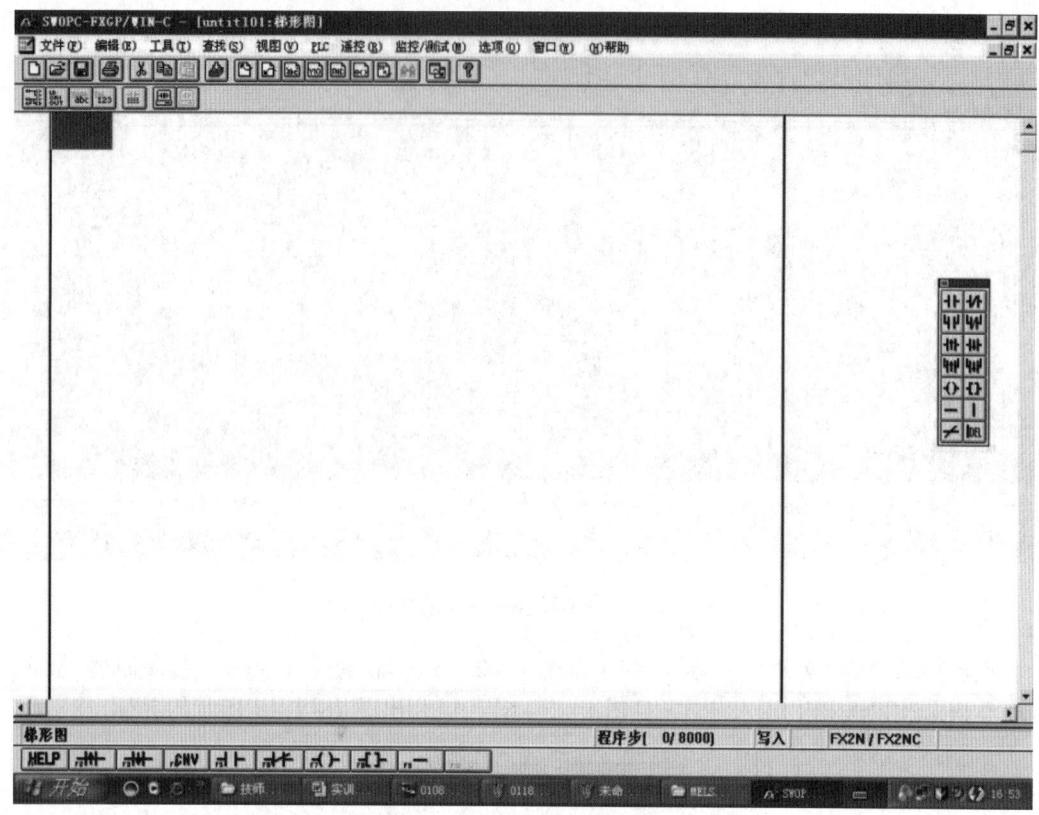

图1-2-7 梯形图编辑画面

浮动面板每个按钮的作用见表1-2-1,表中的说明对应浮动面板的按钮。应用浮动面板的按钮,即可画出图1-2-1所示的梯形图(见图1-2-8)。画好后需要"转换",才能真正得出正确的梯形图(见图1-2-9)。"转换"后的界面见图1-2-10。

表1-2-1 浮动面板

画 LD 或 AND 的常开触点	画 LDI 或 ANI 的常闭触点
画 OR 的常开触点	画 ORI 的常闭触点
画 LDP 或 ANDP 的触点	画 LDF 或 ANDF 的触点
画 ORP 的触点	画 ORF 的触点
画 M、Y、T、C、S 等线圈	画功能指令
画横线	画竖线
画 INV 指令	删除竖线

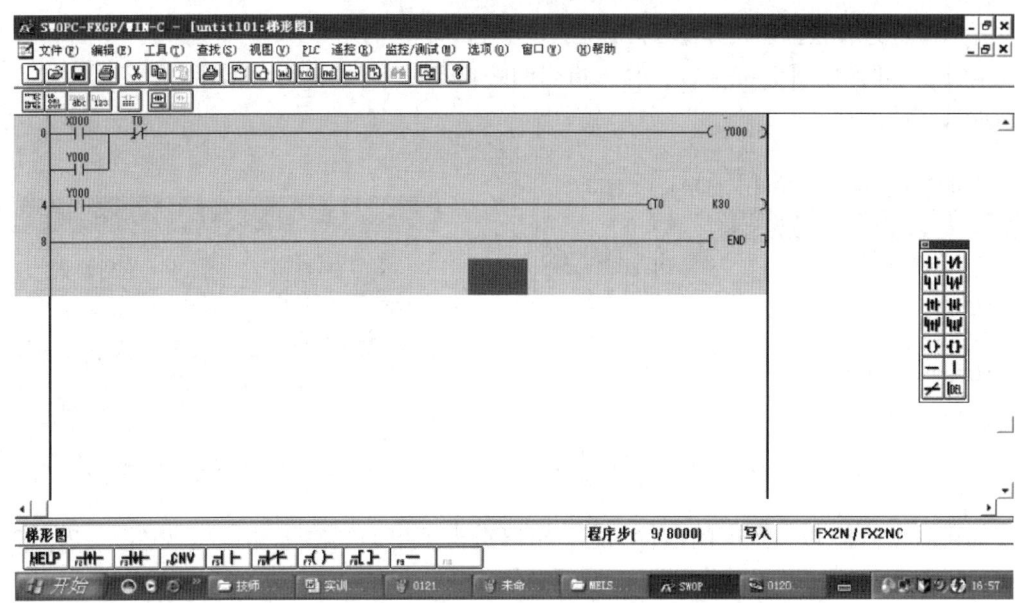

图 1-2-8 画出梯形图

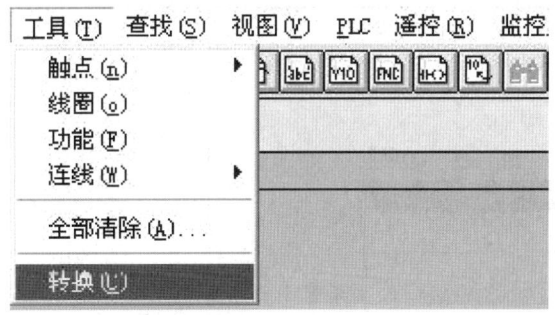

图 1-2-9 转换

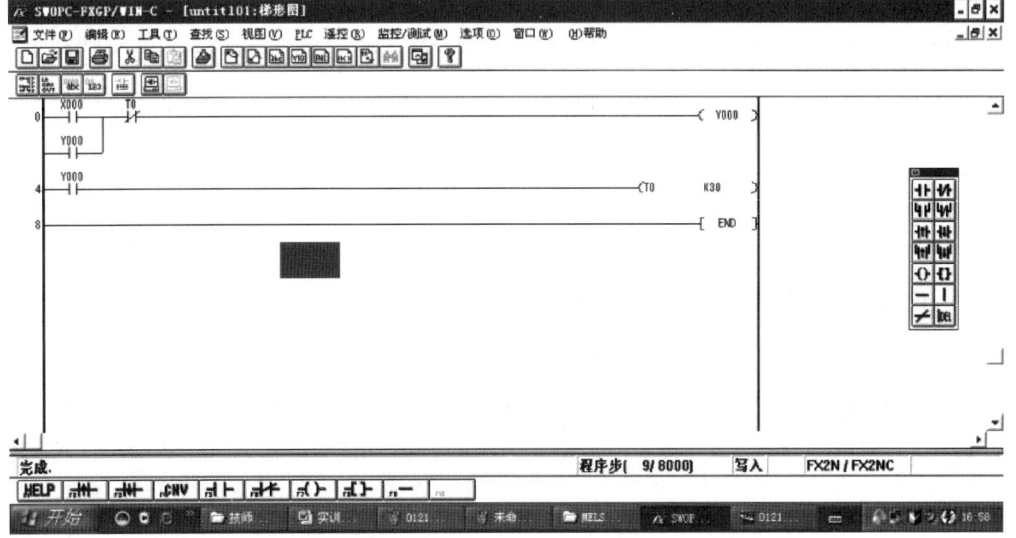

图 1-2-10 转换后的界面

梯形图经过转换后就可下载到 PLC 了。点击菜单栏的"PLC"—"传送"—"写出"（见图 1-2-11），即弹出图 1-2-12，写入恰当的终止步数（可以参阅 PLC 所用的步数），点击确认即可下载。

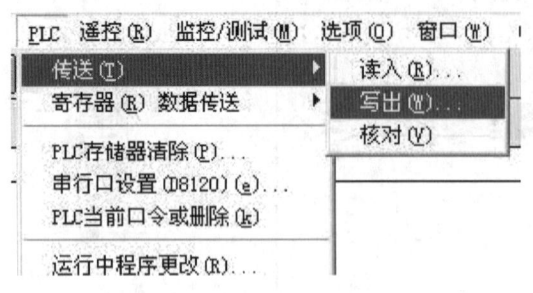

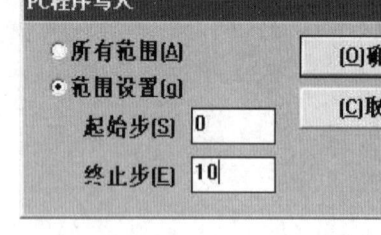

图 1-2-11 "写出"　　　　　　　　图 1-2-12 "PLC 程序写入"

如果需要监控 PLC 程序的运行状态，可以点击菜单的"监控/测试"（见图 1-2-13），图 1-2-1 所示的梯形图就完成了。同理，图 1-2-2 所示的状态流程图可以画成如图 1-2-14 所示的梯形图。

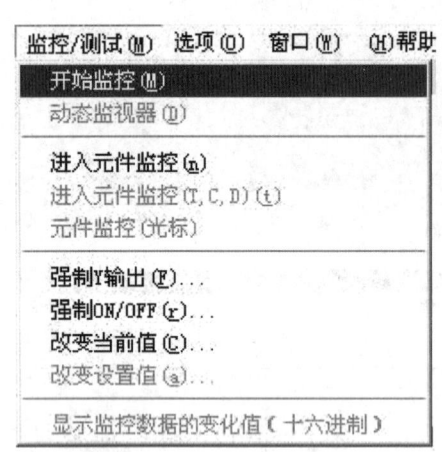

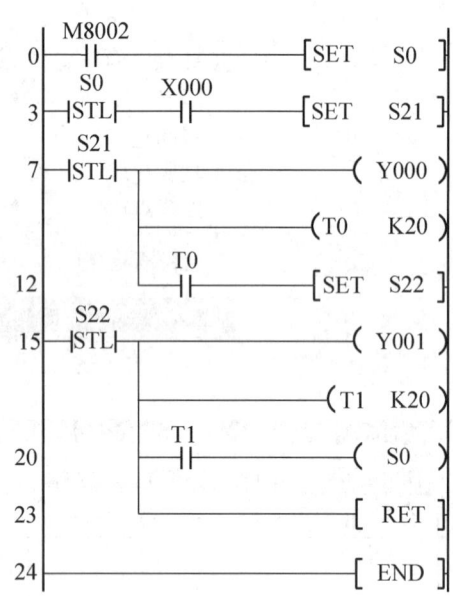

图 1-2-13 "开始监控"　　　　　　　图 1-2-14 流程图所对应的梯形图

六、任务实施（采用 GX Developer）

检查 PLC 与计算机的连接是否正确，计算机的 RS232C 端口与 PLC 之间是否用指定的缆线及转换器连接；使 PLC 处于"停机"状态，接通计算机和 PLC 的电源。双击 GX Developer 的图标（见图 1-2-15），即出现 GX Developer 的软件界面（见图 1-2-16）。

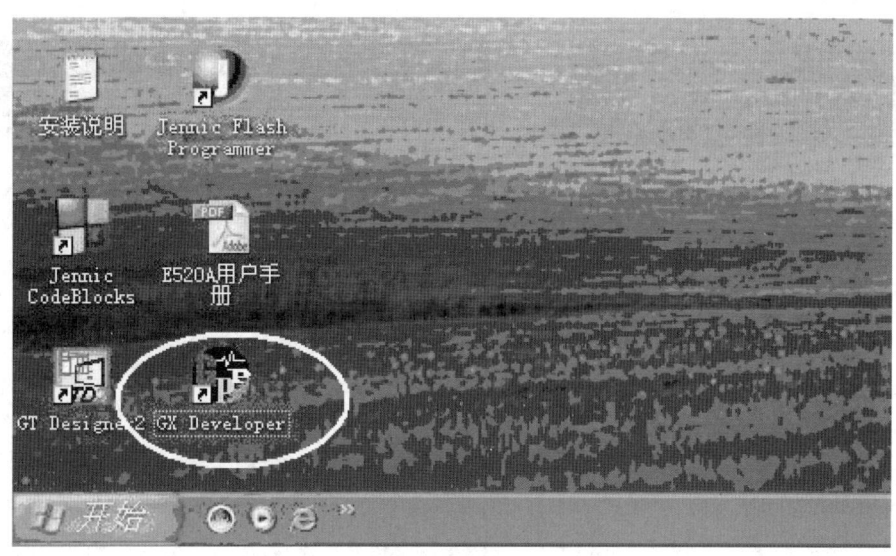

图 1-2-15　GX Developer 的图标

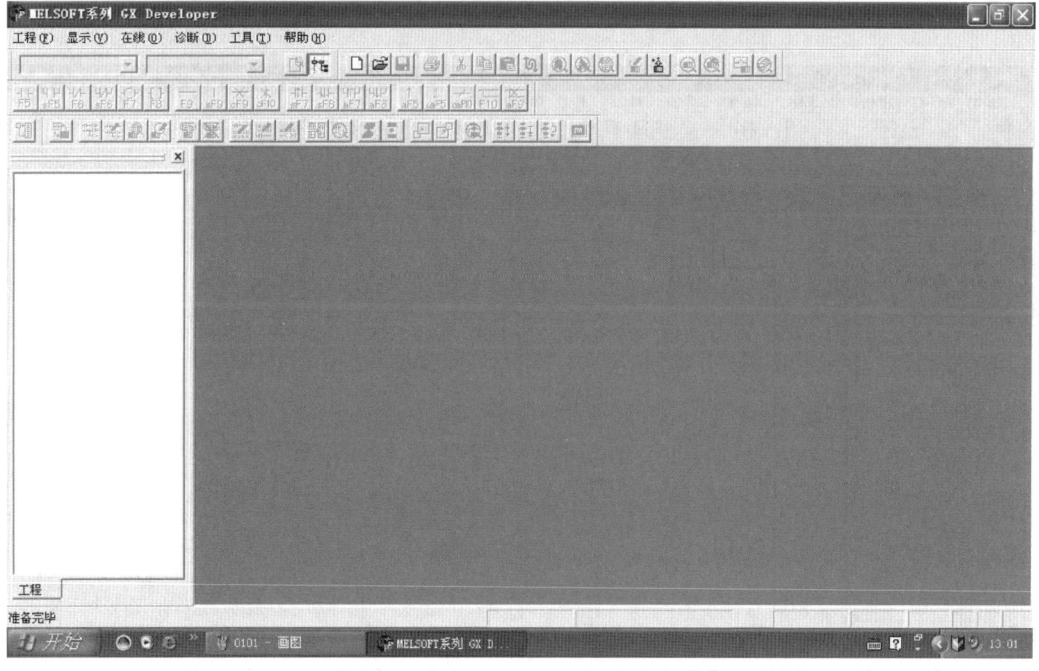

图 1-2-16　GX Developer 的软件界面

点击菜单栏的"工程"—"创建新工程"(见图 1-2-17),新建一个工程;接着选择恰当的 PLC 类型,这里选择 FX_{2N} 型 PLC(见图 1-2-18),就弹出图 1-2-19 所示的界面。

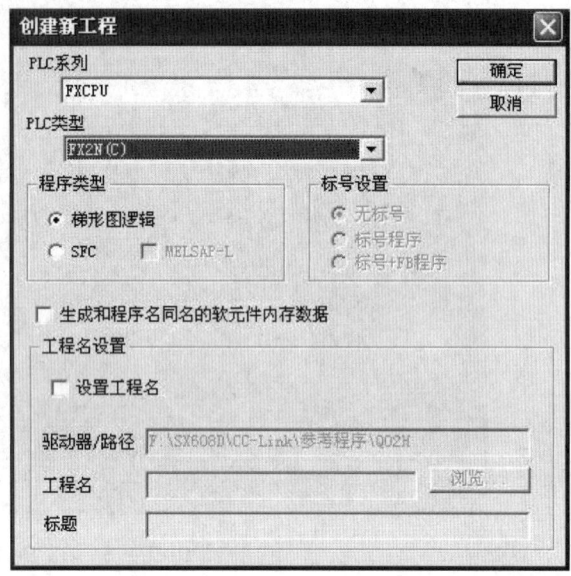

图 1-2-17 创建新工程　　　　　图 1-2-18 选择 PLC 类型

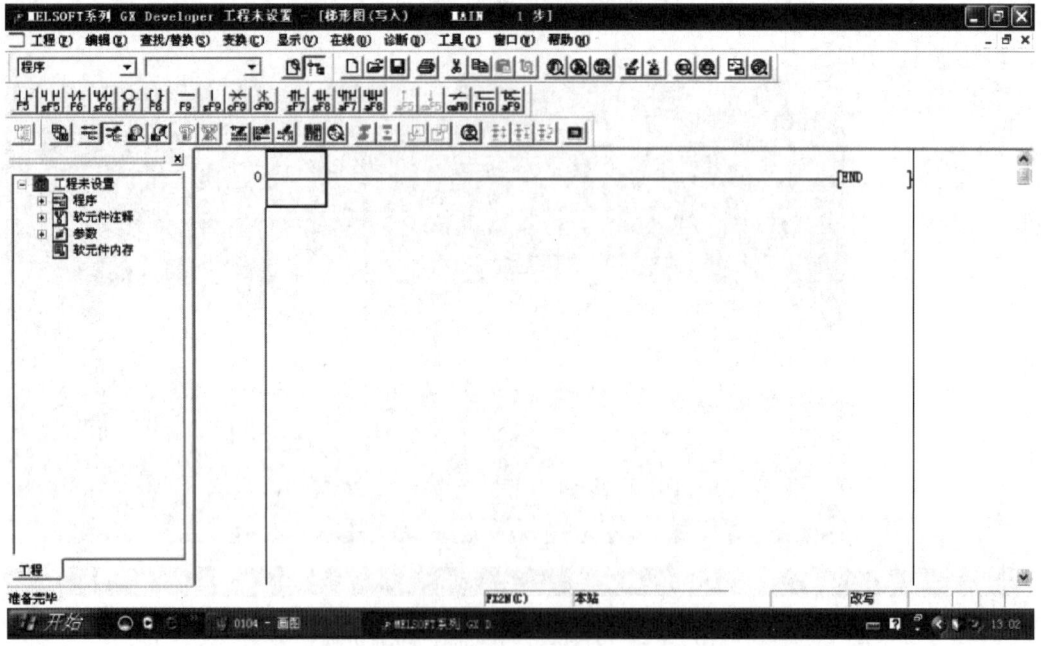

图 1-2-19 软件界面

梯形图元件面板每个按钮的作用见表1-2-2,表中的说明对应浮动面板的按钮。应用浮动面板的按钮,即可画出图1-2-1所示的梯形图(见图1-2-20)。画好后需要"变换",才能真正得出正确的梯形图(见图1-2-21)。"变换"后的界面见图1-2-22。

表1-2-2　浮动面板

按钮	说明
出F5	画LD或AND的常开触点
山sF5	画OR的常开触点
屮F6	画LDI或ANI的常闭触点
屮sF6	画ORI的常闭触点
○F7	画M、Y、T、C、S等线圈
{}F8	画功能指令
—F9	画横线
∣sF9	画竖线
✕cF9	删除横线
✕cF10	删除竖线
sF7	画LDP或ANDP的触点
sF8	画LDF或ANDF的触点
aF7	画ORP的触点
aF8	画ORF的触点
↑aF5	保留
↓csF5	保留
∕caF10	画指令INV
⊐F10	画分支
⊠aF9	删除分支

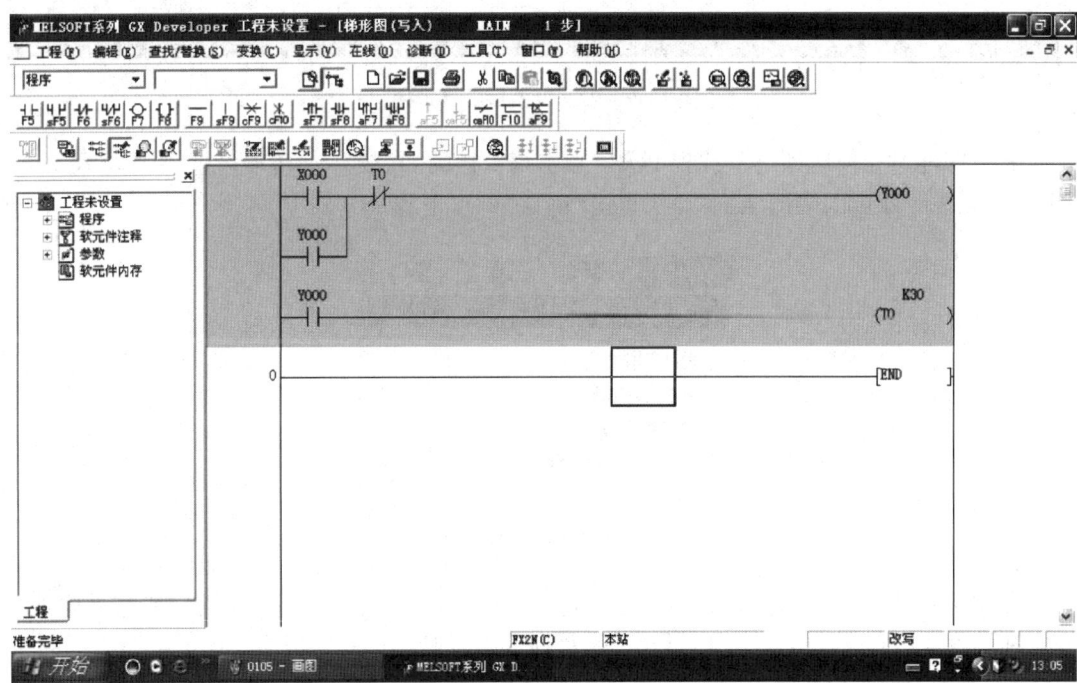

图1-2-20　画梯形图

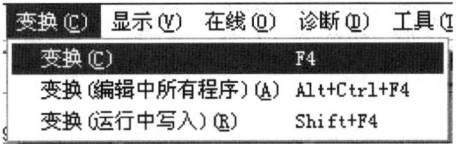

图1-2-21　"变换"

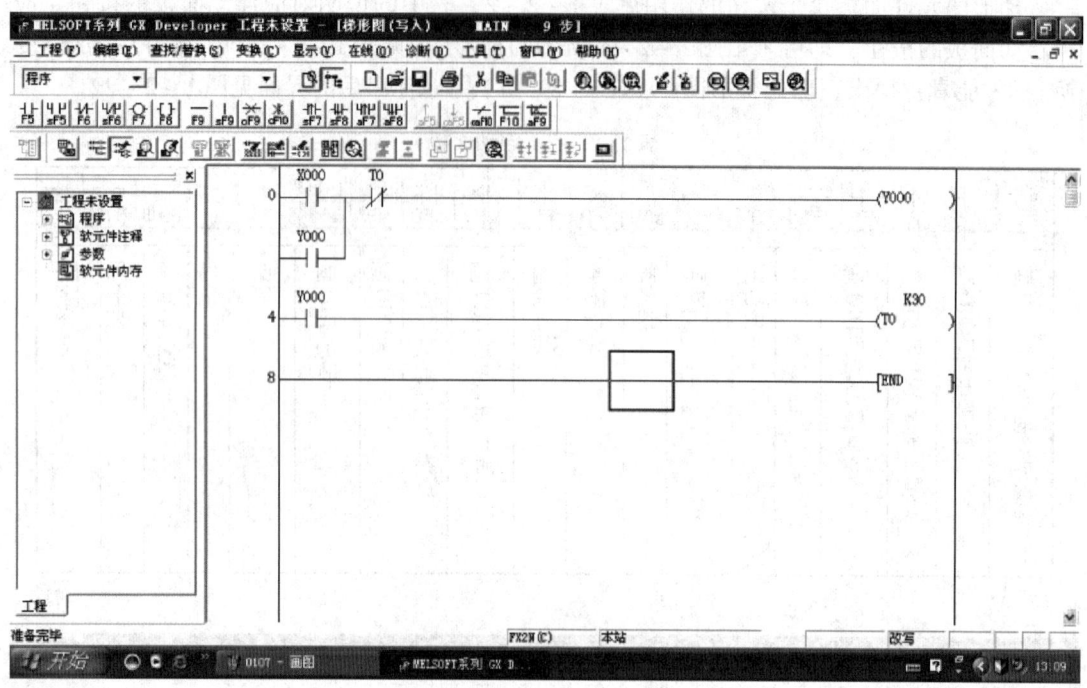

图1-2-22 变换后的梯形图

梯形图经过变换后即可下载到PLC。点击菜单栏的"在线"—"传输设置"—"写入"(见图1-2-23),即弹出图1-2-24,点击"确认"即可下载。

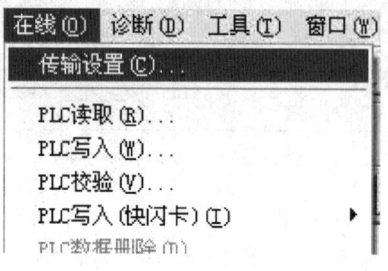

图1-2-23 "写入"

如果需要监控PLC程序的运行状态,可以点击菜单的"在线"—"监视"—"监视模式"(见图1-2-25),图1-2-1所示梯形图程序的编号和调试就完成了。图1-2-2所示的状态流程图可以画成如图1-2-26的梯形图。同理可按上述步骤使用编程软件完成程序的编写和调试。

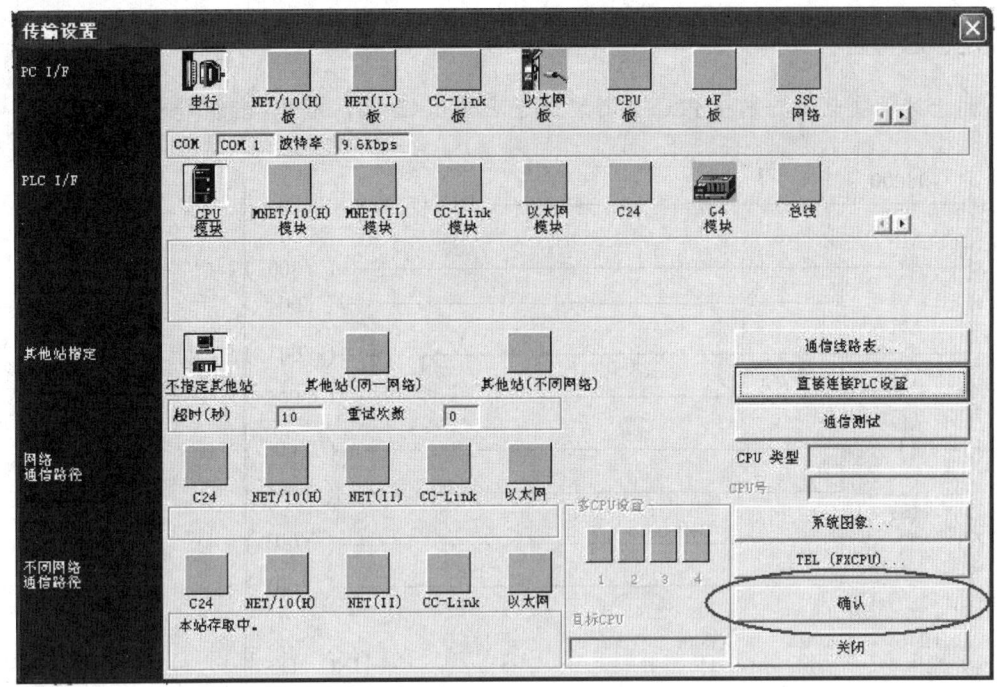

图 1-2-24 下载

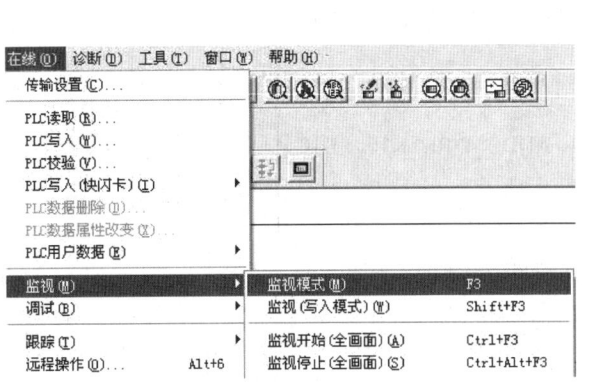

图 1-2-25 监视模式

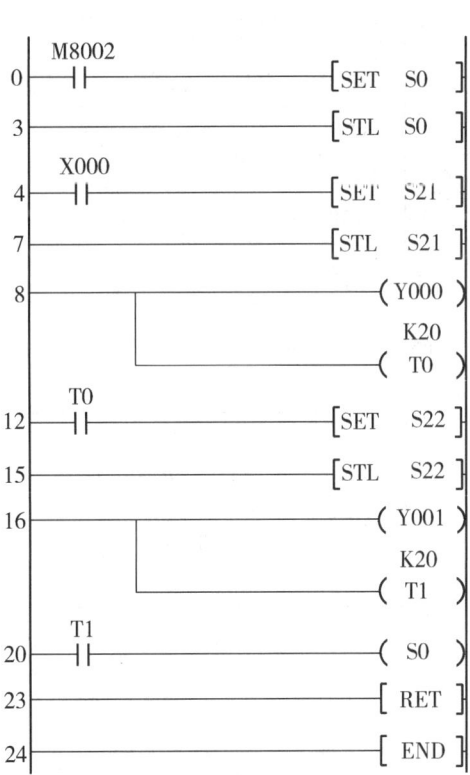

图 1-2-26 状态流程图的梯形图

七、思考题

用上述两个软件分别在 PLC 上调试和验证图 1-2-27 所示两相步进电机的程序。

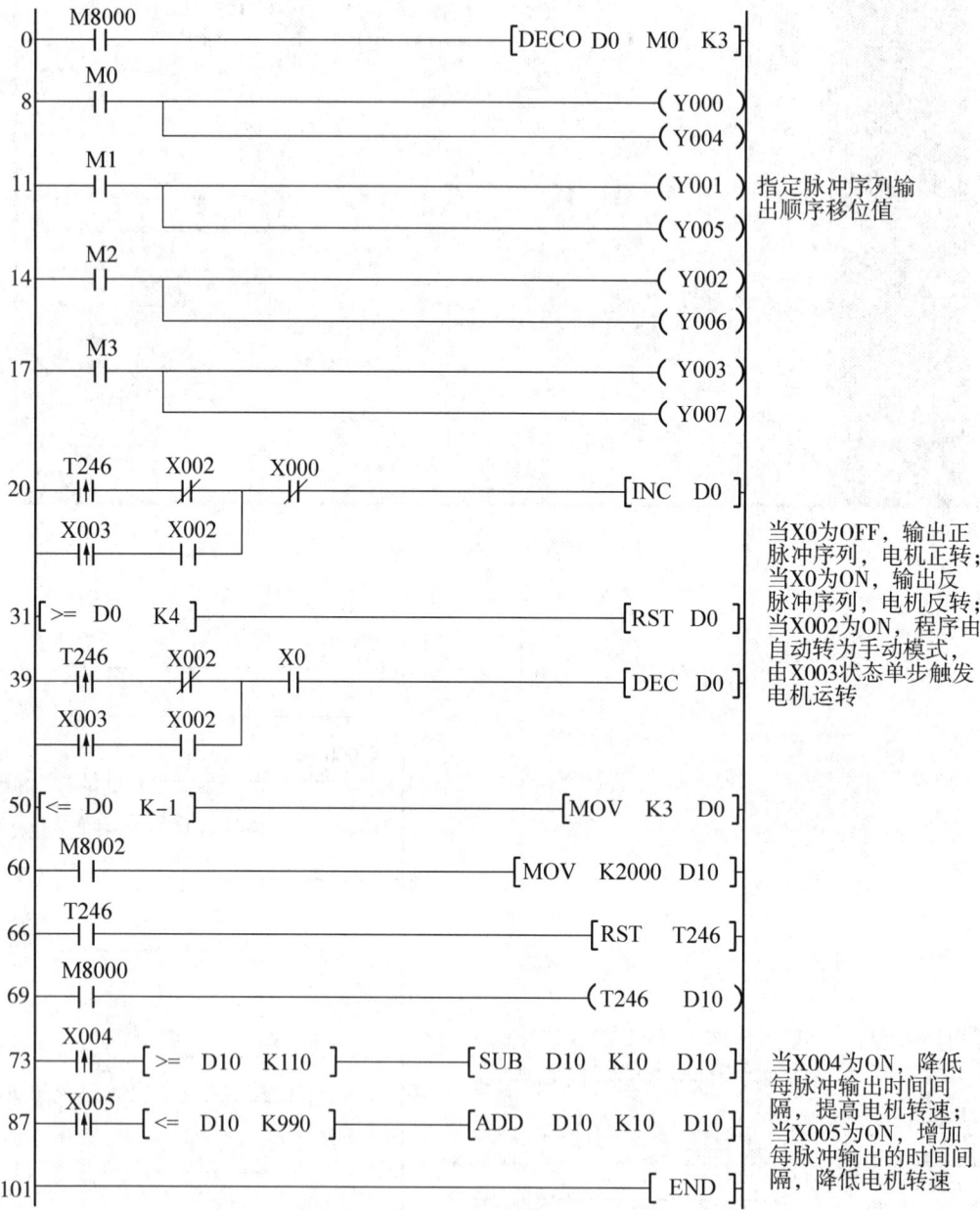

图 1-2-27 两相步进电机的梯形图

学习任务2 数据传送处理和比较指令的应用

一、任务目的

(1) 掌握 MOV、CMP、DECO 指令的使用。
(2) 掌握 PLS、INC、DEC 指令的使用。
(3) 掌握调试程序的一般方法。

二、任务实施的仪器设备

①FX_{2N}-48MR 的 PLC 1 台；②开关若干；③PC 1 台。

三、任务要求

(1) 掌握 MOV、CMP、DECO、PLS、INC、DEC 的基本用法。
(2) 掌握运料小车控制系统的控制原理，并设计相应程序。

四、任务内容

数据传送处理和比较指令是功能指令中常用的基本指令，必须熟练掌握，对提高编程水平很有好处。

1. 传送指令 MOV

请分析和上机验证图 1-2-28 所示的程序。当 X0～X3 接通时，把输出结果填在表 1-2-3 中。思考按 X0～X3 顺序接通和按 X3～X0 顺序接通，PLC 的输出有什么不同之处。

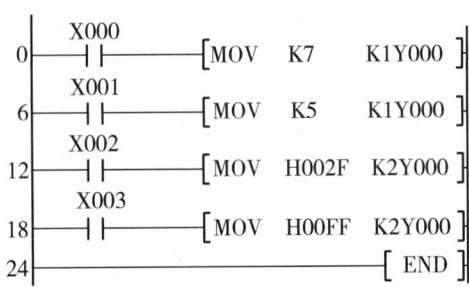

图 1-2-28 验证 MOV 指令的梯形图

表 1-2-3 MOV 指令的使用

X3	X2	X1	X0	Y7	Y6	Y5	Y4	Y3	Y2	Y1	Y0
0	0	0	1								
0	0	1	0								
0	1	0	0								
1	0	0	0								

2. 比较指令 CMP

请分析图 1-2-29 所示的梯形图，X0 接通多少次，Y2~Y0 会输出？

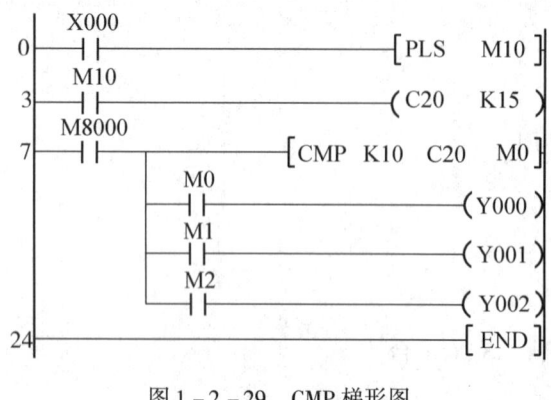

图 1-2-29 CMP 梯形图

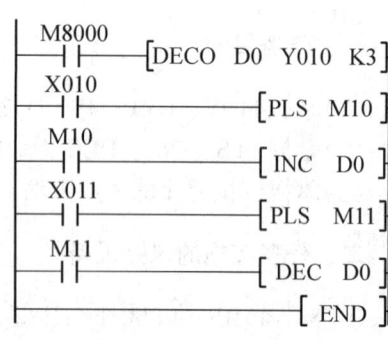

图 1-2-30 梯形图

3. 译码指令 DECO、加 1 指令 INC 和减 1 指令 DEC

请分析和上机验证图 1-2-30 所示的程序，把输出结果填在表 1-2-4 中。D0 的值可以通过接通 X10 增加，接通 X11 减少。请在 PC 上在线监控 D0 的值，观察 D0 的值与 Y17~Y10 的输出关系，并且填在表 1-2-4 中，思考为何会这样输出？

表 1-2-4 DECO 的使用

D0 的值	Y17	Y16	Y15	Y14	Y13	Y12	Y11	Y10
K0								
K1								
K2								
K3								
K4								
K5								
K6								
K7								
K8								
K9								

有关指令的详细内容，请参考《工业控制新技术教程》第 4 章。

五、运料小车控制系统任务实施

采用 MOV 和 CMP 指令实施运料小车控制系统任务。

某自动生产线上的运料小车运行如图 1-2-31 所示，运料小车由一台三相异步电动机拖动，电机正转，小车向右行；电机反转，小车左行。在生产线上有 5 个编码为 1~5 的站点供小车停靠，在每一个停靠站安装一个行程开关以检测小车是否到达该站点。对小车的控制除了启动按钮和停靠按钮之外,还设有 5 个呼叫按钮开关(HJ$_1$～HJ$_5$)分别与 5 个停靠站点相对应。

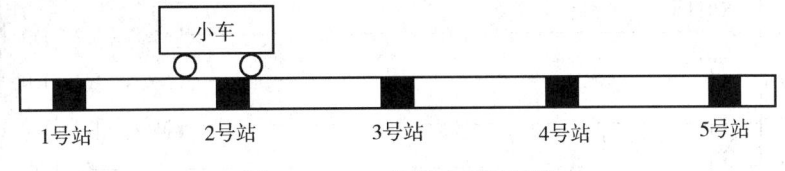

图 1-2-31 运料小车运行图

(1)按下启动按钮,系统开始工作;按下停止按钮,系统停止工作。

(2)当小车当前所处停靠站的编码小于呼叫按钮 HJ 的编码时,小车向右行,运行到呼叫按钮 HJ 所对应的停靠站时停止。

(3)当小车当前所处停靠站的编码大于呼叫按钮 HJ 的编码时,小车向左行,运行到呼叫按钮 HJ 所对应的停靠站时停止。

(4)当小车当前所处停靠站的编码等于呼叫按钮 HJ 的编码时,小车保持不变。

(5)呼叫按钮 HJ$_1$～HJ$_5$ 应有互锁功能,按下者优先。

2. I/O 分配表(表 1-2-5)

表 1-2-5 I/O 分配表

输入	说明	输出及状态	说明
X000	启动按钮开关	Y000	电机反转继电器
X001	停止按钮开关	Y001	电机正转继电器
X002	1 号站呼叫按钮开关	M0	小车运行停止
X003	2 号站呼叫按钮开关	M1	1 号站呼叫
X004	3 号站呼叫按钮开关	M2	2 号站呼叫
X005	4 号站呼叫按钮开关	M3	3 号站呼叫
X006	5 号站呼叫按钮开关	M4	4 号站呼叫
X007	1 号站行程开关	M5	5 号站呼叫
X010	2 号站行程开关	M6	小车所处停靠站编码>呼叫编码
X011	3 号站行程开关	M7	小车所处停靠站编码=呼叫编码
X012	4 号站行程开关	M8	小车所处停靠站编码<呼叫编码
X013	5 号站行程开关		

3. 程序设计(见图 1-2-32 和图 1-2-33)

程序 0～24 行是传送当前小车站号给 D0;程序 30 行是启动小车;程序 34～94 行是传送呼叫小车的站号给 D1;程序 109 行是用于比较小车当前站号与呼叫站号;程序 117～133 行是比较输出。

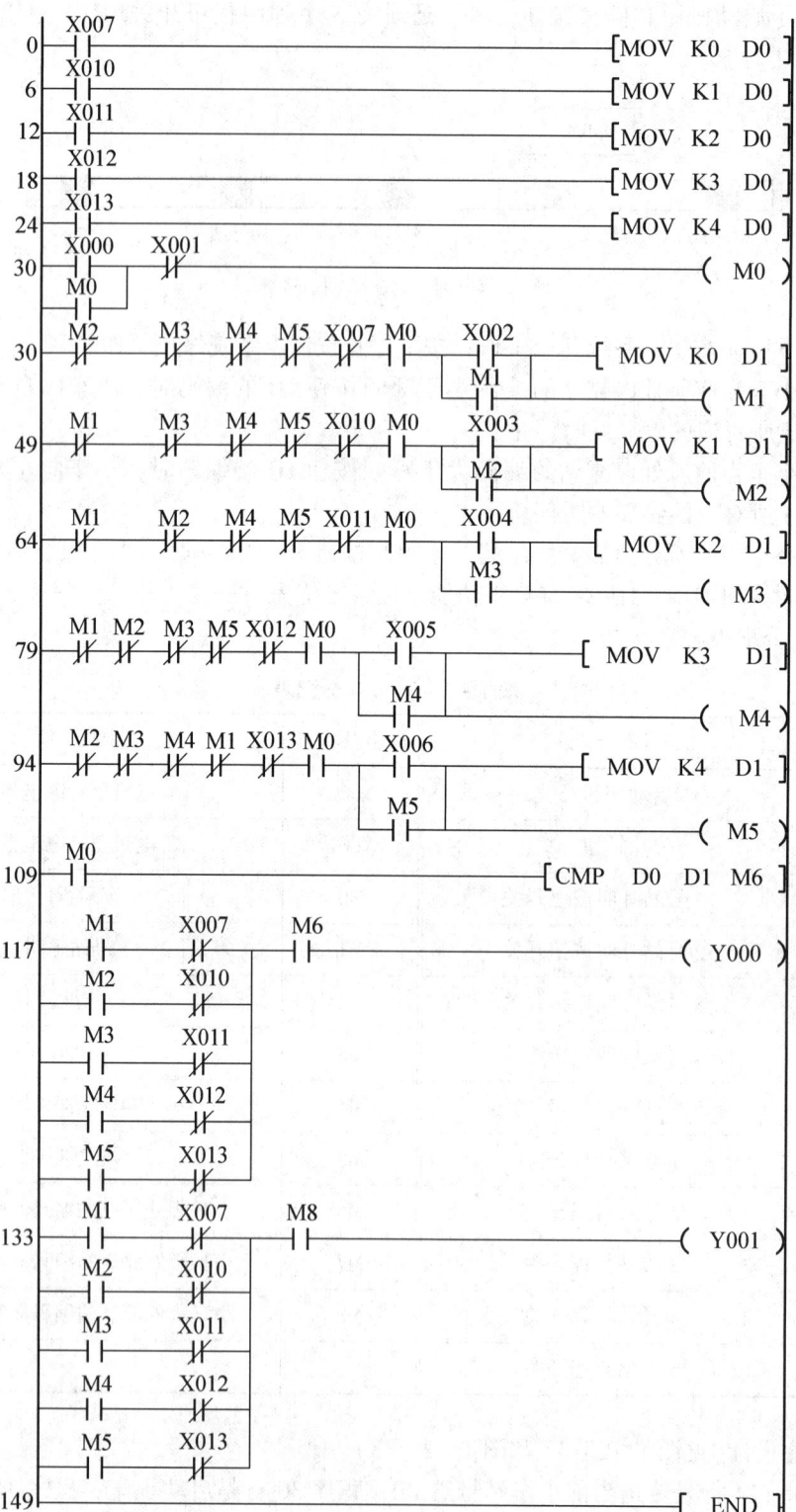

图1-2-32 运料小车程序设计(FX$_{2N}$版)

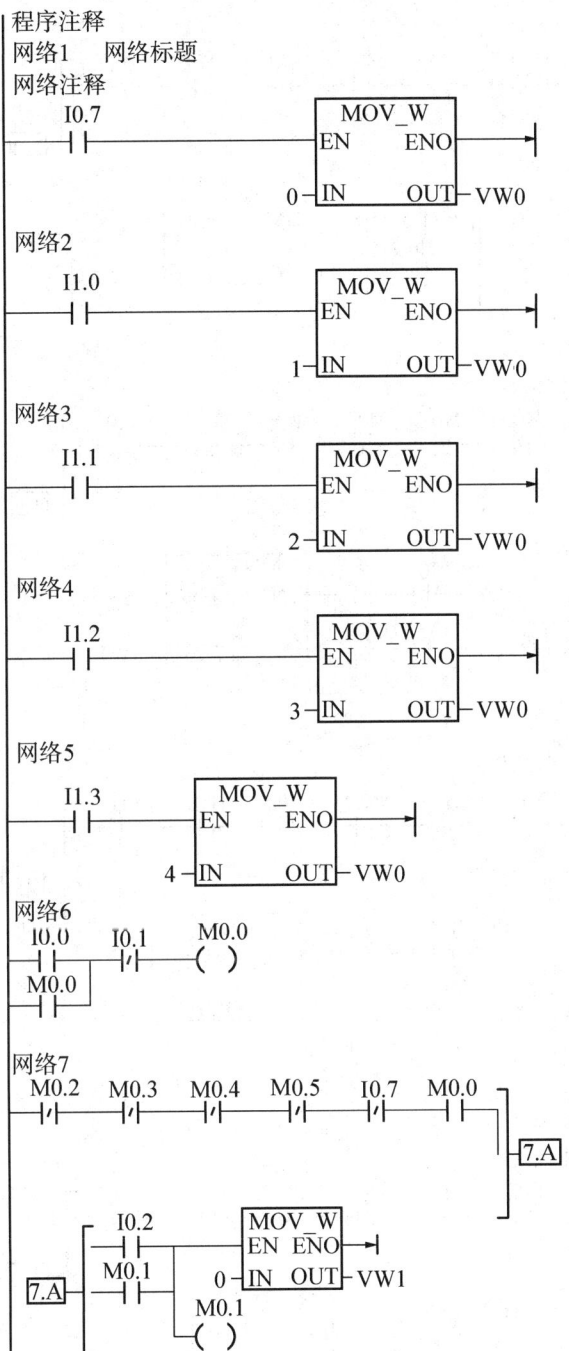

图1-2-33 运料小车程序设计(S7-200版)

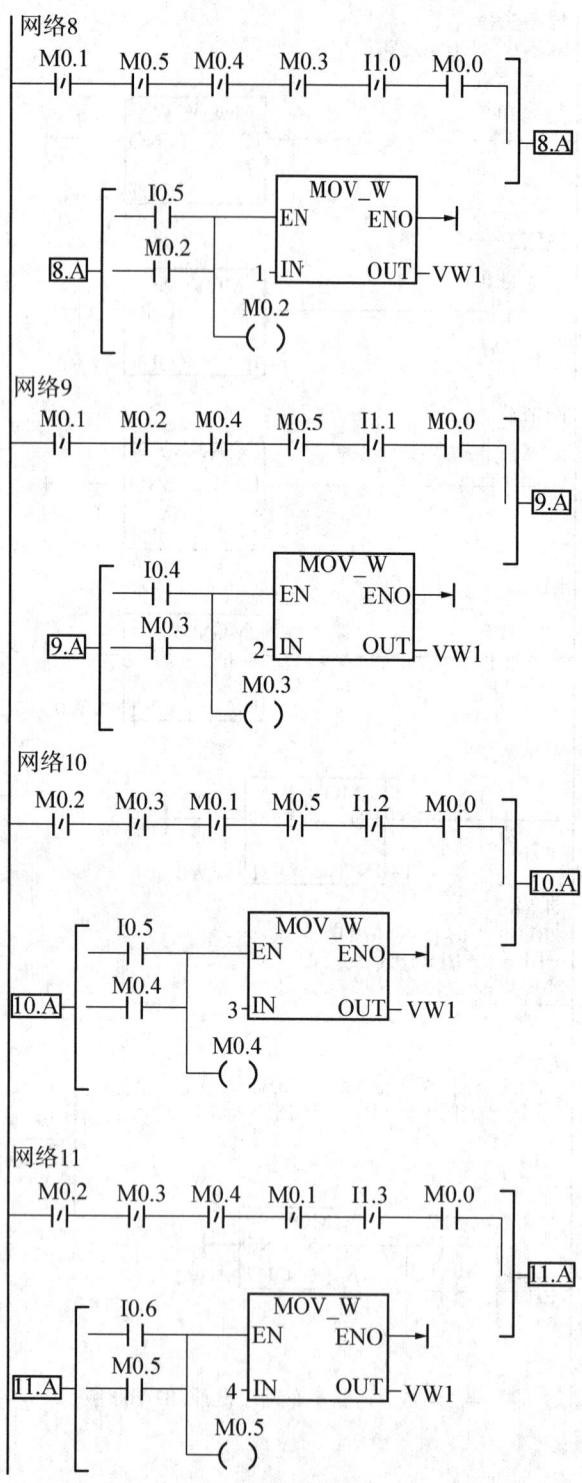

续图 1-2-33 运料小车程序设计（S7-200 版）

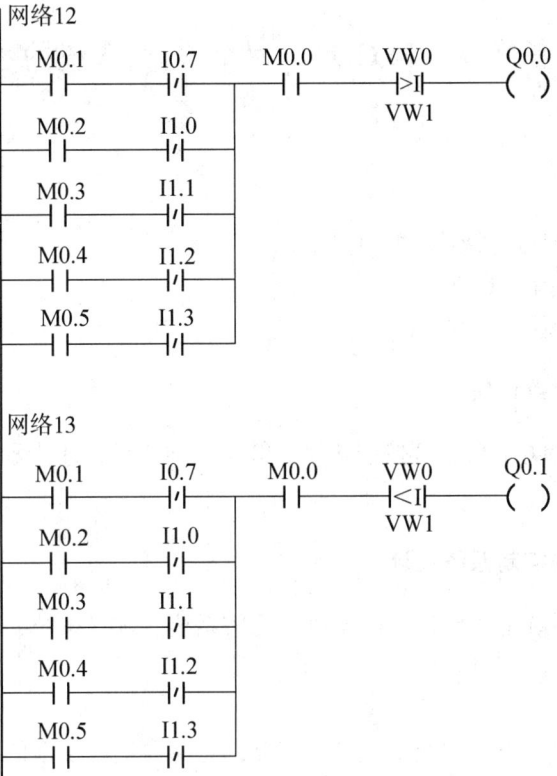

续图 1-2-33　运料小车程序设计（S7-200 版）

学习任务 3　PLC 对自动售货机系统的控制

一、任务目的

(1) 了解售货机自动控制系统的工作原理。
(2) 掌握数学运算指令的使用。
(3) 掌握比较运算指令的使用。

二、任务实施的仪器设备

①FX_{2N}-48MR 的 PLC 1 台；②按钮 4 个；③感应器 4 个；④指示灯 2 个；⑤传动电机 4 个；⑥电磁阀 2 个。

三、自动售货机的控制系统设计

售货机自动控制系统主要包括计币系统、比较系统、选择系统、饮料供应系统、退币系统和报警系统。

1. 计币系统

当有顾客买饮料时，投入的钱币经过感应器，感应器记忆投币的个数且传送到检测系统 (即电子天平) 和计币系统。只有当电子天平测量的重量少于误差值时，允许计币系统进行叠加钱币，叠加的钱币数据存放在数据寄存器 D2 中。若不正确，认为是假币，则退出投币，等待新顾客。

2. 比较系统

投入完毕后，系统会把 D2 内钱币数据和可以购买饮料的价格进行区间比较，当投入的钱币小于 2 元时，指示灯 Y0 亮，显示投入的钱币不足，此时可以再投币或选择退币；当投入的钱币在 2～3 元之间时，汽水选择指示灯常亮；当投入的钱币大于 3 元时，汽水和咖啡的指示灯同时常亮，此时可以选择饮料或选择退币。

3. 选择系统

比较电路完成后选择电路指示灯是常亮的，当按下汽水或咖啡选择，相应的选择指示灯由常亮转为以 1 秒为周期的闪烁；当饮料供应完毕时，闪烁同时停止。

4. 饮料供应系统

当按下选择按钮时，相应的电磁阀 (Y4 或 Y6) 和电机 (Y3 或 Y5) 同时启动。在饮料输出的同时，减去相应的购买钱币数。当饮料输出达到 8 秒时，电磁阀首先关断，小电机继续工作 0.5 秒后停机。此小电机的作用是：在输出饮料时，加快输出。在电磁阀关断时，给电磁阀加压，加速电磁阀的关断。(注：由于该售货机是长期使用的，电磁阀使用过多时，返回弹力减少，不能完全关断会出现漏饮料的现象。此时电机 Y3 和 Y5 延长工作 0.5 秒起到电磁阀加压的作用，使电磁阀可以完好地关断。)

5. 退币系统

当顾客购完饮料后，多余的钱币只要按下退币按钮，系统就会把数据寄存器 D2 内的钱币数首先除以10得到整数部分,是1元钱需要退回的数量,存放在D10里,余数存放在D11里;再用D11除以5得到的整数部分是5角钱需要退回的数量,存放在D12里,余数存放在D13里;最后D13里面的数值,就是1角钱需要退回的数量。在选择退币的同时启动3个退币电机。3个感应器开始计数,当感应器记录的个数等于数据寄存器退回的币数时,退币电机停止运转。

6. 报警系统

如果是非故障报警,只要通过网络通知送液车或者送币车即可。如果是故障报警就要通知维修人员到现场进行维修,同时停止服务,避免造成顾客的损失。

四、PLC 输入点与输出点分配表

1. 输入点分配表(见表1-2-6)

表1-2-6 输入点分配表

名　称	代号	输入编号	名　称	代号	输入编号
1角钱币入口		X0	退币感应器	SB_4	X10
5角钱币入口		X1	汽水液量不足		X11
1元钱币入口		X2	咖啡液量不足		X12
汽水选择按钮	SB_2	X3	1元钱币不足		X13
咖啡选择按钮	SB_3	X4	5角钱币不足		X14
1元退币感应器		X5	1角钱币不足		X15
5角退币感应器		X6	启动	SB_0	X16
1角退币感应器		X7	急停	SB_1	X17

2. 输出分配表(见表1-2-7)

表1-2-7 输出分配表

名　称	代号	输入编号	名　称	代号	输入编号
钱币不足	EL_1	Y0	没有汽水报警	EL_4	Y11
汽水选择灯	EL_2	Y1	没有咖啡报警	EL_5	Y12
咖啡选择灯	EL_3	Y2	1元传动电机	KM_3	Y13
汽水电机	KM_1	Y3	5角传动电机	KM_4	Y14
汽水电磁阀	YV_1	Y4	1角传动电机	KM_5	Y15
咖啡电机	KM_2	Y5			
咖啡电磁阀	YV_2	Y6			
无币报警	EL	Y7			

五、程序设计流程图(见图1-2-34)

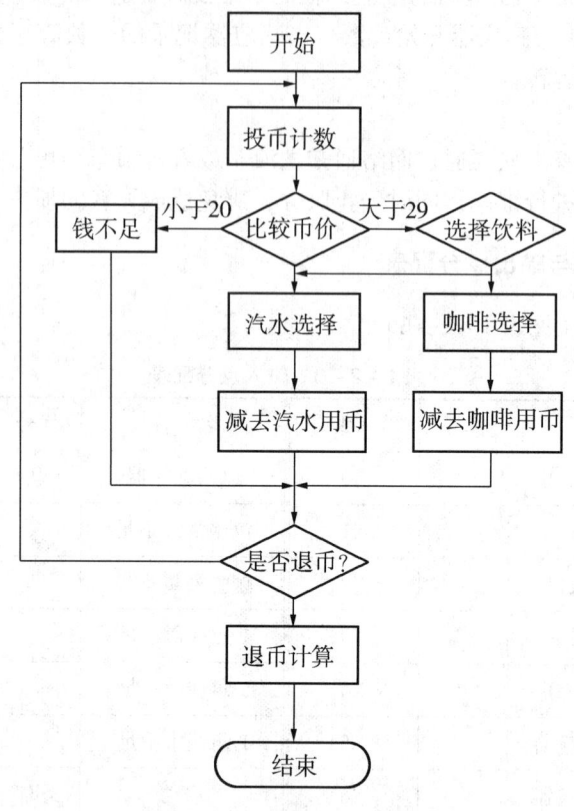

图1-2-34　程序设计流程图

六、思考题

(1)当汽水和咖啡的储备量都不足时,投入多少钱就要自动退出多少钱,这样PLC程序如何实现?

(2)当需要退出的钱币超过1元,而自动售货机的1元钱币储备不足时,如何实现用多个5角和1角钱币实现退币?如果自动售货机的1元和5角钱币储备不足,又如何用多个1角钱币实现退币?

七、程序设计(见图1-2-35、图1-2-36)

本程序中有许多M300以上的辅助继电器,它们是用于触摸屏或触摸屏的监控,可以代替相应的输入继电器,在实际系统中可以不考虑这些辅助继电器。

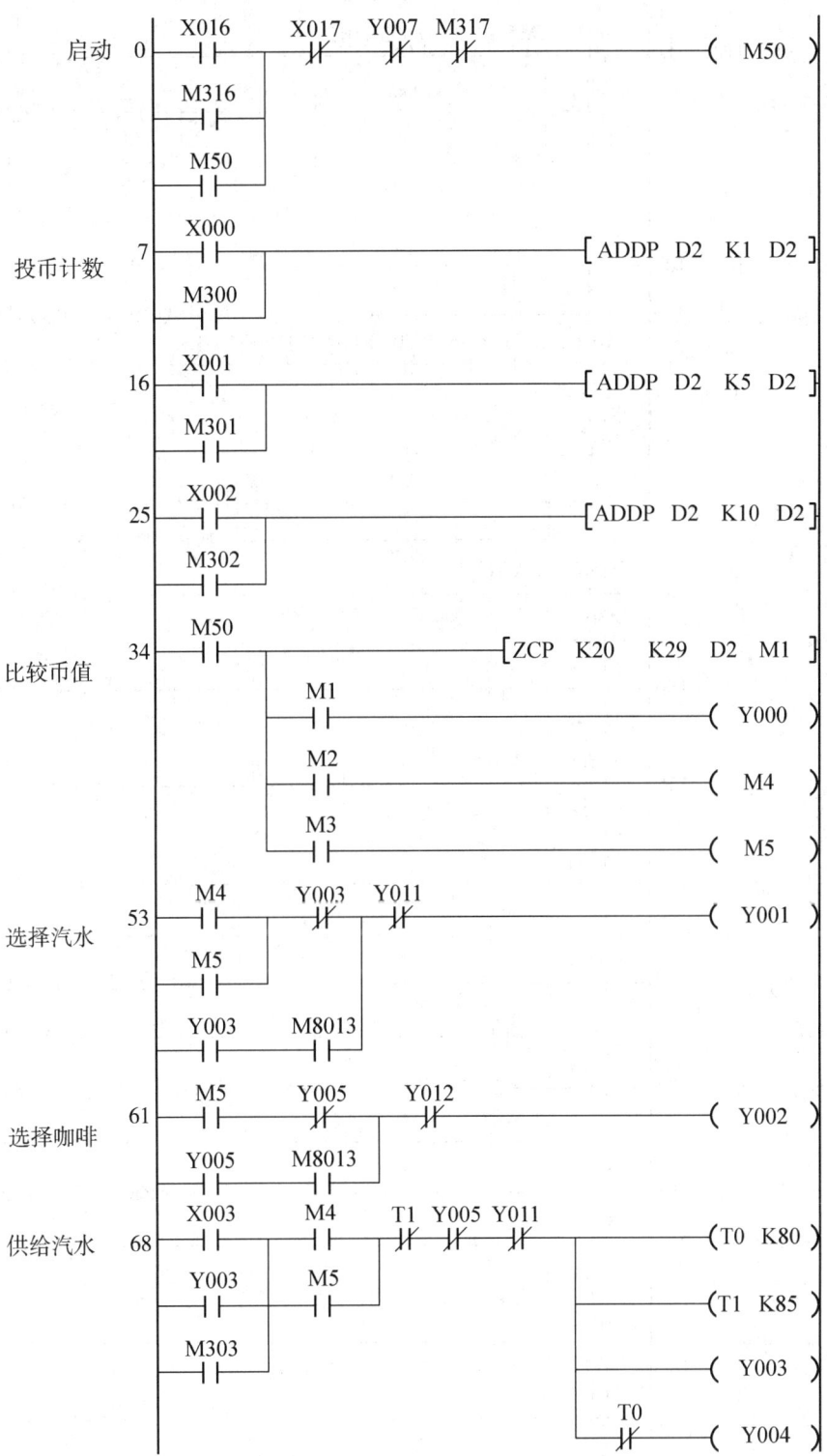

图 1-2-35 梯形图（FX$_{2N}$版）

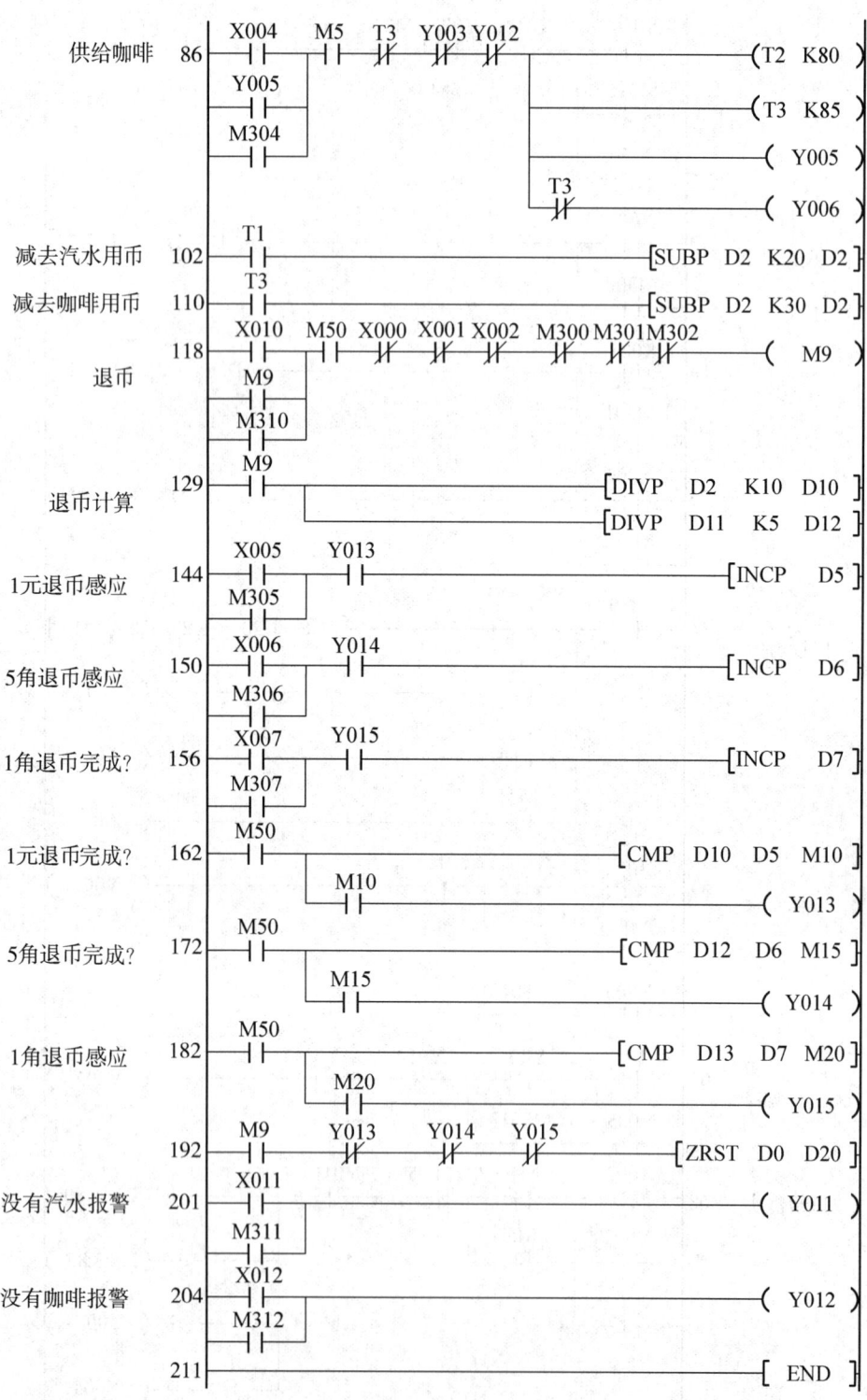

续图1-2-35 梯形图(FX$_{2N}$版)

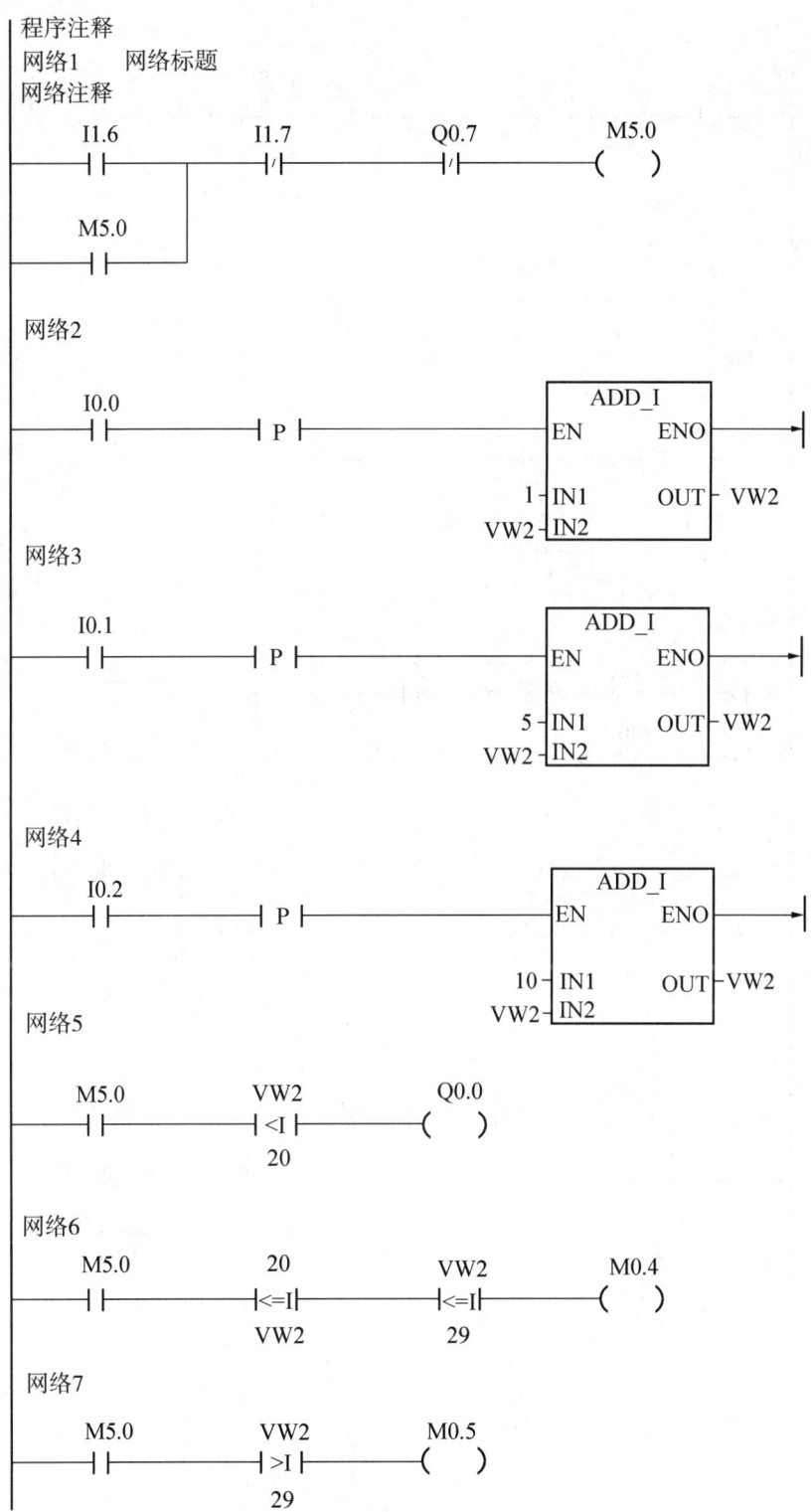

图 1-2-36 梯形图(S7-200 版)

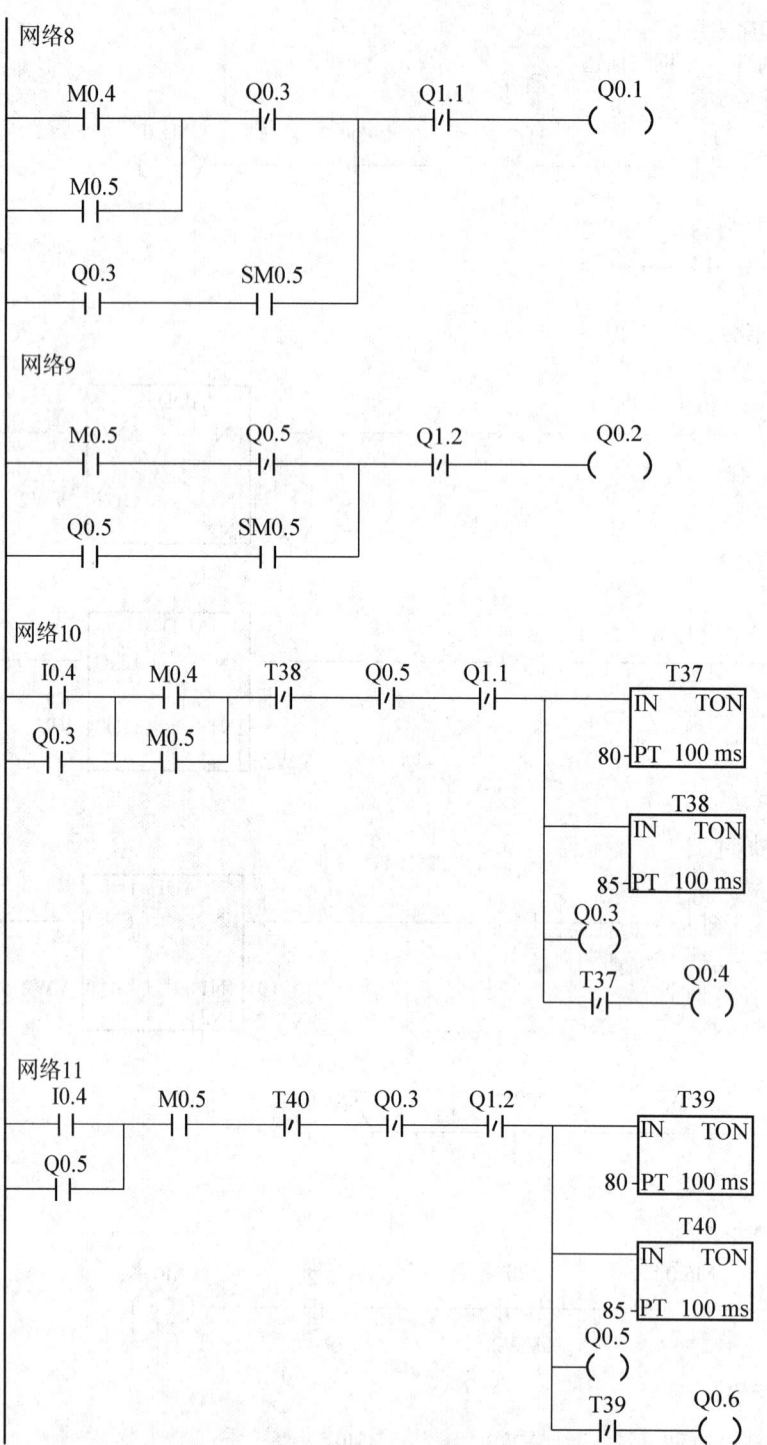

续图 1-2-36 梯形图(S7-200 版)

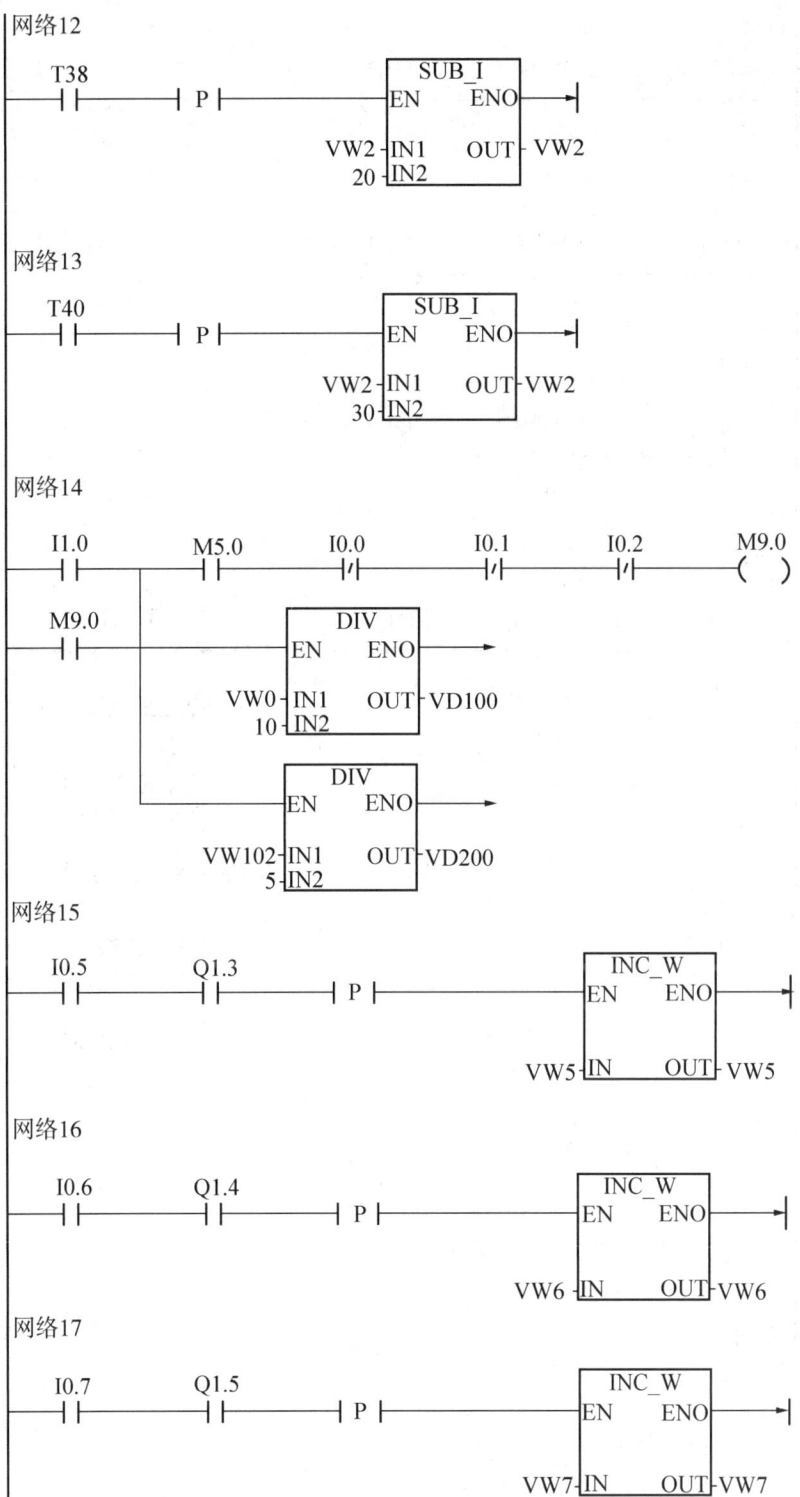

续图 1-2-36 梯形图（S7-200 版）

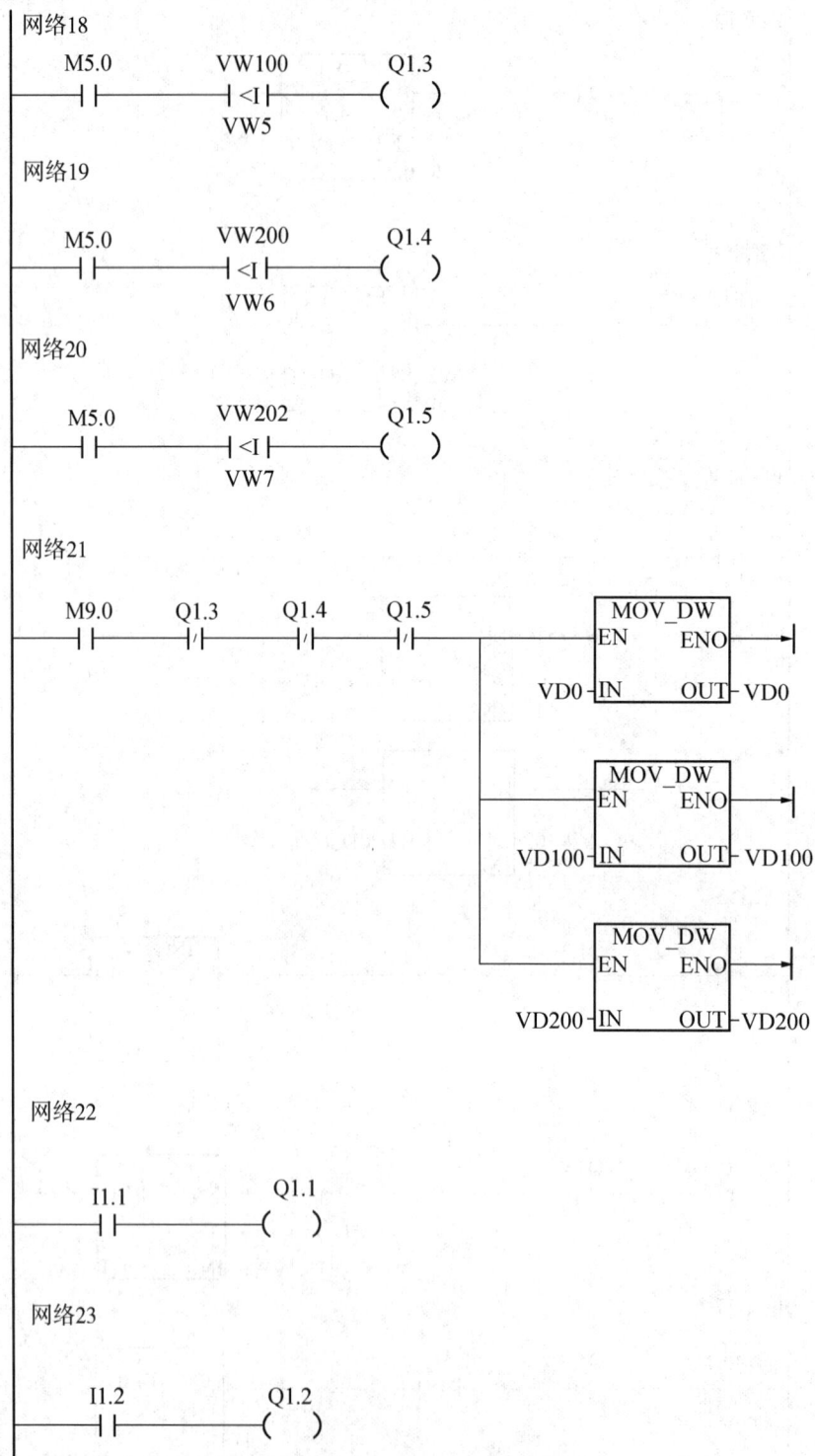

续图1-2-36 梯形图(S7-200版)

学习任务4 PLC在隧道射流风机上的应用

一、任务目的

(1)了解隧道射流风机的运行原理。
(2)掌握PLC的Y-△启动使用。
(3)掌握PLC实时系统时间控制指令的使用。

二、任务实施的仪器设备

①FX_{2N}-48MR的PLC 1台；②隧道射流风机实训系统1套。

三、隧道射流风机控制系统设计

1. 隧道射流风机系统的概述

某隧道全长1 000m、双车道、双向行驶，安装风机4台，分两组，一组编号为1#、2#，另一组编号为3#、4#。在白天8:00到晚上21:00时间段内车流量特别大，隧道内空气污浊，风机两组4台需要全部运行；晚上21:00后到第二天早上7:00点时间段内车流量比较小，风机只开一组；另外，考虑要合理使用风机和延长风机的使用寿命，决定两组风机要轮换使用，具体规定如下：晚上21:30分后要先关一组1#风机，23:00再关一组2#风机，剩下二组3#、4#两台运行；到第二天早上7:00开一组1#风机；7:30分开一组2#风机；第二天晚上21:30分后要先关二组3#风机；23:00再关二组4#风机，剩下一组1#、2#两台运行；再到下一天的早上7:00点开二组3#风机、7:30分开二组4#风机，依此类推，循环下去。

四、任务内容

隧道射流风机的输入输出分配图(见图1-2-37)

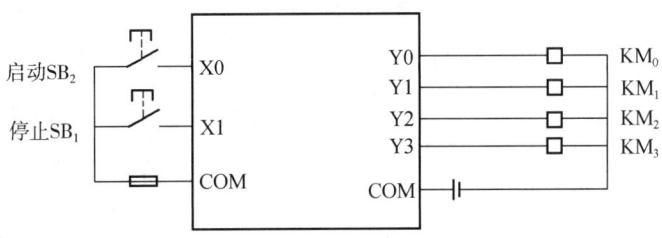

图1-2-37 隧道射流风机的输入输出分配图

KM_0~KM_3分别代表1#~4#风机。按下X0后，1#~4#风机每隔5秒启动一台，然后按照7:00、7:30、21:30、23:00的时间关闭风机。为了加速模拟过程，特别定义X2是设置7:00的开关、X3是设置7:30的开关、X4是设置21:30的开关、X5是设置23:00的开关。

五、思考题

把 PLC 的实时时间改为学员做实训的年月日和星期,然后把这几个日期存放到以 D0 为起始的 7 个数据寄存器中,并且通过 PLC 编程软件实时观察 PLC 时间的运行情况。

六、程序设计(见图 1-2-38、图 1-2-39)

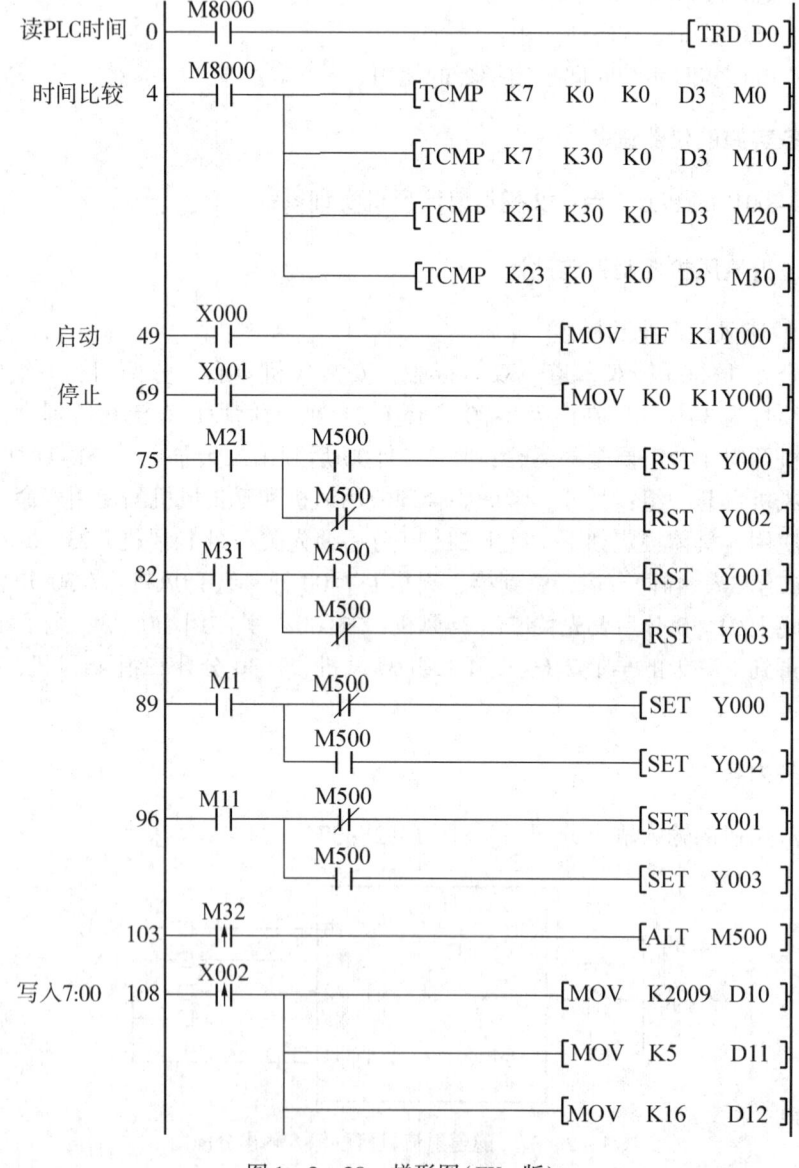

图 1-2-38 梯形图(FX_{2N}版)

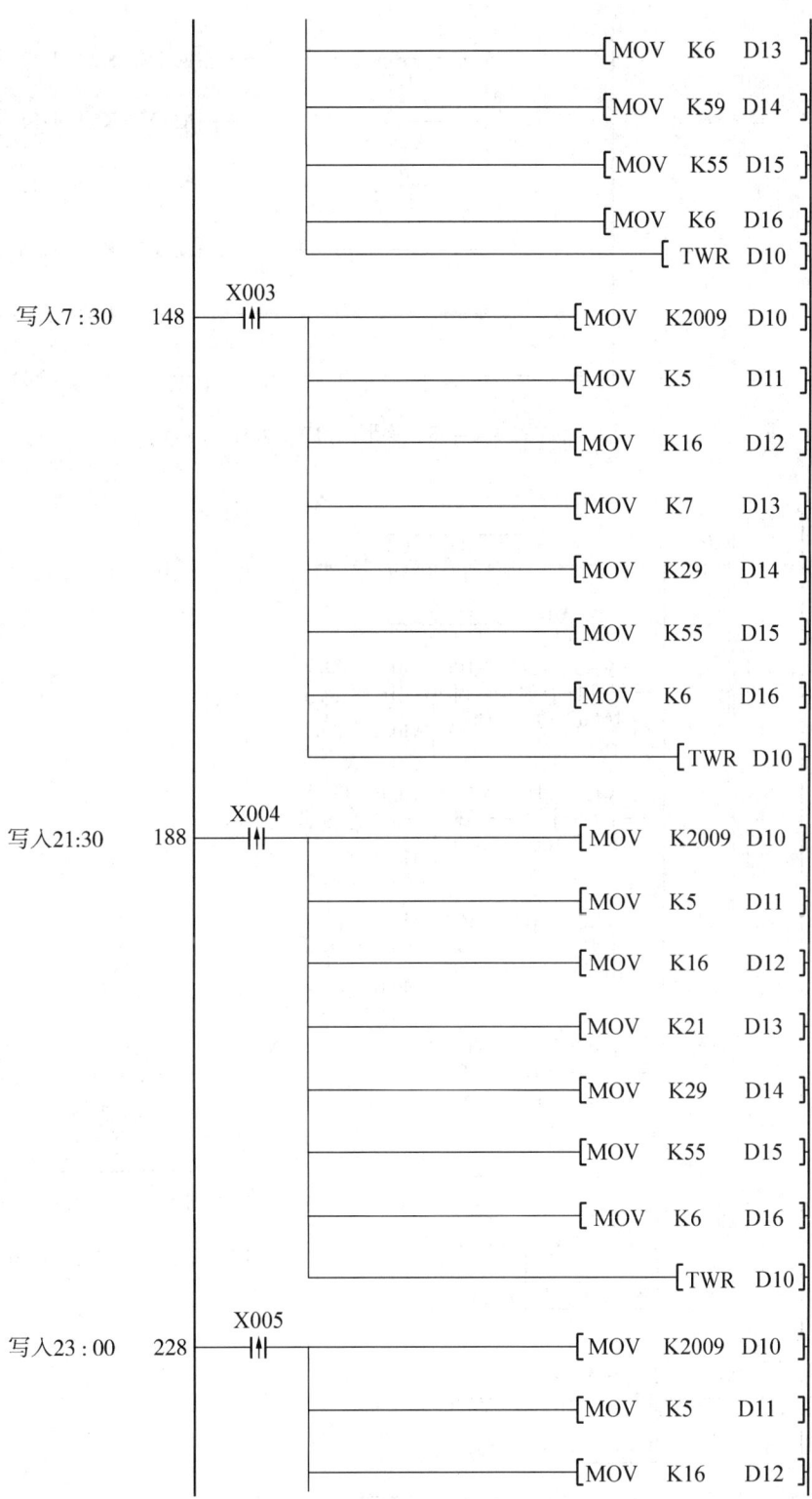

续图1-2-38 梯形图（FX$_{2N}$版）

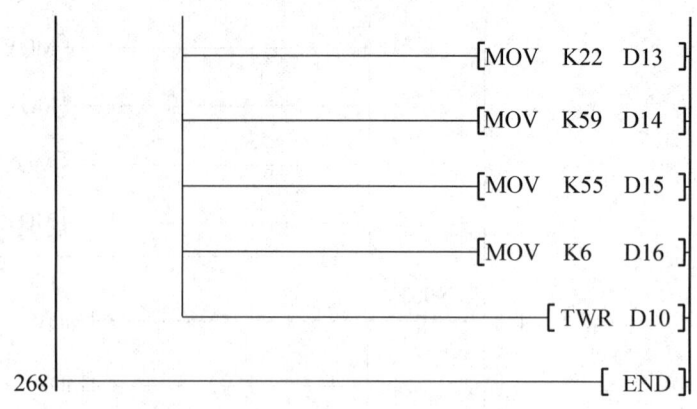

续图 1-2-38 梯形图（FX_{2N}版）

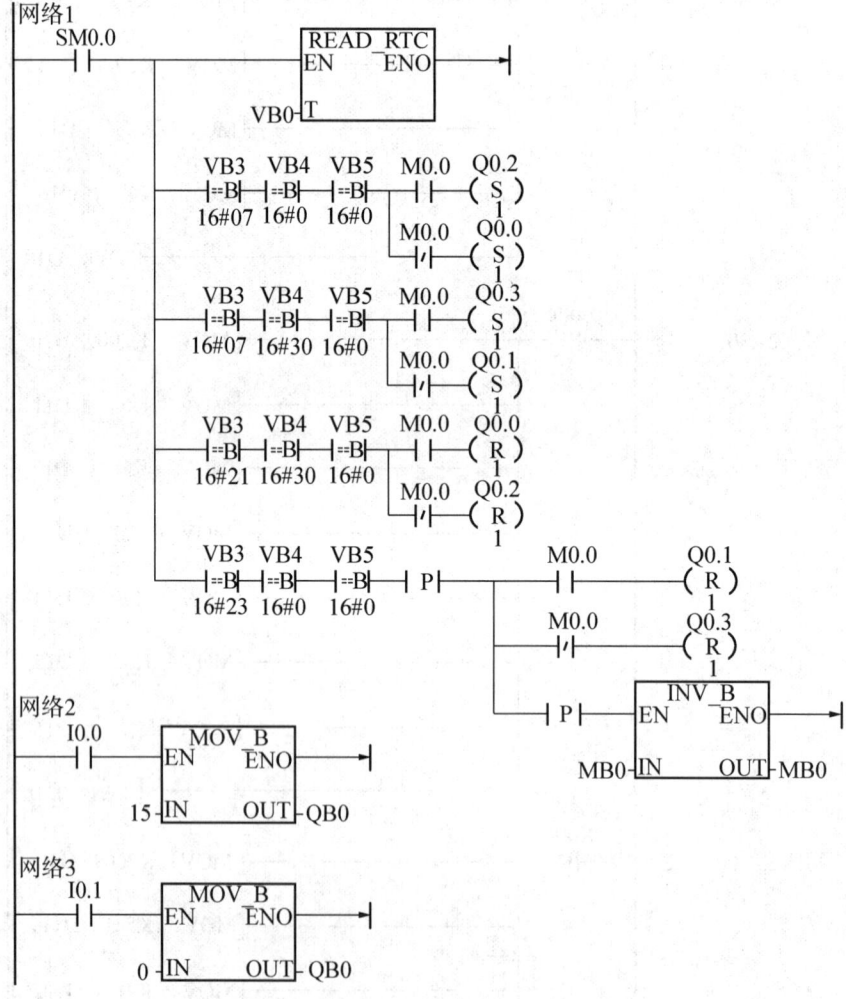

图 1-2-39 梯形图（S7-200 版）

工作项目三　三菱 FR 通用变频器使用的基本方法

变频器是利用电力半导体器件的通断作用将工频电源变换为另一频率的电能控制装置。三菱变频器主要采用交-直-交方式(VVVF 变频或矢量控制变频)，先把工频交流电源通过整流器转换成直流电源，然后再把直流电源转换成频率、电压均可控制的交流电源以供给电动机。三菱变频器的电路一般由整流、中间直流环节、逆变和控制 4 个部分组成。整流部分为三相桥式不可控整流器，逆变部分为 IGBT 三相桥式逆变器，且输出为 PWM 波形，中间直流环节为滤波、直流储能和缓冲无功功率。

三菱变频器目前在市场上用量最多的就是 A700/A500 系列，以及 E700/E500 系列，A 系列为通用型变频器，适合在高启动转矩和高动态响应场合使用；而 E 系列则适合在功能要求简单、对动态性能要求较低的场合使用，且价格较有优势。

三菱变频器的控制方法主要有面板控制、外部控制、程序控制和网络控制。本项目的主要任务是学习变频器的面板控制、外部控制和程序控制。网络控制则在工作项目四中完成。

学习任务 1　通用变频器的基本运行方式

一、任务目的

(1)了解变频器实验装置的组成。
(2)熟悉变频器面板的显示和操作。
(3)掌握变频器的 PU 开环与闭环运行方式。
(4)掌握变频器的外部运行及组合运行方式。

二、变频器实验装置简介

本实验装置采用典型的日本三菱公司推出的高性能、多功能 FR-A5408.5K 型变频调速器(380V、1.5kW)。变频器的控制端子都已用连接线接至面板上的接线柱，因此，只需按图连接各相应接线柱，即可进行变频器的各种运转实验。变频器的各端子接线图如图 1-3-1 所示。

实验装置的电源总开关采用三菱无熔断器空气开关。

实验装置面板左侧的各元件均已连接，如图 1-3-2 所示。变频器由 3 个接触器控制，KM_1 控制其主回路电源的通断，KM_2 和 KM_3 带有机械和电气联锁，用于电动机电网运转与变频运转之间的切换，面板装置上方装有 1 个反映供电电源电压大小的交流电压表和 1 个反映电机负载电流大小的交流电流表。在面板装置的右侧，装有 6 个开关和 3 个按钮开关，这些元器件均为独立元件，以供实验所需。

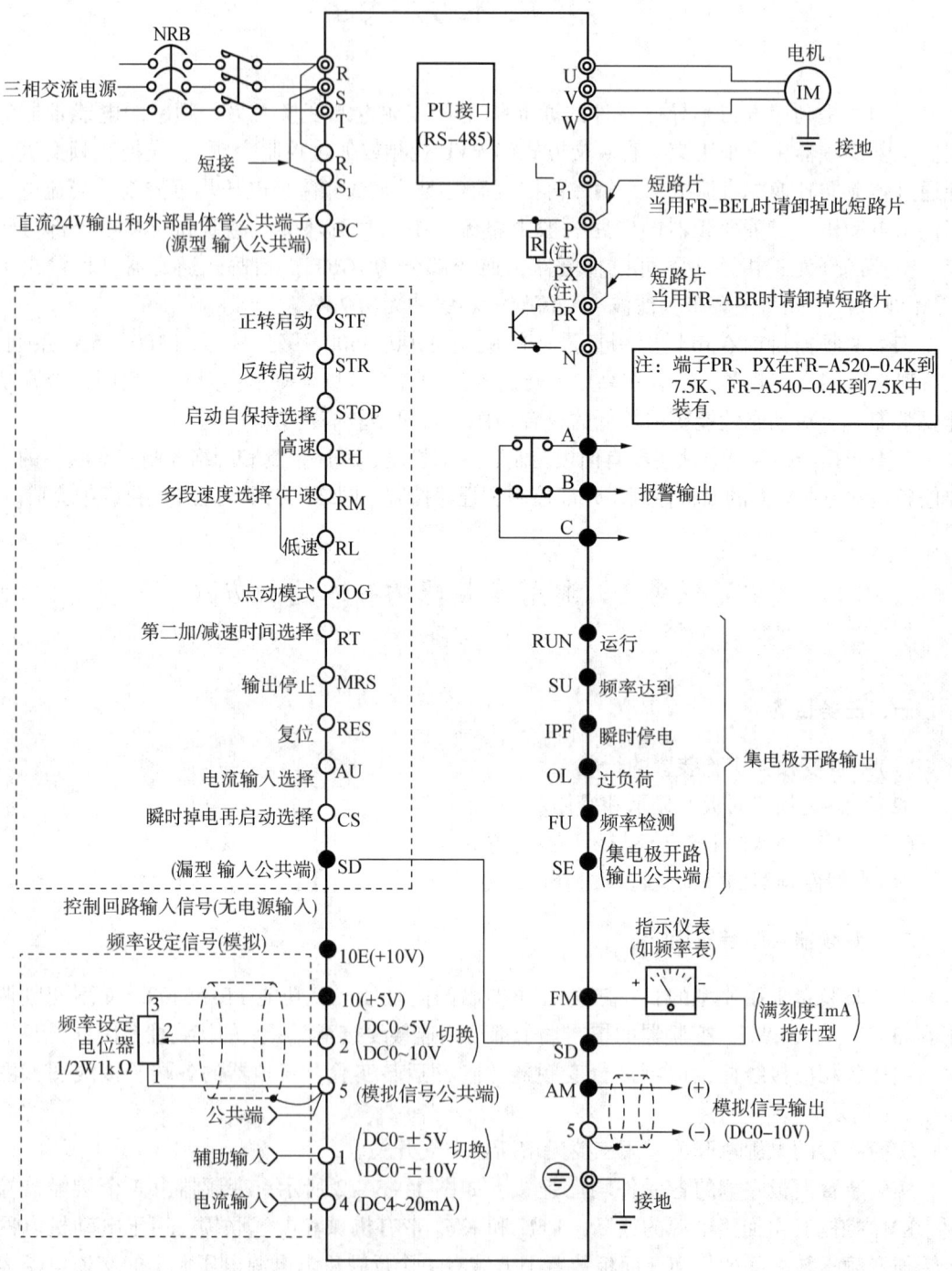

图1-3-1 变频器的各端子接线图

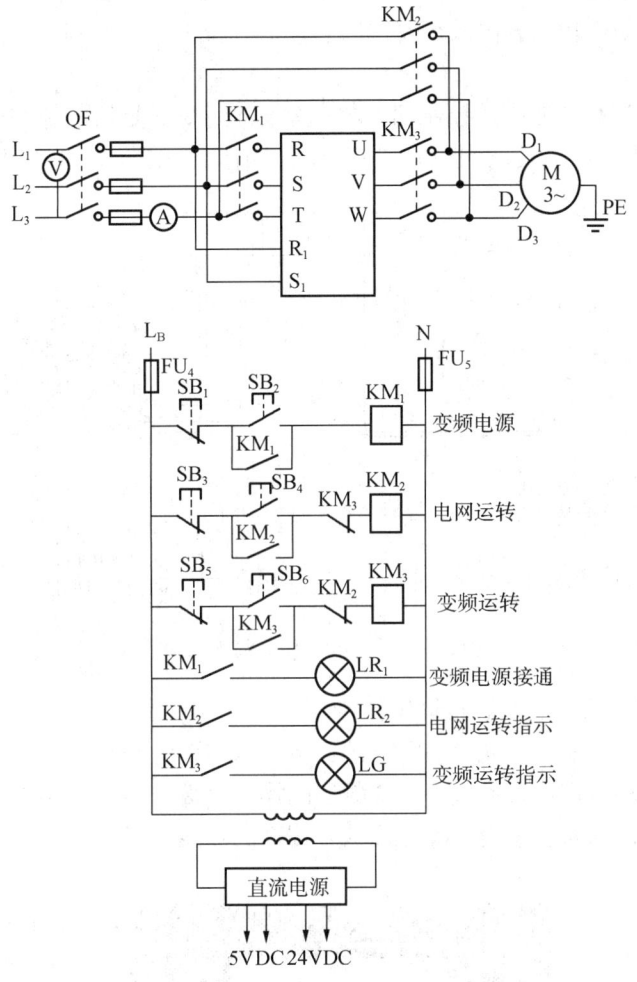

图 1-3-2　变频调速实验系统控制电路图

在面板的右下侧,备有交流 220V(可用于变频器的信号灯)和直流 5V 电源(可用作选购件和编码器的电源,也可作为开环运转的输入信号使用)。

变频器的三相异步电动机配备了脉冲编码器,变频器内部加装了 FR-A5AP 选购件,除了可以做开环系统的实验外,还能进行闭环系统的实验,如速度反馈和定位系统实验等。

三、任务内容

1. 电源连接(见图 1-3-2、图 1-3-3)

1)电源连接

电源接线端子为 L_1、L_2、L_3。本变频器的整流器是由二极管构成的,因此,接线时可不考虑相序。本电源连接线已在实验装置内完成。

2)电动机连接

电动机接线端子为 U、V、W,本实验应将电动机连接到实验装置面板上的 D_1、D_2、D_3 接线柱。当接线正常时,如果按下正转启动按钮,从负载侧看,电动机应按逆时针方向旋转；如果转向相反，则可交换 D_1、D_2、D_3 端子的任意两相。此外，还可以重新定义旋转方向，只要电动机转动方向满足要求即可。

3）通电

合三相闸刀开关 QF（变频器控制回路接通电源），按下变频电源"接通"按钮（接触器 KM_1 动作），再按下变频运转的"接通"按钮（KM_3 动作），如图 1-3-2 所示。

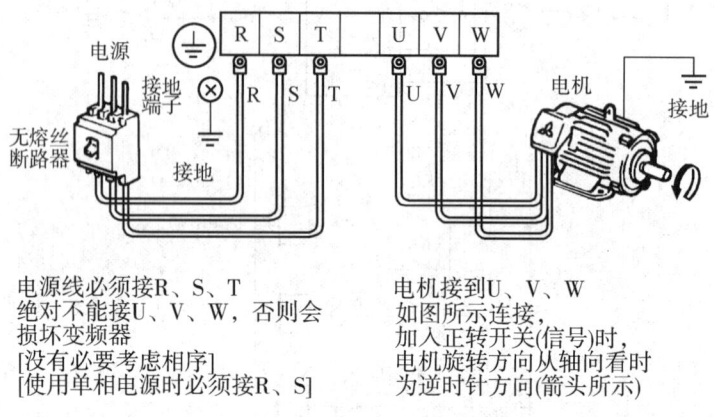

图 1-3-3　电机和电源的连接

2. 熟悉变频器面板显示及各按键操作

使用变频调速器之前，首先要熟悉它的面板显示和键盘操作单元（或称控制单元）并且按照使用场合的要求合理设置参数。本变频器的操作面板如图 1-3-4 所示，其上半部为面板显示器，下半部为各种按键。操作面板各按键的功能见表 1-3-1。

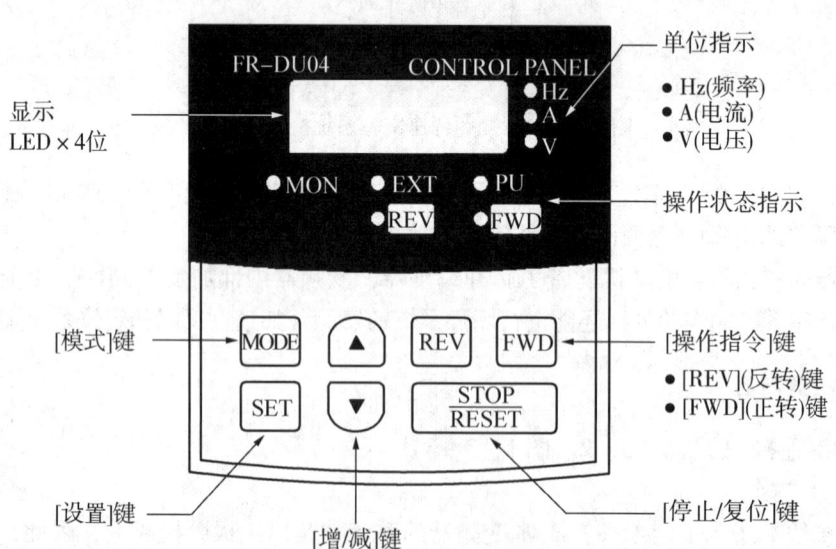

图 1-3-4　变频器的操作面板

表1-3-1 操作面板各按键功能

按 键	说 明
[MODE]键(模式键或状态键)	可用于选择操作模式或设定模式
[SET]键(设置键)	用于确定频率和参数的设定
[△/▽]键(增/减键)	用于连续增加或降低运行频率。按下这个键可改变频率 在设定模式中按下此键,则可连续设定参数
[REV]键(反转键)	用于给出反转指令
[FWD]键(正转键)	用于给出正转指令
[STOP/RESET]键 (停止/复位键)	用于停止运行 保护功能动作输出停止时复位变频器(主要用于故障时)

按键中最重要的是[MODE]键([模式]键或[状态]键),它可以改变显示的模式(状态)。模式共有5种：监示、频率设定、参数设定、运行及帮助模式。连续按动[MODE]键,显示器将循环顺序显示以上几种模式,如图1-3-5所示。

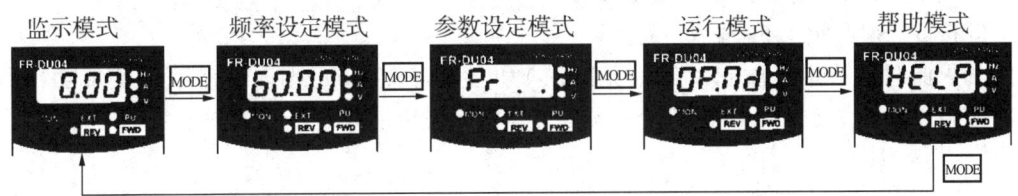

图1-3-5 [MODE]键([模式]键或[状态]键)

在每种模式下有不同的功能。例如,在"监示模式"下,按[SET]键,可以选择显示器的频率(Hz灯亮)、电压(V灯亮)或电流(A灯亮)等各种信息(见图1-3-6);在"操作(运行)模式"下,按△/▽键,可选择"外部操作"(利用外部信号控制变频器的运转)、"PU操作"(利用变频器操作单元的键盘直接控制变频器的运转)或"PU点动操作"等各种操作模式;在"频率设定模式"下,可改变频率;在"参数设定模式"下,可根据实际需要改变变频器参数的大小,等等。

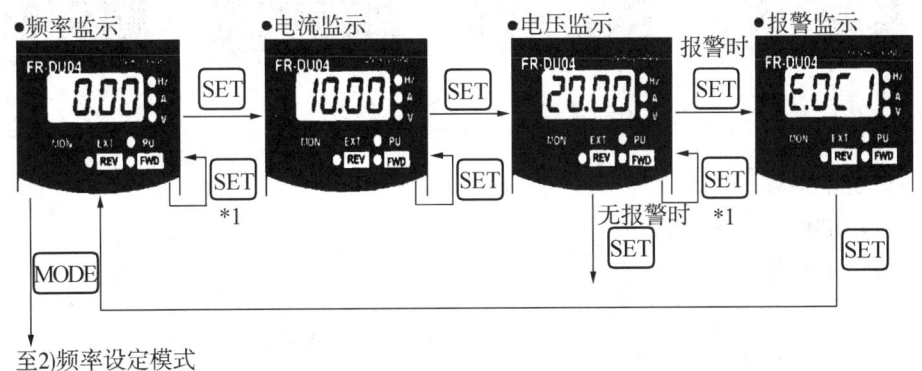

图1-3-6 监示模式

3. "全部清除"操作

为了实验能顺利进行,在实验开始前应进行一次"全部清除"操作,步骤如下:

(1)确认变频器 PU 灯亮,即使变频器工作在 PU 操作模式或组合操作模式。如果 PU 灯未亮,应使 PU 灯亮。

(2)按[MODE]键至"帮助模式"。

(3)按 △/▽ 键至"全部清除"。

(4)按照"全部清除"操作步骤将参数值和校准值全部初始化到出厂设定值。

4. 参数设定

在操作变频器时,通常要根据负载和用户的要求向变频器输入一些指令,如上限和下限频率的大小、加速和减速时间的长短等等。另外,要完成某种功能,例如采用组合操作方式,也要输入相应的指令。

(1)如果须将上限频率设定为 50Hz,即 Pr.1 = 50,可按以下步骤进行:

①按[MODE]键改变监示模式,使显示器显示为"参数设定模式"。

②按 △ 键改变参数号,使参数号为 1(参数号 1 即代表上限频率)。

③按[SET]键显示参数。

④按 △/▽ 更改参数,使参数改为 50。

⑤按住[SET]键 1.5s 写入设定。

如果此时显示器交替显示参数号(Pr.1)和参数(50.00),则表示参数设定成功(即已将上限频率设定为 50Hz),否则设定失败,须重新设定。设置步骤如图 1-3-7 所示。

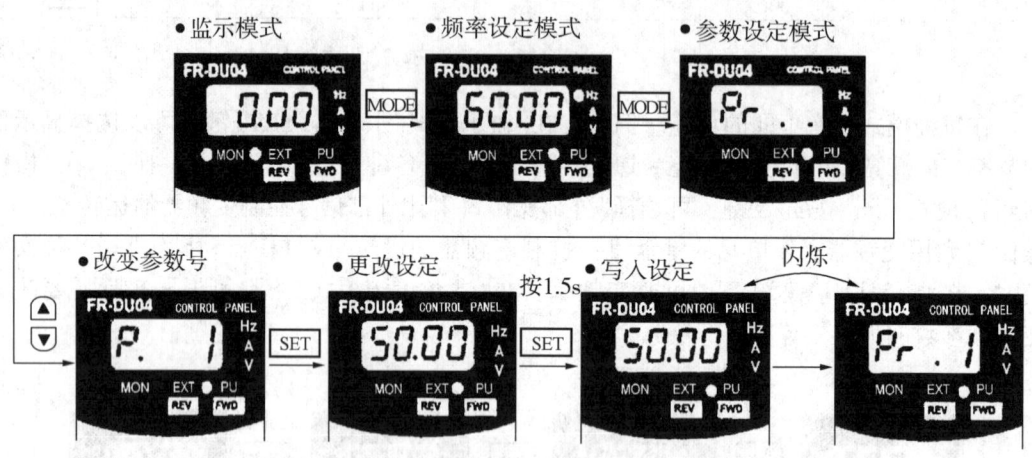

图 1-3-7 设定上限频率为 50Hz

(2)设定下限频率为 5Hz。

(3)设定加速时间为 3s。

(4)设定减速时间为 8s。

5. 变频器的 PU 运转

即利用变频器操作单元的键盘直接控制变频器的运转。

1) 设定运行频率(如设定运行频率为 50Hz, 见图 1-3-8)

(1) 按 [MODE] 键至"运行模式"。

(2) 使变频器工作在"PU 运行模式",即使 PU 灯亮。

(3) 按 [MODE] 键至"频率设定模式"。

(4) 按 △/▽ 键将运行频率设定为 50Hz。

(5) 按下 [SET] 键,写入运行频率,显示器交替显示"F"和"50Hz"。

(6) 按 [FWD] 或 [REV] 键,电机正转或反转启动,加速时间结束后,显示器显示运行频率为 50Hz。

图 1-3-8 设定运行频率为 50Hz

2) 改变运行频率(如将运行频率更改为 45Hz)

(1) 按 [MODE] 键至"频率设定模式"。

(2) 按 △/▽ 键将运行频率更改为 45Hz。

(3) 按下 [SET] 键,写入运行频率,显示器交替显示"F"和"45Hz"。

(4) 按 [FWD] 或 [REV] 键,电机正转或反转启动,加速时间结束后,显示器显示运行频率为 45Hz。

3) 变频器的 V/f 曲线

(1) 使变频器工作在"PU 运行模式"。

(2) 设定"基底频率"为额定频率 50Hz, 即 Pr.3 = 50。

(3) 设定运行频率为 60Hz, 按 [FWD](或 [REV]) 键,电机启动,用转速表测出电机转速,读出相应输出电压、电流值,将结果填入表 1-3-2。

(4) 按 △/▽ 键,按表 1-3-2 中频率值改变运行频率,测出各相应的转速及电压、电流值,将结果填入表 1-3-2。

表 1-3-2 输出 V/f 特性测量值

频率/Hz	60	50	40	30	25
转速/(r/min)					
输出电压/V					

(5) 作变频器的 V/f 曲线。

6. 变频器的开环和闭环运转

1) 开环运行

(1) 设定运行频率为 50Hz。

(2) 按[FWD](或[REV])键,电机启动,电机运转平稳后,用转速表测出电机转速,读出相应输出电流值,将结果填入表 1-3-3。

(3) 按表 1-3-3 要求加负载,将各种不同负载下的电机转速及输出电流值记入表 1-3-3。

表 1-3-3 变频器开环与闭环的测量结果

		点亮的灯泡数/盏					
		空载	2	5	7	10	15
开环	转速/(r/min)						
	电流/A						
闭环	转速/(r/min)						
	电流/A						

2) 闭环运行

(1) 按表 1-3-4 接线。

表 1-3-4 闭环时变频器端子与 PLG 的连接

端子名称	连接线颜色	端子说明
PA1	黑	PLG A 相信号输入端
PA2	黑灰	PLG A 相反相信号输入端
PB1	白	PLG B 相信号输入端
PB2	白灰	PLG B 相反相信号输入端
5V	综	DC 电源(正)输入端
SG	蓝	DC 电源接地端

(2) 按表 1-3-5 设置相关参数。

表 1-3-5 闭环时相关参数设定值

参数号	名称	范围	最小设定	出厂设定	本实验设定
144	电极极数	0, 2, 4, 6, 8, 10, 102, 104, 106, 108, 110	1	4	4
359	PLG 旋转方向	0, 1	1	0	0
367	速度反馈范围	0~400Hz, 9999	0.01	9999	3.3
369	PLG 脉冲数	0~4096	1	0	1025
370	控制模式选择	0, 1, 2	1	0	1 或 2

(3) 重复开环运行步骤,将结果填入表 1-3-3。

(4) 分析闭环时负载变化对转速的影响,并与开环时结果进行比较。

7. 变频器的外部操作

变频器的外部操作即利用外部的开关、电位器等元器件将外部操作信号输入到变频器，控制变频器的运转。

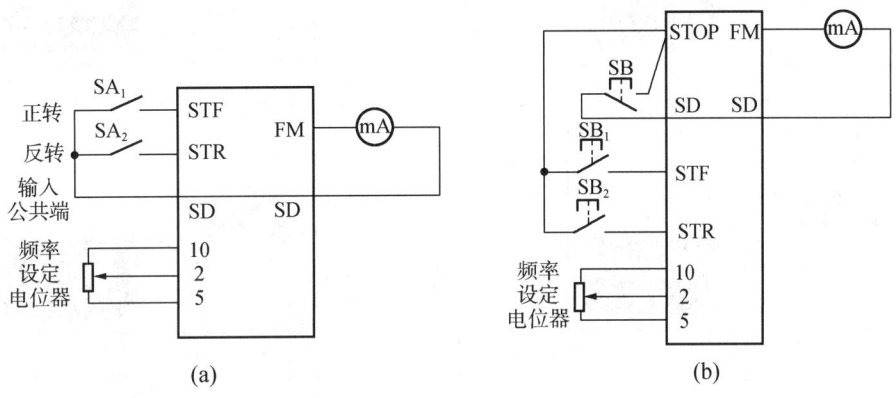

图1-3-9 外部运转接线图

1）接线

按图1-3-9a接线（如果不用开关SA_1和SA_2，而改用SB_1和SB_2，则请将相应的接线改为按图1-3-9b）。外部操作如图1-3-10所示。

2）通电

接通变频器电源，确认操作模式中显示"EXT"。（如"EXT"未亮，请切换到外部操作模式。）

3）开始

将启动开关（STF或STR）置于ON，表示运转状态的FWD或REV闪烁。（如果正转和反转开关都处于ON，电机不启动；如果在运行期间，两开关同时处于ON，电机减速至停止状态。）

4）加速→恒速

顺时针缓慢旋转电位器（频率设定电位器）到满刻度，显示的频率数值逐渐增大，显示为50.00Hz。

5）减速

逆时针缓慢旋转电位器（频率设定电位器）到底，频率显示逐渐减小到0.00Hz，电机停止运行。

6）停止

断开启动开关（STF或STR），表示运转状态的FWD或REV停止闪烁。

8. 变频器的组合操作

变频器的组合操作即PU操作和外部操作两种方式并用。

如果须用外部信号启动电机，用PU调节频率，则将"操作模式选择"设定为3（Pr.79=3）。此时外部频率设定信号和PU的正反转按键均不起作用。

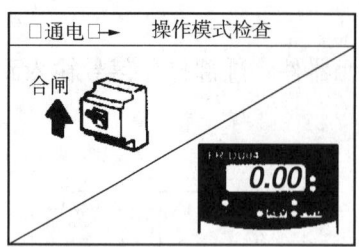
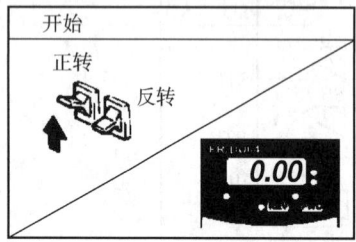
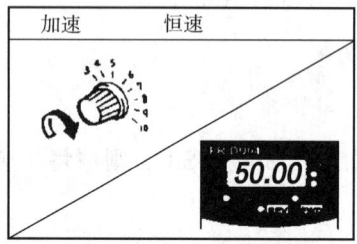
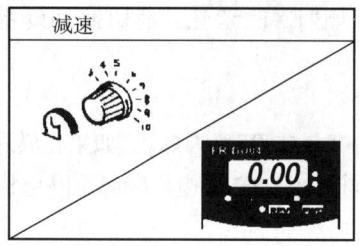
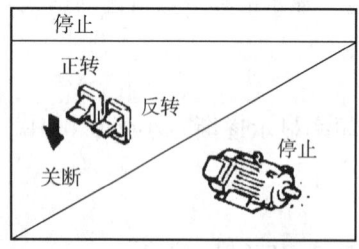
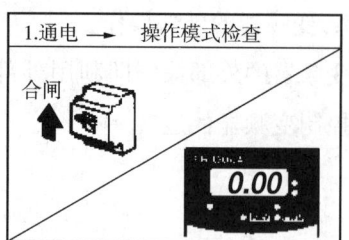
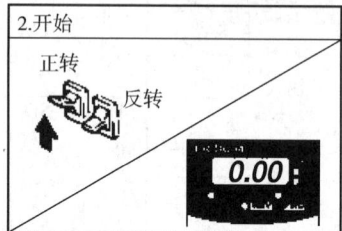
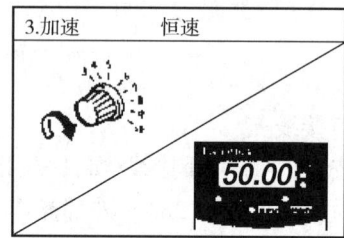
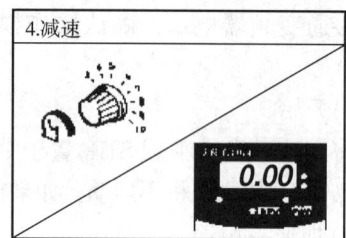
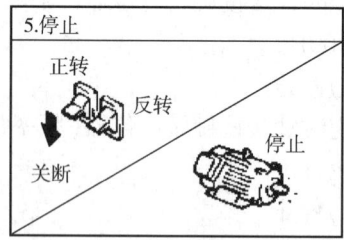

图1-3-10 变频器的外部操作　　　　图1-3-11 变频器的组合操作

如果要求启动用PU控制，频率用电位器或其它外部信号调节，则设定Pr.79 = 4。

例如，要求启动用外部信号控制，频率用PU调节，电机以50.00Hz恒速运行，可按如下操作步骤进行(见图1-3-11)：

1) 按图1-3-9a或图1-3-9b接线
2) 变频器通电

3）操作模式选择

将 Pr. 79"操作模式选择"设定为3，选择组合操作模式，运行状态"EXT"和"PU"指示灯都亮。

4）开始

将启动开关（STF 或 STR）置于 ON。

5）运行频率设定

可在频率设定模式中设定运行频率为 50.00Hz；也可在频率监示模式下设定运行频率。

6）停止

将启动开关置于（STF 或 STR）OFF，电机停止运行。

9. A700 变频器的参数设置

A700 变频器兼容 A500 变频器，只是参数设置的方法不同而已。具体操作如图 1-3-12 所示。

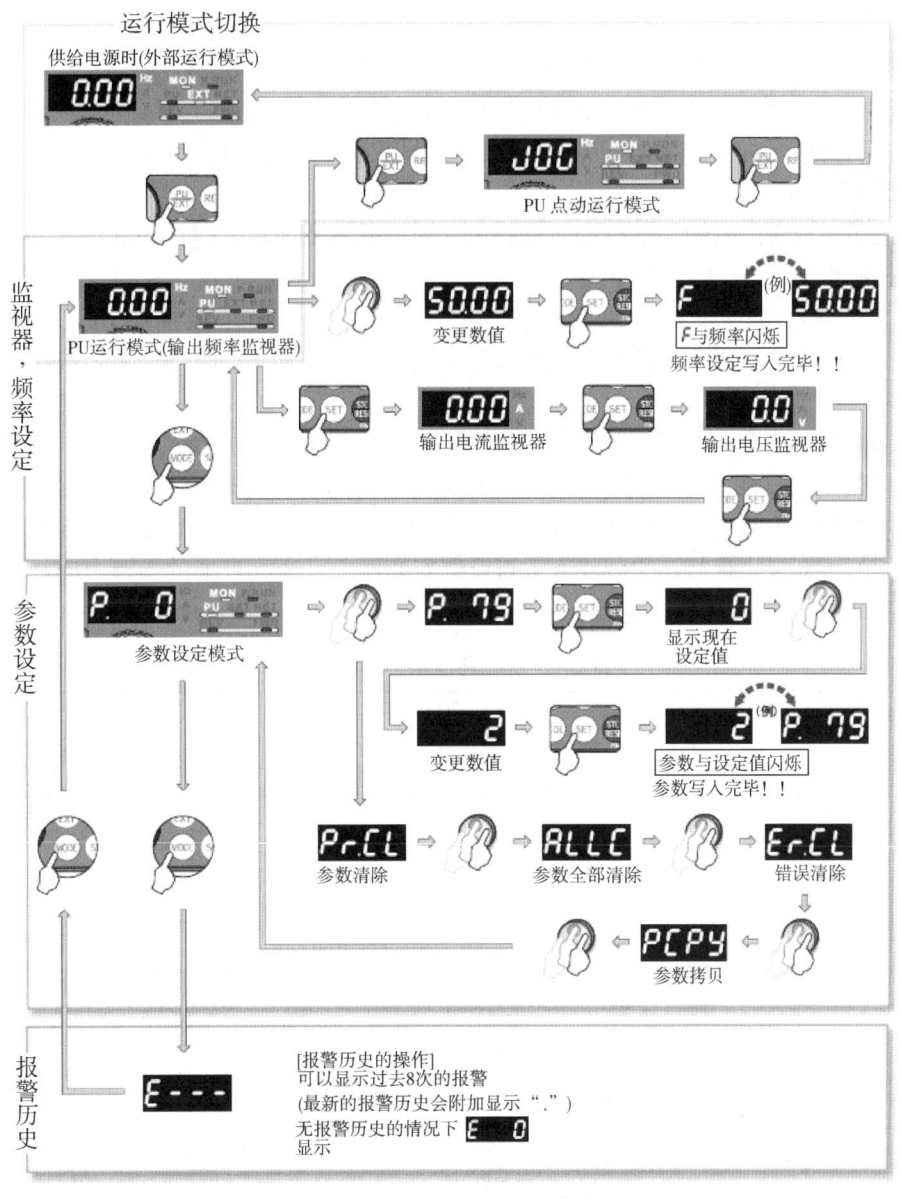

图 1-3-12　A700 变频器的参数设置

学习任务 2　通用变频器的程序运行及多段速度运行

一、任务目的

(1) 进一步熟悉变频器面板的显示和操作。
(2) 掌握变频器程序运行方式。
(3) 掌握变频器频率跳变操作和多段速设定。

二、任务概述

利用变频器选用件组合外围电路，可以使变频器实现多种运行方式，如外部运行方式、组合方式、程序运行方式、多段速运行方式、瞬停再启动运行方式、变频器异常时工频电源自动切换运行方式等。不同的运行方式可以达到不同的目的。

1. 程序运行

即按照预设定的时钟、电机的运行频率、启动时间及旋转方向在内部定时器的控制下执行运行操作。

(1) 程序运行功能仅当 Pr.79 =5 时有效。

(2) 用 Pr.200 选择程序运行时间单位，可在"分/秒"和"小时/分"之间选择程序运行时间。

(3) 用 Pr.231 设定程序开始运行的时钟基准。变频器中有一个内部定时器 RAM，Pr.231 中设定的日期参考时刻即为程序运行的开始时刻。当同时接通开始信号和组选择信号时，参考时间–日期定时器回到"0"，此时，可在 Pr.231 中设定日期的参考值。通过接通定时器的重新设定信号(STR)或者重新设定变频器，可清除日期的参考时间。Pr.231 的设定范围取决于 Pr.200 的设定值，见表 1 - 3 - 6。

表 1 - 3 - 6　Pr.231 的设定范围

Pr.200 设定值	0	1	2	3
Pr.231 设定范围	最大 99 分 59 秒	最大 99 小时 59 秒	最大 99 分 59 秒	最大 99 小时 59 分

(4) 旋转方向、运行频率、启动时间可以定义为一个点，每 10 个点为一组，共分 3 个组。用 Pr.201 至 Pr.230 设定，见表 1 - 3 - 7。

表 1 - 3 - 7　程序运行分组

参 数 号	名　　称	组信号端子	备　注
201 至 210	程序设定 1 至 10	RH	组 1
211 至 220	程序设定 11 至 20	RM	组 2
221 至 230	程序设定 21 至 30	RL	组 3

(5) 程序运行时，既可以选择单个组运行，也可选择两个或者更多的组按组 1、组 2、组 3 的顺序运行。既可以选择单个组重复运行，也可选择多个组的重复运行。

表 1-3-8 程序运行输入输出信号端子

信号	名　　称	端子	说　　明
输入信号	第一组信号	RH	用于选择程序运行组
	第二组信号	RM	
	第三组信号	RL	
	定时器复位信号	STR	将日期的参考时间置 0
输出信号	预定程序开始信号	STF	输入开始运行预定程序
	时间到达信号	SU	所选择的运行完成时输出和定时器复位时清零
	组选择信号	FU，OL，IPF	运行相关组的程序的过程中输出和定时器复位时清零

2. 频率跳变

用变频器为交流电机供电时，系统可能发生振荡，使变频器过电流保护或者使系统跳闸。发生振荡的原因主要有两个：其一是电气频率与机械频率发生共振；另一是纯电气电路引起的，比如功率开关管的死区控制时间、中间直流回路电容电压的流动以及电动机滞后电流的影响等。振荡现象容易发生在如下情况下：

(1) 负载轻或没有负载；
(2) 机械系统惯性小；
(3) 变频器 PWM 波形的载波频率高；
(4) 电动机和负载连接松动。

震荡现象只在某些频率范围内发生，为了避免其发生，变频器设定有频率跳变功能，以避开那些共振发生的频率点，防止机械系统固有频率产生的共振。FR-A500 变频器通过 Pr. 31～Pr. 32、Pr. 33～Pr. 34、Pr. 35～Pr. 36 设定 3 个跳变区域，跳变频率可以设定为各区域的上点或下点，见图 1-3-13。Pr. 31 为"频率跳变 1A"；Pr. 33 为"频率跳变 2A"；Pr. 35 为"频率跳变 3A"；1A、2A 或 3A 的设定值为跳变点，变频器以这个频率运行。当不使用这个功能时，Pr. 31～Pr. 36 应设为 9999。在加减速时，设定范围内的跳变频率仍然有效。

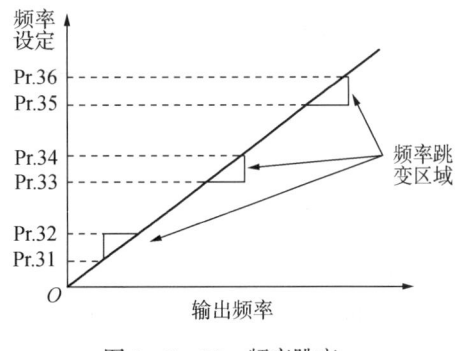

图 1-3-13 频率跳变

3. 多段速

用参数将多种运行速度预先设定，用输入端子进行转换。多段速度设定只在外部操作模式或组合操作模式中有效。

可通过开启、关闭外部触点信号(RH、RM、RL、REX 信号)选择多种速度。借助于点动频率、上限频率和下限频率,最多可设定 18 种速度。

各开关状态与各段速度关系如图 1-3-14 所示,其中用 Pr.180 到 Pr.186 中的任一个参数安排端子用于 REX 信号的输入。

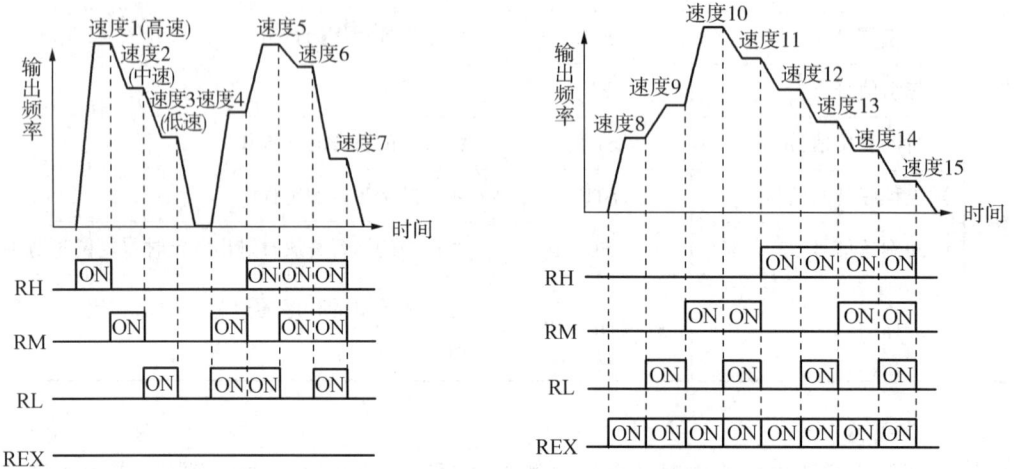

图 1-3-14　各开关状态与各段速度关系

三、任务内容

1. 程序运行

(1) 设置 Pr.76=3，Pr.79=5，Pr.200=2(或 0)。

(2) 设置第一点的运行状态,即 Pr.201=1, 20, 0:10,步骤如下：

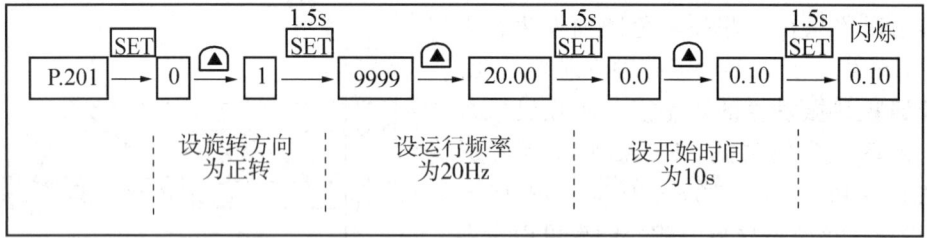

(3) 按[SET]键,仿步骤(2)设置 Pr.202=0, 0, 0:30。

(4) 按表 1-3-9 设置其余参数。

表 1-3-9　设置参数

No.	运行状态	参数设定值
1	正转,20Hz,10s	Pr.201=1, 20, 0:10
2	停止,30s	Pr.202=0, 0, 0:30
3	反转,30Hz,40s	Pr.203=2, 30, 0:40

(续表1-3-9)

No.	运 行 状 态	参数设定值
4	正转，10Hz，1min	Pr.204=1,10,1:00
5	正转，35Hz，1min30s	Pr.205=1,35,1:30
6	停止，2min	Pr.206=0,0,2:00

(5)按图1-3-15a接线。

(6)确认EXT灯亮

(7)接通组选信号RH

(8)接通开始信号STF，使内部定时器被自动复位，按顺序执行所设定的运转程序。运行曲线如图1-3-15b所示。

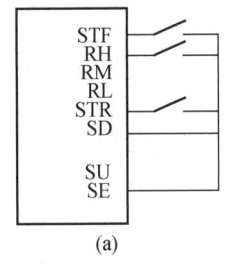
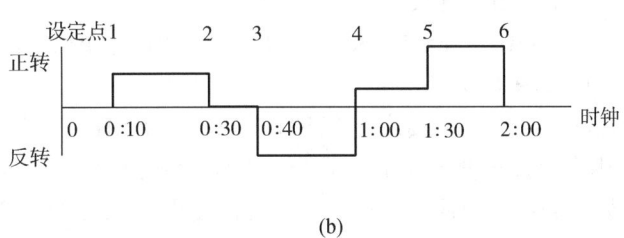

图1-3-15 单个组进行程序运行

(9)当组运行完毕时，将从到时输出端子SU输出一个信号，定时器复位清零，如果将SU输出加到STR上，如图1-3-16所示，则进行重复运转。

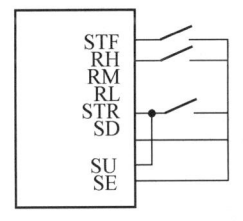
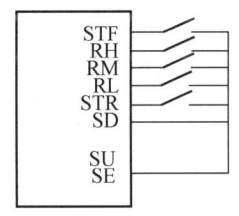

图1-3-16 单个组进行重复运行　　　图1-3-17 多个组进行单次运行

(10)当两个或更多的组同时被选择，例如3个组同时被选择，按图1-3-17接线。组1运行首先执行，运行结束后，组1的日期参考时间复位，组2开始运行，运行结束后，组2的日期参考时间复位，组3开始运行，完成后到时信号SU输出。

注：(1)如果在执行预定程序过程中，变频器电源断开后又接通(包括瞬间断电)，内部定时器将复位，并且若电源恢复，变频器亦不会重新启动。

(2)当变频器按程序运行接线时，下面的信号是无效的：AU，STOP，2，4，1，JOG。

(3)程序运行过程中，变频器不能进行其它模式的操作，当程序运行开始信号(STF)和定时器复位信号(STR)接通时，运行模式不能进行PU和外部运行之间的变换。

2. 频率跳变

(1)如需设定频率跳变区域为(30～35Hz),且在跳变区中电机以30Hz运行,则设定Pr. 33 =30,Pr. 34 =35即可。可在PU操作模式下,按如下步骤进行频率监示:

①确认PU灯亮。

②按[MODE]键,至监示模式。

③按[SET]键,至频率监示模式,按[SET]键1.5s。

④按[REV]或[FWD],使电机运行,此时显示器显示运行频率。

⑤按△/▽键在36Hz至28Hz之间改变频率,观察频率的变化规律。(运行频率显示到35Hz时跳变至30Hz,无小于35Hz、大于30Hz的频率显示。)

(2)仿步骤(1),设定频率跳变区域为(30～35Hz),且在跳变区中电机以35Hz运行。

3. 多段速

如果不使用REX信号,则通过RH、RM、RL的开关型号,最多可选择7段速度。例如,设置下列各段速度参数:

Pr. 4 =50Hz　Pr. 5 =30Hz　Pr. 6 =10Hz　Pr. 24 =15Hz　Pr. 25 = 40Hz　Pr. 26 = 35Hz　Pr. 27 =8Hz

按图1-3-18a接线,合STF、STR,合RH,则电机按速度1(50Hz)运转,合RH、RL,则电机按速度5(40Hz)运转,等等(参见图1-3-14)。

如果需设置的速度超过7段,则需使用REX信号。例如,设置Pr. 184 = 8,即将AU端作为REX端子。按图1-3-18b接线,设置Pr. 232～Pr. 239的参数,例如分别为20,38,16,32,22,45,12,42,合上相应开关,则电机即可按相应的速度运行。

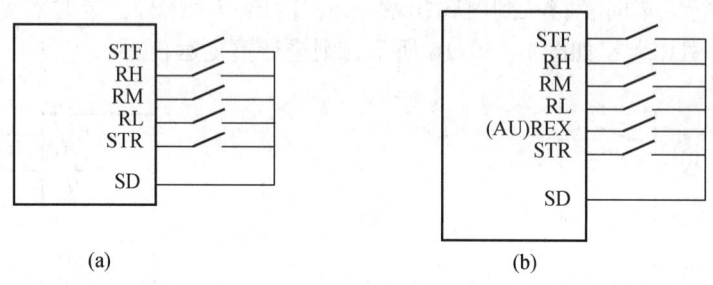

图1-3-18 多段速运行

工作项目四 PLC、变频器和触摸屏之间的通信

本工作项目包含了 7 个学习任务，主要是要求学习 PLC、变频器和触摸屏三者相互通信技术。由于当前的 PLC 和触摸屏类型繁多，因此针对不同的 PLC 和触摸屏，提出了不同的学习任务。其中学习任务 1 和 2 属于 PLC 和触摸屏的通信技术，学习任务 3 至 5 属于 PLC 和变频器的通信技术，学习任务 6 和 7 属于触摸屏和变频器的通信技术。培训机构可以根据自身的设备情况，选择上述每个通信技术的其中一个学习任务来完成。

学习任务 1 三菱触摸屏与 PLC 的通信

一、任务目的

(1) 了解触摸屏 GOT 系统配置、连接和设定。

(2) 通过实例，掌握 GT1155 软件 GT Designer2 的使用，画面创建、传送、调试运行的方法。

二、任务实施的仪器设备

①GT1155 触摸屏 1 台；②计算机 1 台；③GT Designer2 软件 1 套；④三菱 FX_{2N} 系列 PLC 1 台；⑤GX-Developer 编程软件 1 套；⑥连接电缆和导线；⑦电源 AC380/220，DC24；⑧自动送料装车模拟系统。

三、任务内容

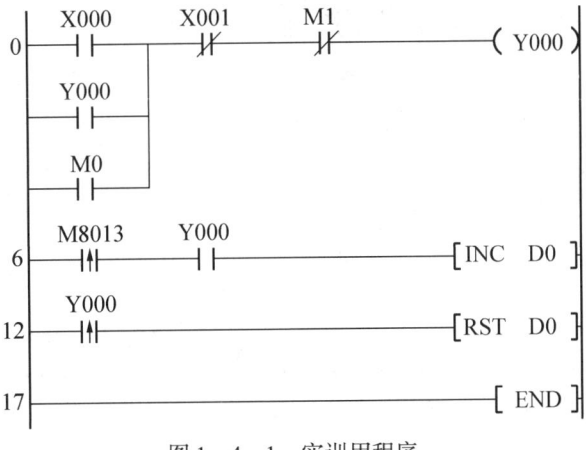

图 1-4-1 实训用程序

把图1-4-1所示的程序下载到PLC中。X0是外部启动按钮，X1是外部停止按钮，Y0是驱动电机的继电器。现在改用触摸屏来控制这台电机，并且在触摸屏上显示其连续工作的时间。

四、任务步骤

点击GT Designer2图标(见图1-4-2)，就出现图1-4-3所示的"工程选择"，点击"新建"，弹出"新建工程向导的开始"(见图1-4-4)，点击"下一步"，出现如图1-4-5所示的"GOT的系统设置"的对话框。注意在"GOT类型"中选择"GT11＊＊-Q-C"，然后单击"下一步"，出现图1-4-6所示的"GOT的系统设置确认"，直接单击"下一步"，即可出现图1-4-7所示的"连接机器设置"。

图1-4-2　GT Designer2图标

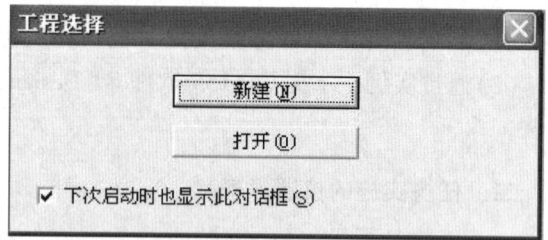

图1-4-3　工程选择

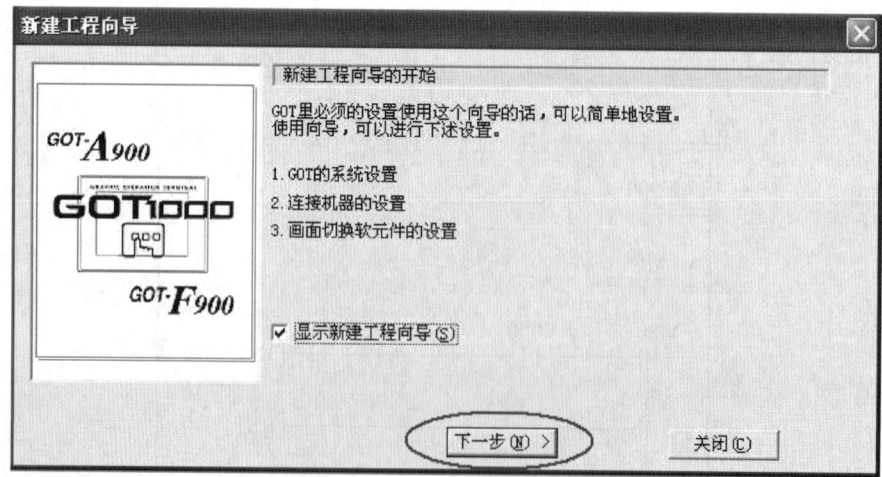

图1-4-4　新建工程向导的开始

第一篇 基本技能篇

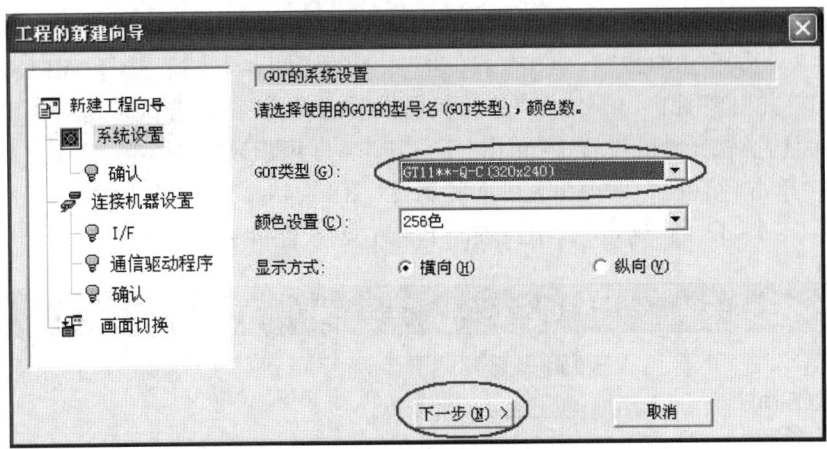

图1-4-5 GOT类型

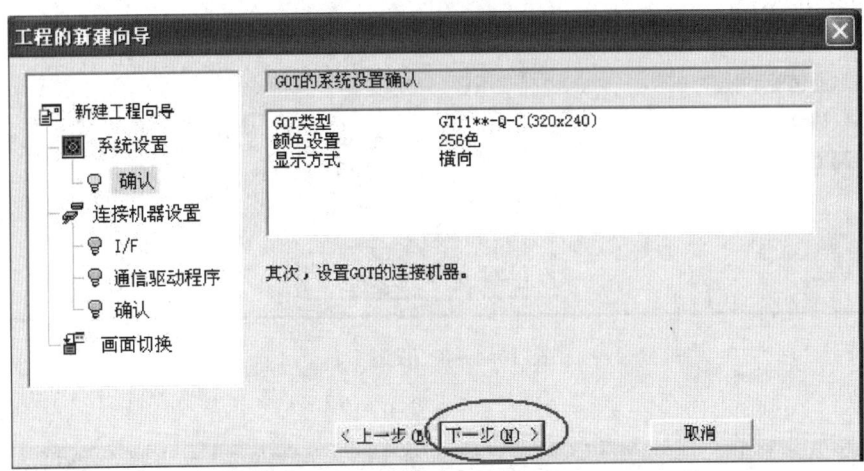

图1-4-6 GOT的系统设置确认

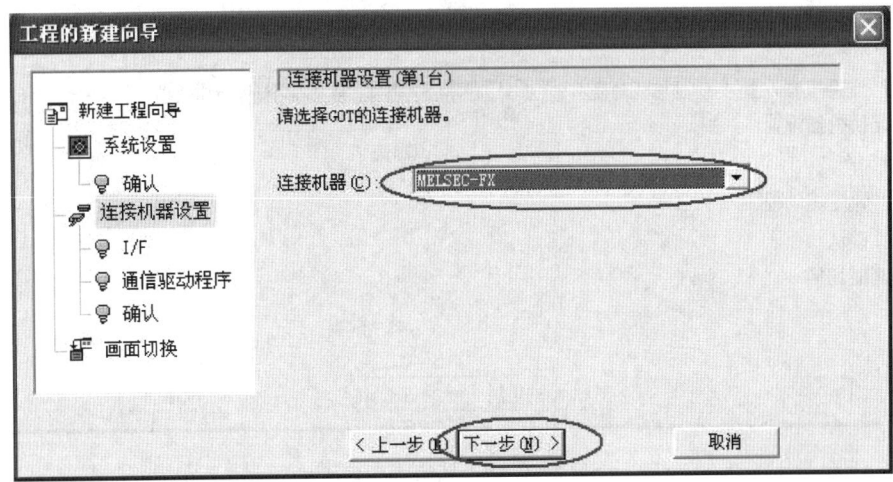

图1-4-7 连接机器设置

注意在"连接机器设置"中的 PLC 类型必须选择"MELSEC – FX"。单击"下一步",出现图 1 – 4 – 8,选择"RS422",点击"下一步",出现图 1 – 4 – 9,选择"MELSEC – FX",点击"下一步",出现图 1 – 4 – 10 的"连接机器设置的确认",点击"下一步",出现图 1 – 4 – 11 的"画面切换软元件的设置",单击"下一步",即可出现图 1 – 4 – 12 的"系统环境的设置确认",单击"结束",即可出现画面的属性(图 1 – 4 – 13)。

点击图 1 – 4 – 13 的"确定",出现画面 B – 1(见图 1 – 4 – 14)。

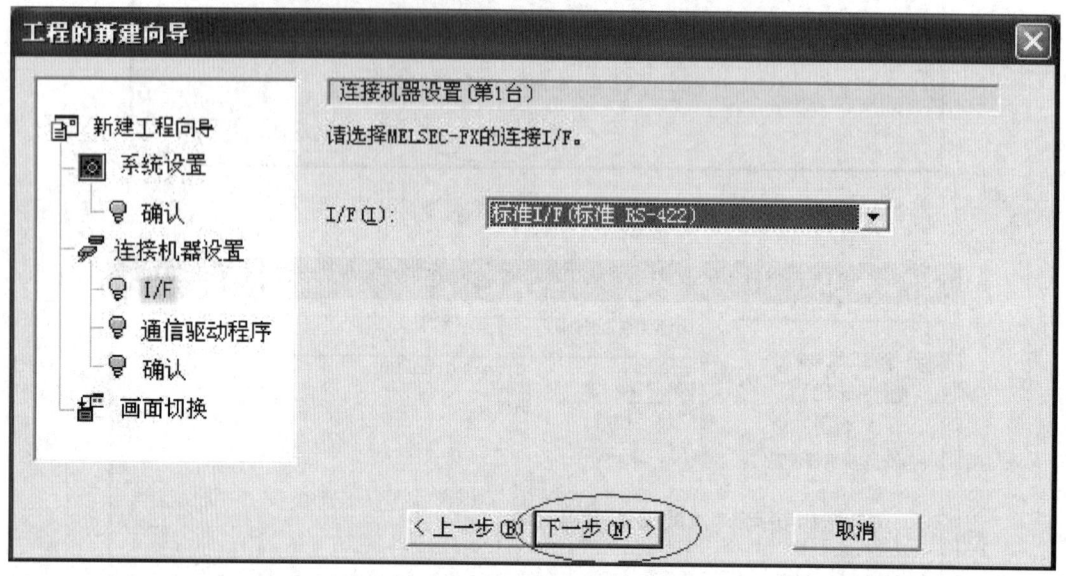

图 1 – 4 – 8　设置 I/F

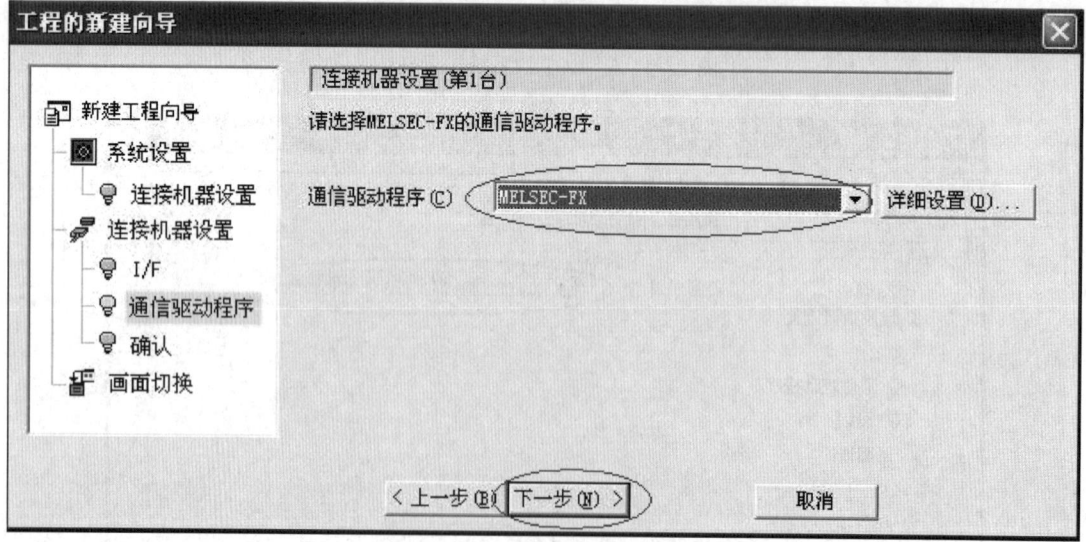

图 1 – 4 – 9　通信驱动程序

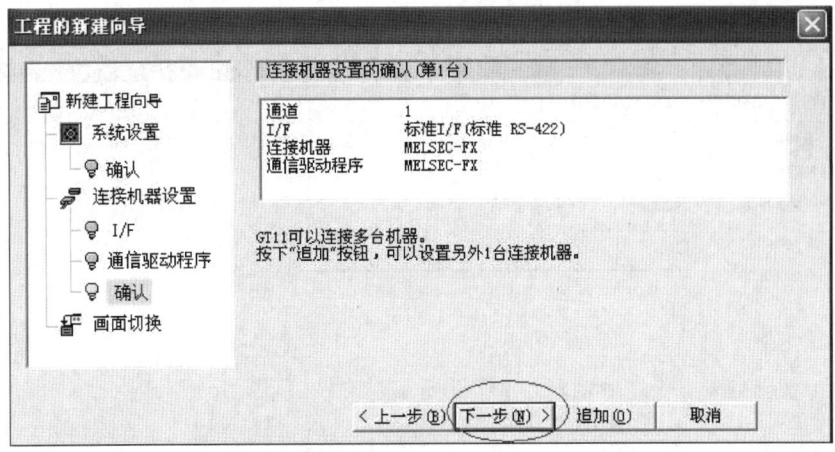

图1-4-10 连接机器设置的确认

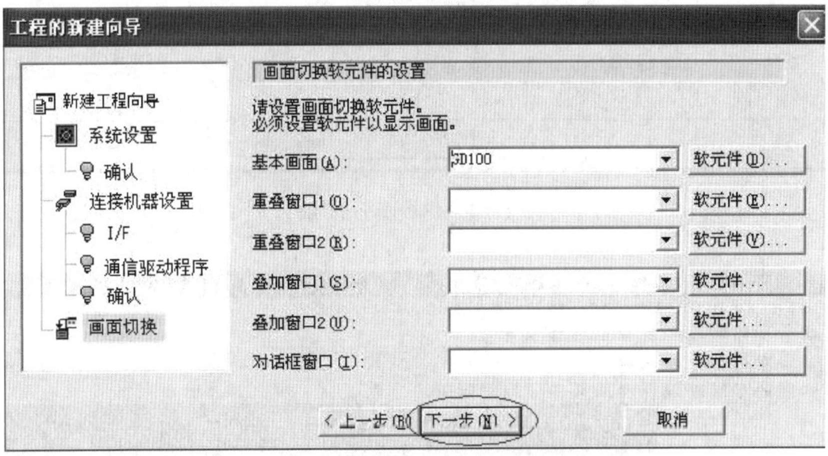

图1-4-11 画面切换软元件的设置

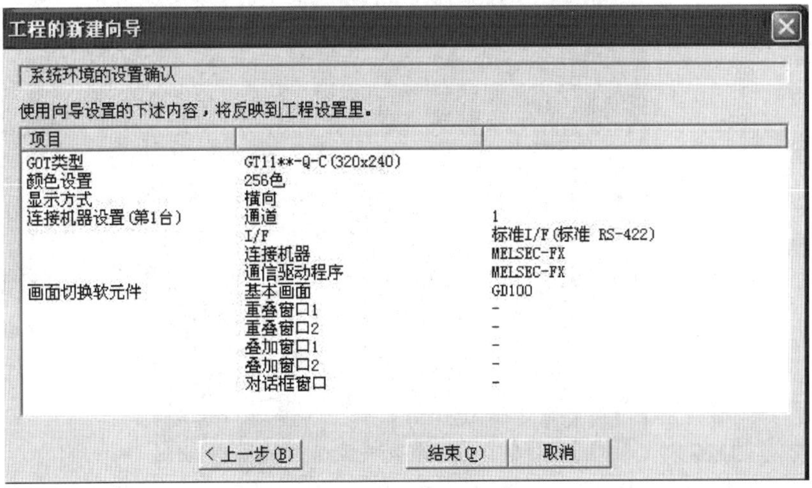

图1-4-12 系统环境的设置确认

图 1-4-13 画面的属性

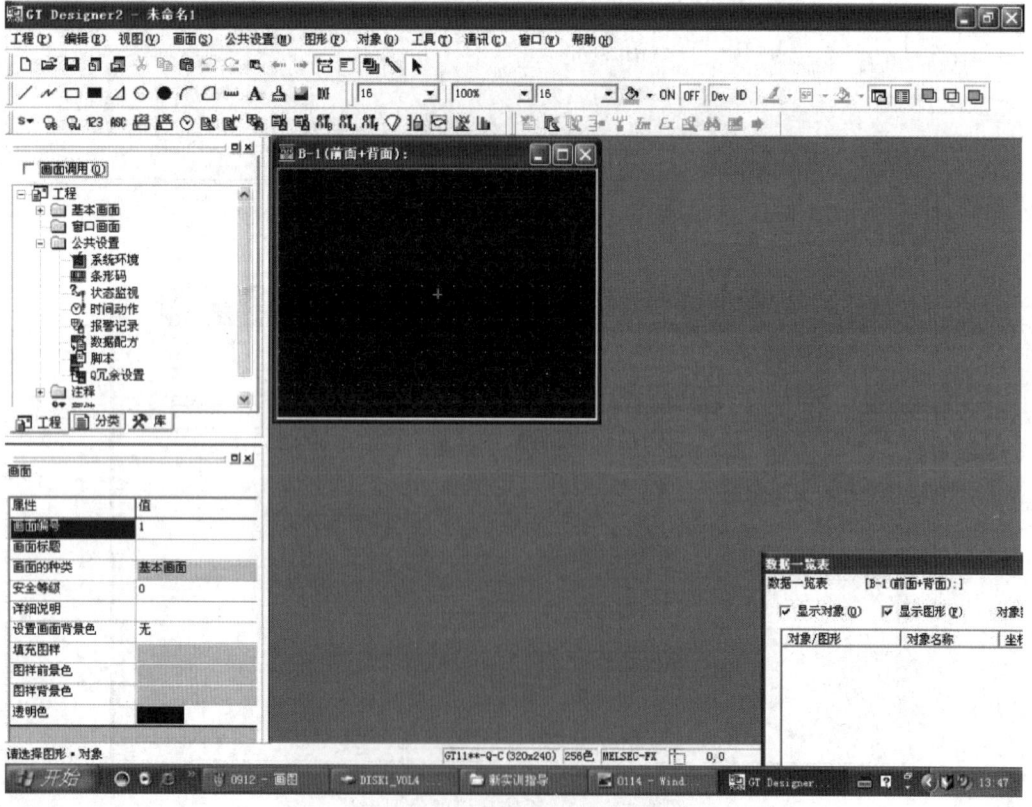

图 1-4-14 画面 B-1 出现

点击"位开关"(见图1-4-15),然后光标移到画面B-1上,点击一下,再单击一下鼠标右键,即定位了位开关(见图1-4-16)。双击这个位开关,出现触摸键的设置画面(见图1-4-17),按图输入"M0",选择"点动",点击"确定",画面B-1变成如图1-4-18所示。

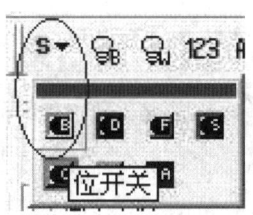

图1-4-15 位开关

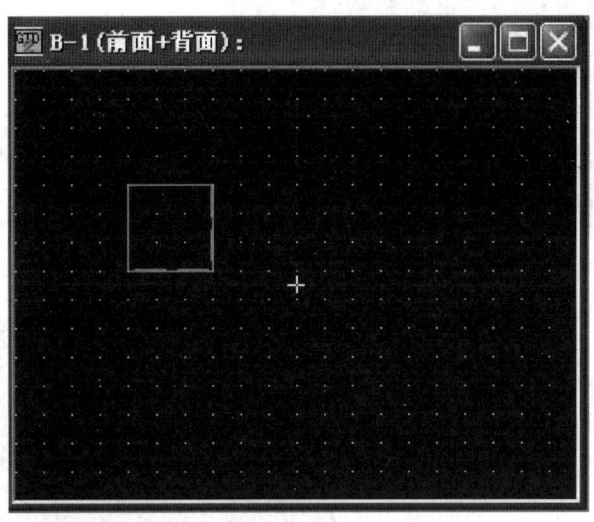

图1-4-16 出现开关

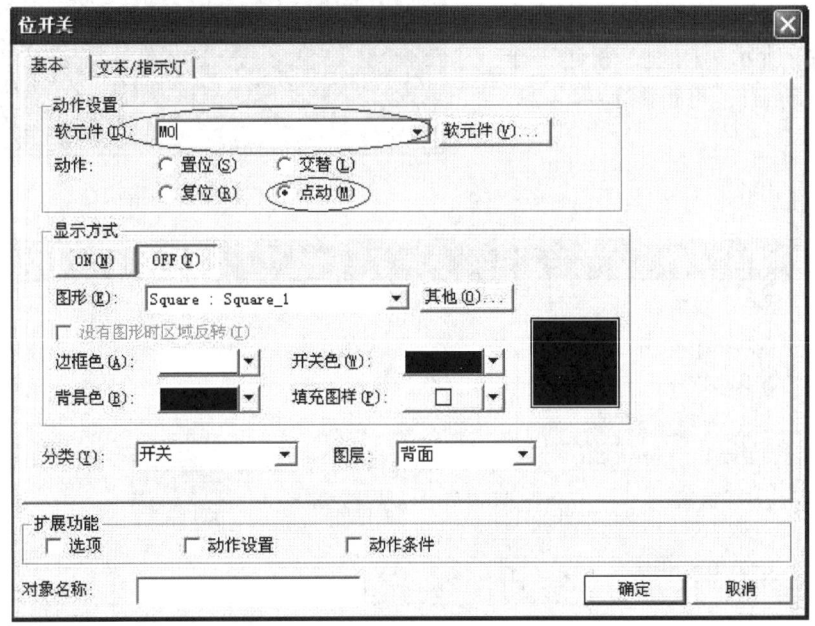

图1-4-17 位开关的设置

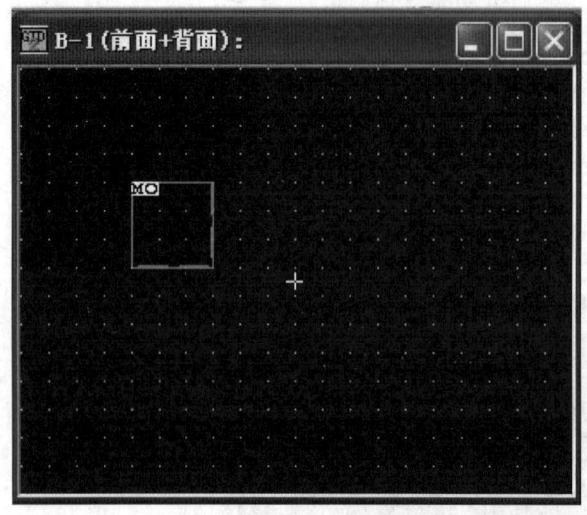

图1-4-18 位元件设置完成

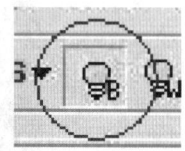

图1-4-19 指示灯显示(位)

点击如图1-4-19所示的"指示灯显示(位)",在画面B-1上点击,再单击一下鼠标右键,指示灯就出现在画面B-1,如图1-4-20所示。双击这个指示灯,出现指示灯设定画面(见图1-4-21),软元件设为Y0。点击"确定",画面B-1变成如图1-4-22所示。同理,新建一个位开关来点动M1,可得图1-4-23。

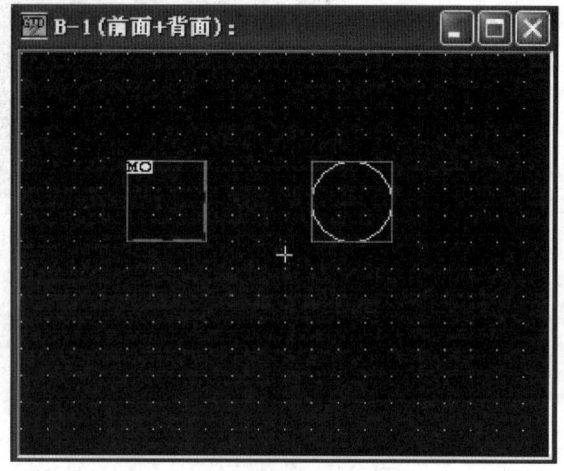

图1-4-20 指示灯

图1-4-21 指示灯设置

第一篇 基本技能篇

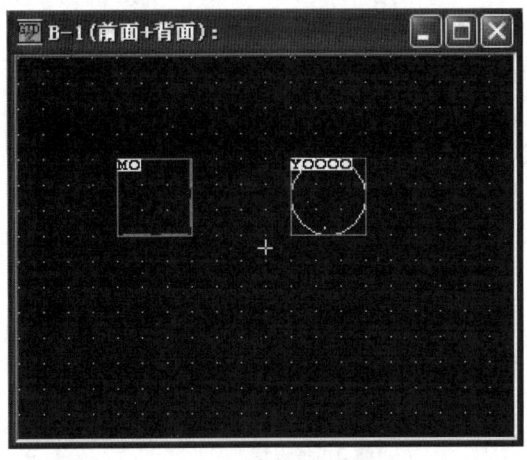
图1-4-22 指示灯完成

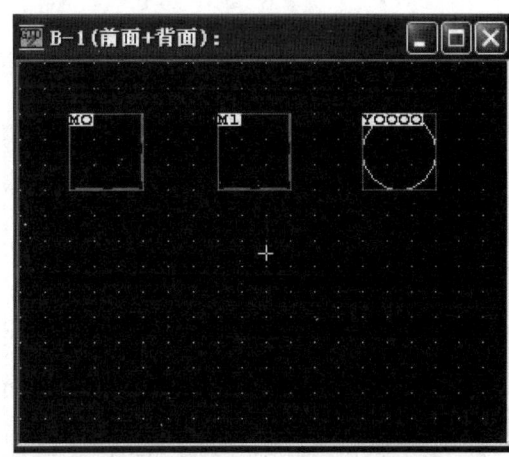
图1-4-23 新建一个M1的位开关

点击 的"数值显示",在画面B-1上点击,就出现"数值显示"对话框(见图1-4-24),如图输入D0,点击"确定",指示灯就出现在画面B-1,如图1-4-25所示。

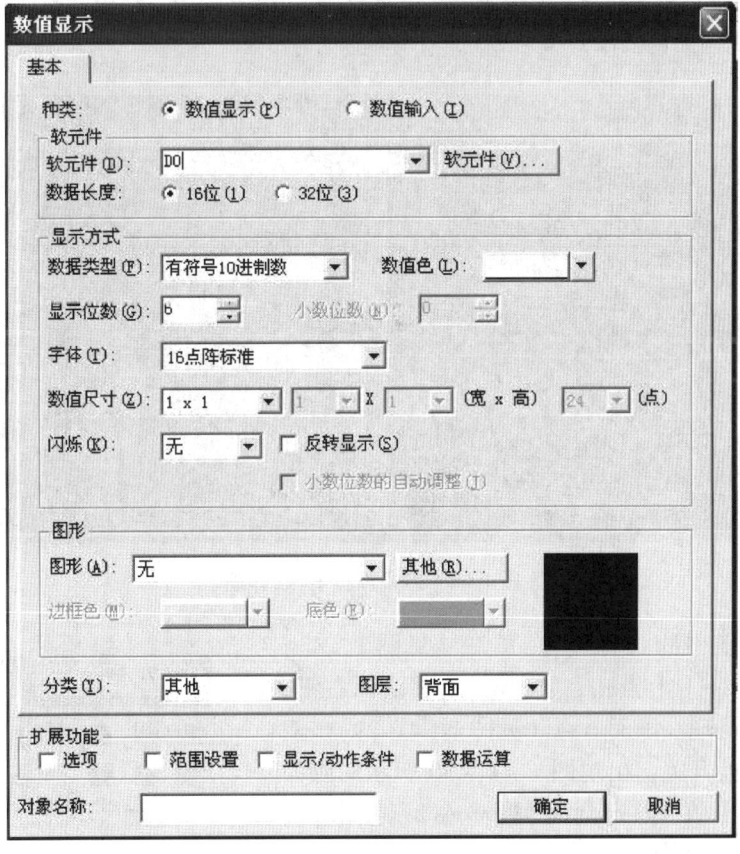

图1-4-24 数值显示设置

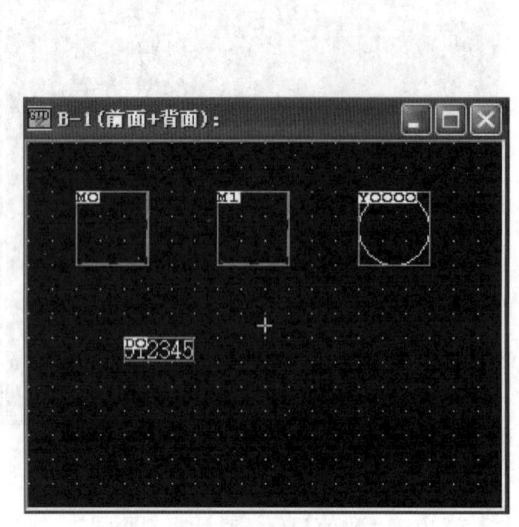
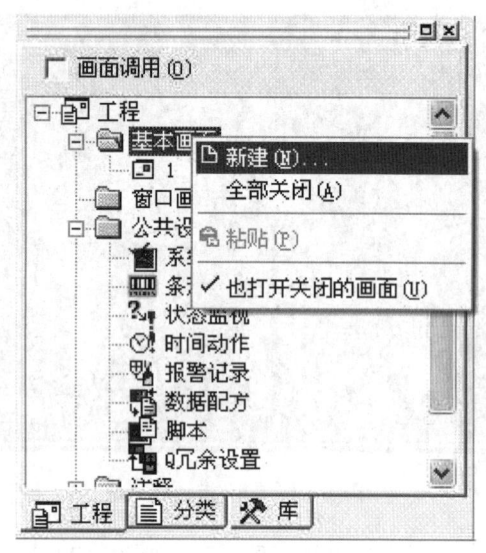

图1-4-25 增加数值显示　　　　　图1-4-26 新建画面

对如图1-4-26所示的"基本画面"单击右键,出现"新建"菜单,点击"新建",即可新建一幅B-2画面(见图1-4-27)。

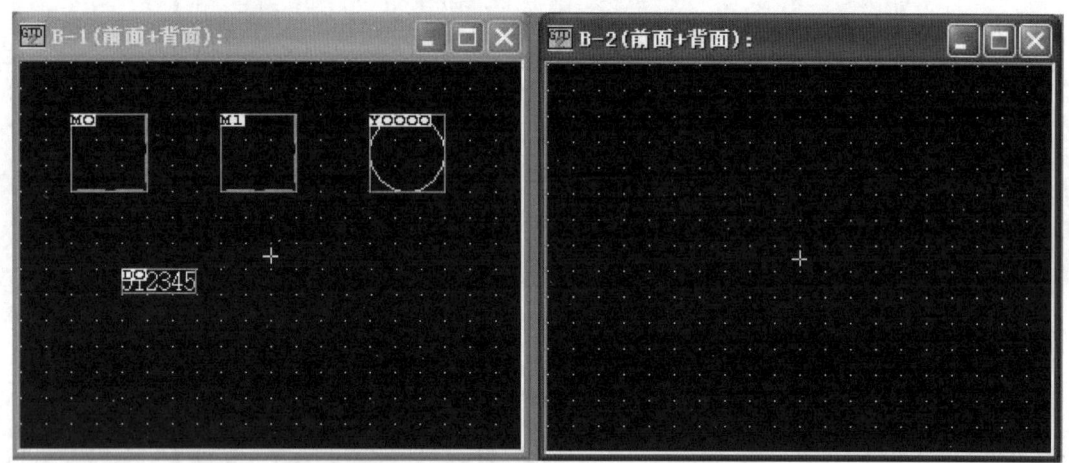

图1-4-27 新建B—2画面

点击位开关中的"画面切换开关"(见图1-4-28),在画面B—1上点击,再单击一下鼠标右键,画面切换开关出现在画面B-1(见图1-4-29)。双击这个画面切换开关,出现图1-4-30所示的画面切换开关设置,在"固定画面"栏输入2,点击"确定",即可完成画面切换键的设置(见图1-4-31)。

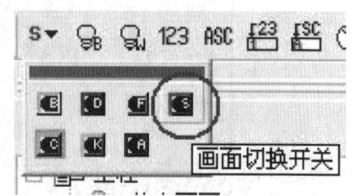

图1-4-28 画面切换开关

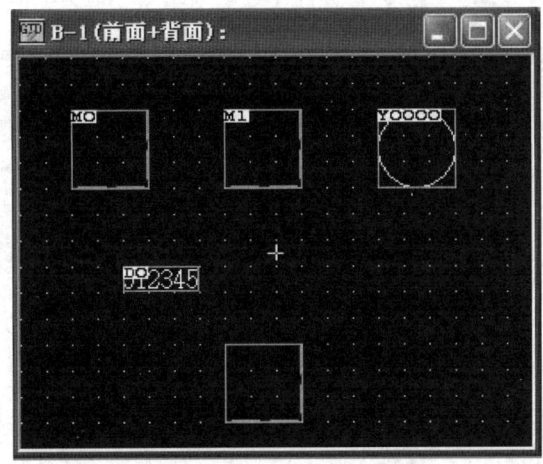

图 1-4-29 出现画面切换开关

图 1-4-30 画面切换设置

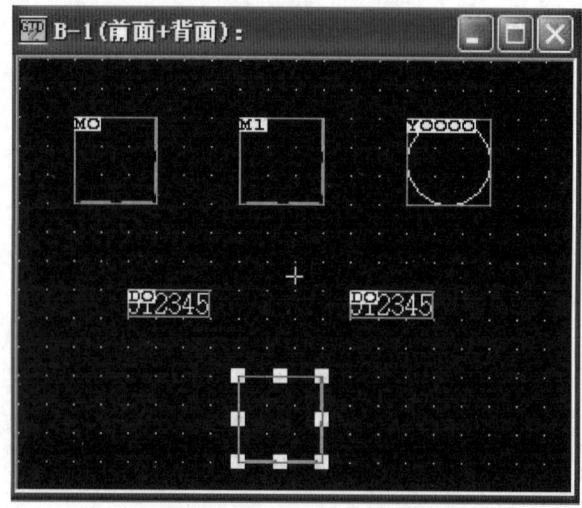

图 1-4-31 完成画面切换

同理,可以在 B-2 画面制作画面切换按钮,注意此时在"固定画面"栏输入 1,即要从 B-2 画面到 B-1 画面。完成后的画面图 1-4-32 所示。

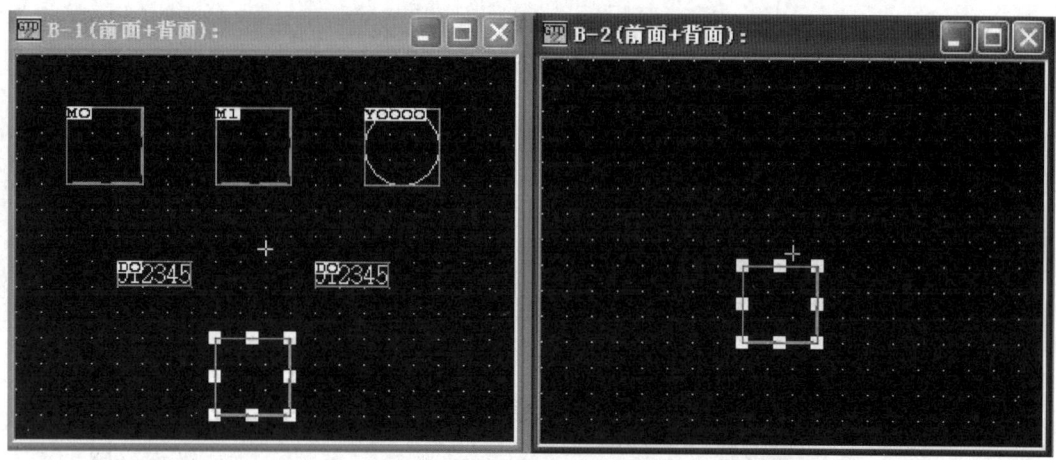

图 1-4-32 完成后的画面

要下载触摸屏画面,可以点击菜单的"通信"—"跟 GOT 的通信",如图 1-4-33 所示。

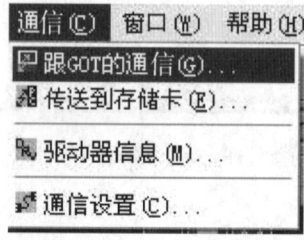

图 1-4-33 通信菜单

出现图1-4-34，选上"基本画面""公共设置""连接机器设置"，再单击"下载"，即可完成触摸屏画面的下载。

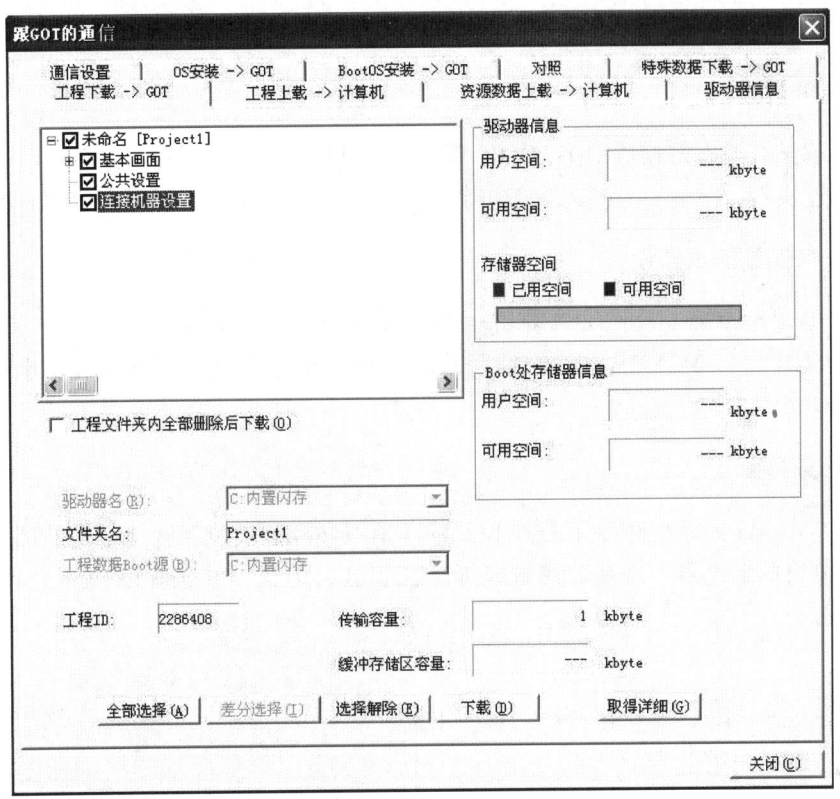

图1-4-34 下载画面

五、思考题

(1) 如何把触摸键的外形变得多样化？
(2) 如何用动态的文字显示位元件的状态？
(3) 如何采用折线、饼图、仪表等方式显示D0的值？
*(4) 如何采用脚本语言完成高级的触摸屏控制？

学习任务 2　昆仑通态触摸屏与 PLC 的通信

一、任务目的

(1) 了解昆仑通态触摸屏 GOT 系统配置、连接和设定。
(2) 通过实例，掌握昆仑通态触摸屏软件的使用，画面创建、传送、调试运行的方法。

二、任务实施的仪器设备

①TPC7062 触摸屏 1 台；②计算机 1 台；③昆仑通态触摸屏组态软件 1 套；④三菱 FX_{2N} 系列 PLC 1 台；⑤GX-Developer 编程软件 1 套；⑥连接电缆和导线；⑦电源 AC380/220，DC24。

三、任务内容

把图 1-4-35 所示的程序下载到 PLC 中。X0 是外部启动按钮，X1 是外部停止按钮，Y0 是驱动电机的继电器。现在改用触摸屏来控制这台电机，并且在触摸屏上显示其连续工作的时间。

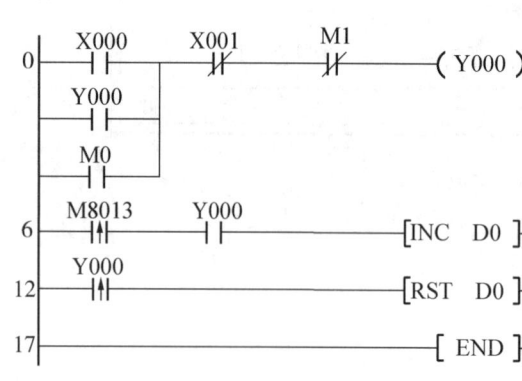

图 1-4-35　实训用程序

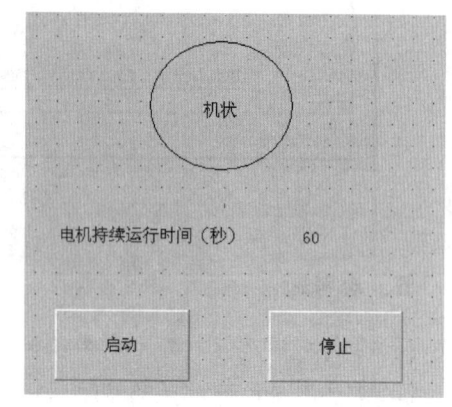

图 1-4-36　参考界面

四、任务步骤

建立昆仑通态触摸屏的实时数据库的方法，请参考《工业控制新技术教程》P216—P220 的详细介绍，此处不再重复。具体的实现界面如图 1-4-36 所示。

五、思考题

(1) 如何把触摸键的外形变得多样化？
(2) 如何用动态的文字显示位元件的状态？
(3) 如何采用折线、饼图、仪表等方式显示 D0 的值？
*(4) 如何采用脚本语言完成高级的触摸屏控制？

学习任务 3　PLC(FX_{2N})与三菱变频器的通信

一、任务目的

(1)掌握变频器的 RS485 通信原理。
(2)掌握 PLC 的 RS485 通信原理。
(3)掌握 PLC 结合触摸屏 GOT 进行控制的技术。

二、任务实施的仪器设备

①变频器 FR-A540 或 FR-A700 1 台；②FX_{2N}-64MR 1 台；③PLC 的 RS485 通信模块 FX_{2N}-485-BD 1 块；④GT1155 下载电缆 1 条；⑤GT1155 与 FX_{2N}-64MR 连接电缆 1 条；⑥RS485 通信电缆 1 条；⑦GT1155 1 台；⑧PC 1 台。

三、任务内容

(1)使用 PLC，通过 RS485 总线，实现变频器控制电机正转、反转、停止；在运行中可直接改变变频器的运行频率为 10Hz、20Hz、30Hz、40Hz 或 50Hz。
(2)通过触摸屏画面进行上述控制和操作。
(3)本实训要求学员必须先修《工业控制新技术教程》(华南理工大学出版社，2014 年 9 月)的有关变频器的 RS485 通信的相关内容。

四、任务步骤

(1)按表 1-4-1 设置变频器的参数。

表 1-4-1　设置变频器的参数

PU 接口	通 信 参 数	设定值	备　　注
Pr. 117	变频器站号	1	1 站变频器
Pr. 118	通信速度	192	通信波特率是 19.2K
Pr. 119	停止位长度	10	7 位/停止位是 1 位
Pr. 120	是否奇偶校验	2	偶检验
Pr. 121	通信重试次数	9999	
Pr. 122	通信检查时间间隔	9999	
Pr. 123	等待时间设置	9999	变频器设定
Pr. 124	CR、LF 选择	0	无 CR，无 LF
Pr. 79	操作模式	1	计算机通信模式

注：变频器参数设定后请将变频器的电源关闭，再接上电源，否则无法通信。
(2)下载 PLC 的程序，PLC 的参考程序如图 1-4-37 所示。

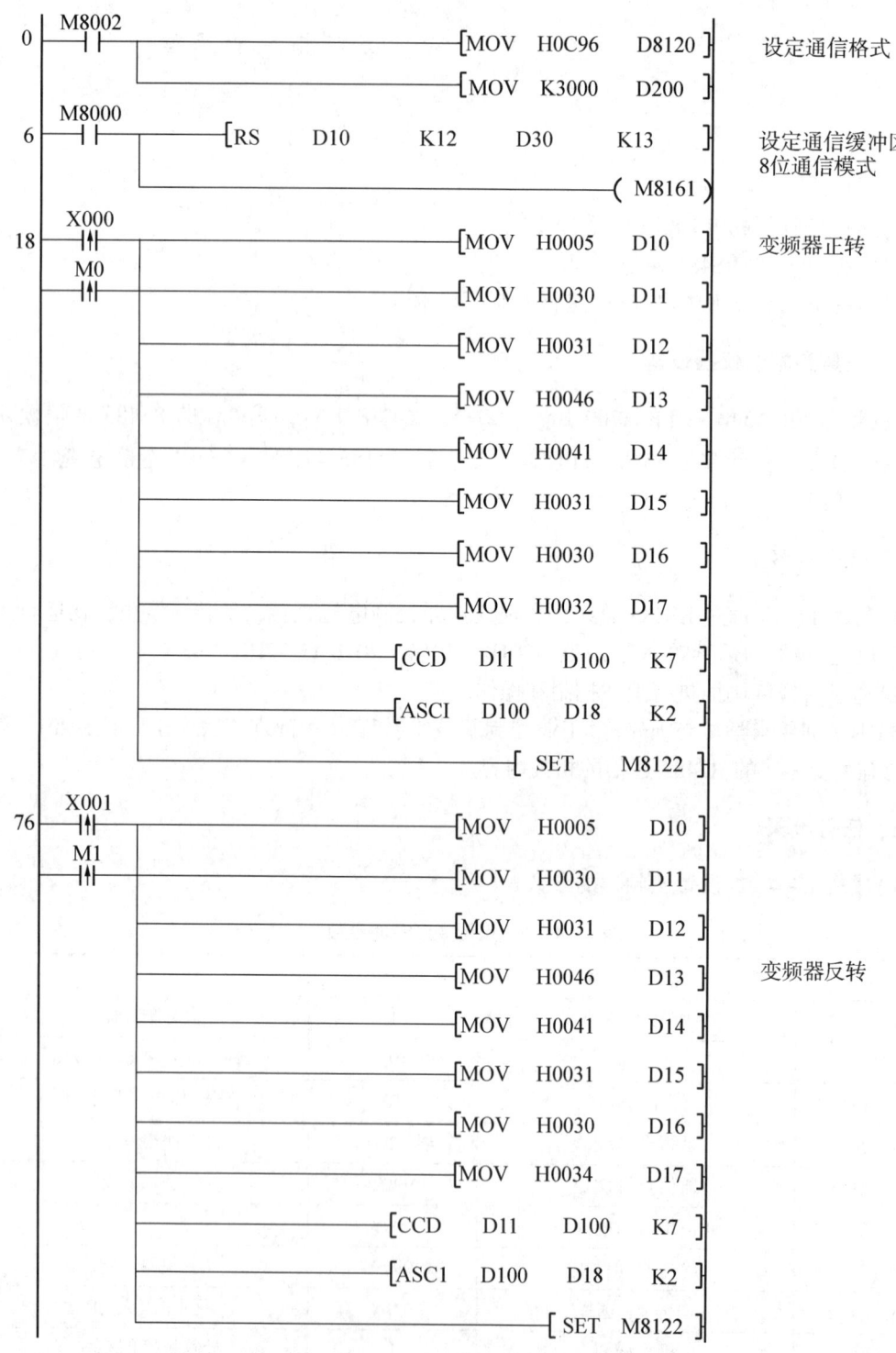

图1-4-37 参考程序

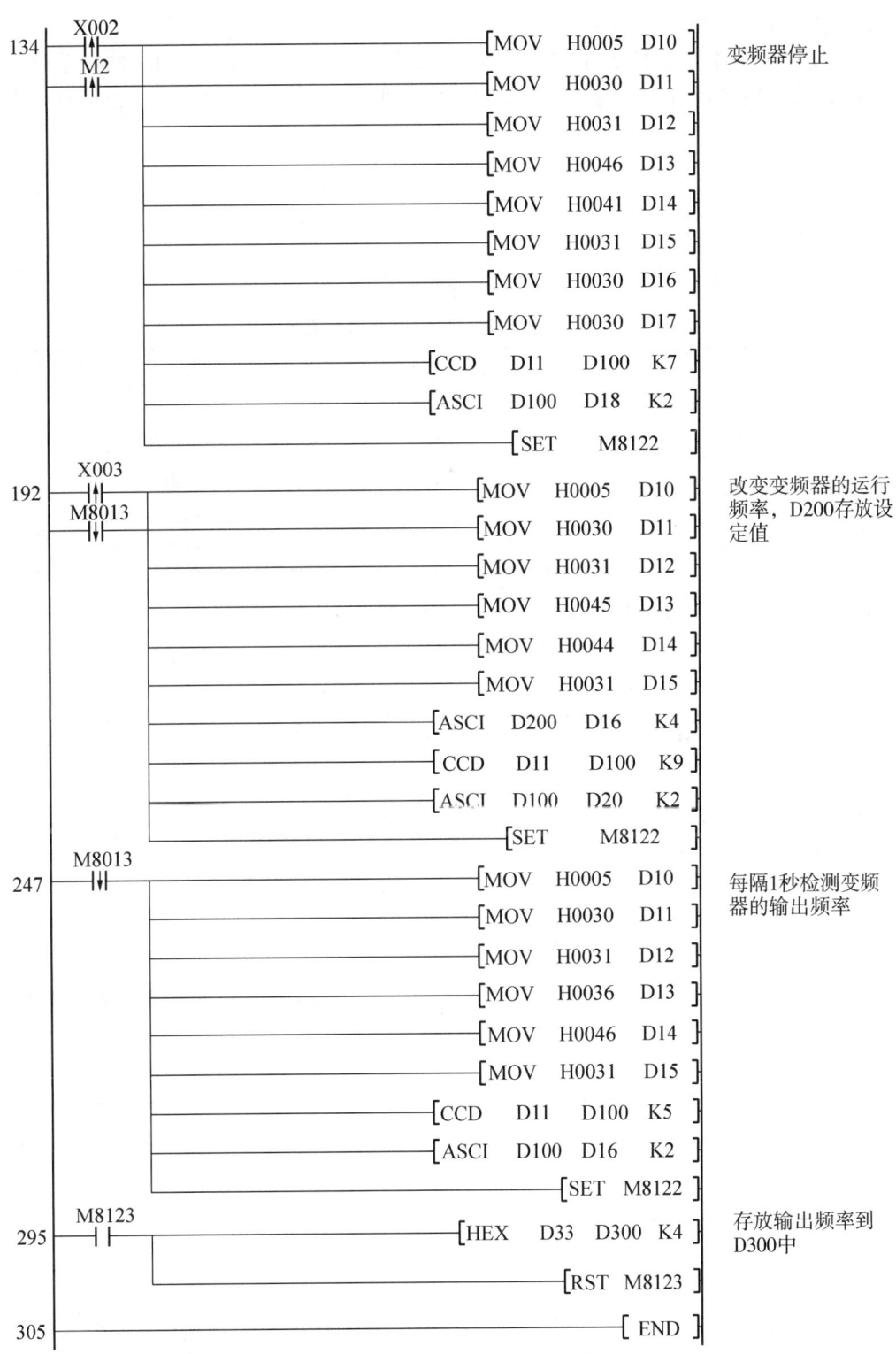

续图 1-4-37　参考程序

(3) PLC 和变频器的 RS485 连线

① 拆下变频器的参数设置面板；

② 用变频器与 PLC 的通信线 RJ45 一头接入变频器，另一头接入 PLC 的 RS485 通信模块。

(4) 制作触摸屏画面，实现触摸屏控制变频器的正转、反转、停止、输出频率监视和任意频率输出。

(5) 启动 PLC、变频器、触摸屏验证程序。

六、任务注意事项

1. 三菱 FR-A540 变频器数据代码表（表 1-4-2）

表 1-4-2　三菱 FR-A540 变频器数据代码表

操作指令	指令代码	数据内容
正转	HFA	H02
反转	HFA	H04
停止	HFA	H00
运行频率写入	HED	H0000～H2EE0
频率读取	H6F	H0000～H2EE0

频率数据内容 H0000～H2EE0 为 0～120Hz，最小单位为 0.01Hz。

2. 变频器运行频率 10～50Hz 数据的 ASCII 码表（表 1-4-3）

表 1-4-3　变频器运行频率 ASCII 码表

频率	10Hz	20Hz	30Hz	40Hz	50Hz
变频器运行频率 ASCII 码	H30	H30	H30	H30	H31
	H33	H37	H42	H46	H33
	H45	H44	H42	H41	H38
	H38	H30	H38	H30	H38

3. 参考程序的运行

PLC 的 I/O 分配表和重要的元件作用如表 1-4-4 所示，程序分析见参考程序的注解。

表 1-4-4　PLC 的 I/O 分配表

元件名	说　明
X0	正转
X1	反转
X2	停止
X3	更改频率
D200	设定运行频率值（注意：用 4 位十进制数表示，如 K1000 代表 10.00Hz）
D300	实时输出频率（注意：用 4 位十进制数表示，如 K1000 代表 10.00Hz）

变频器的 RS-485 通信协议和编程方法,请学员参考《工业控制新技术教程》的相关内容。

5. 触摸屏通信参考界面(见图 1-4-38)

注意运行频率的字元件是 D200,输出频率的字元件是 D300。

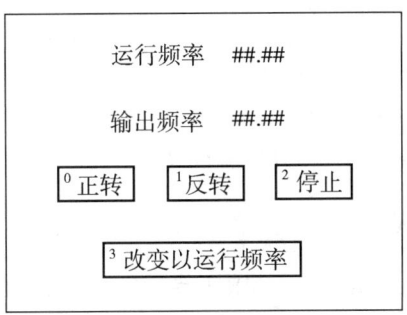

图 1-4-38　触摸屏通信参考界面

七、思考题

(1)如果把变频器的站号改为 8 号,程序应该如何编写?
(2)如果把变频器的站号改为 13 号,程序应该如何编写?

学习任务4　PLC(FX$_{3U}$)与三菱变频器的通信

一、任务目的

(1)掌握变频器的 RS485 通信原理。

(2)掌握 PLC 的 RS485 通信原理。

(3)掌握 PLC 结合触摸屏 GOT 进行控制的技术。

二、任务实施的仪器设备

①变频器 FR-E700 1 台；②FX$_{3U}$-64MR 1 台；③PLC 的 RS485 通信模块 FX$_{3U}$-485-BD 1 块；④GT1155 下载电缆 1 条；⑤GT1155 与 FX$_{2N}$-64MR 连接电缆 1 条；⑥RS485 通信电缆 1 条；⑦GT1155 1 台；⑧PC 1 台。

三、任务内容

(1)使用 PLC，通过 RS485 总线，实现变频器控制电机正转、反转、停止；在运行中可直接改变变频器的运行频率为 10Hz、20Hz、30Hz、40Hz 或 50Hz。

(2)通过触摸屏画面进行上述控制和操作。

四、任务步骤

(1)设置以下变频器的参数(见表 1-4-5)

表 1-4-5　设置 E700 变频器的参数

PU 接口	通信参数	设定值	备注
Pr.117	变频器站号	1	1 站变频器
Pr.118	通信速度	192	通信波特率是 19.2K
Pr.119	停止位长度	10	7 位/停止位是 1 位
Pr.120	是否奇偶校验	2	偶检验
Pr.121	通信重试次数	9999	
Pr.122	通信检查时间间隔	9999	
Pr.123	等待时间设置	9999	变频器设定
Pr.124	CR、LF 选择	1	
Pr.79	操作模式	1	计算机通信模式
Pr.338	通信运行指令权	0	启动指令权通信
Pr.339	通信速度指令权	0	频率指令权通信
Pr.340	通信启动模式选择	1	网络运行模式
Pr.549	协议选择	0	三菱变频器(计算机链接)协议
Pr.550	网络模式操作权选择	2	网络运行模式时，指令权由 PU 接口执行
Pr.551	PU 模式操作权选择	2	PU 运行模式时，指令权由 PU 接口执行

注：当变频器不能恢复出厂设置时，需要设置变频器参数 Pr. 550 = 9999 和 Pr. 551 = 9999。另外，设定后请将变频器的电源关闭，再接上电源，否则无法通信。

（2）下载 PLC 的程序，PLC 的参考程序如图 1-4-39 所示。

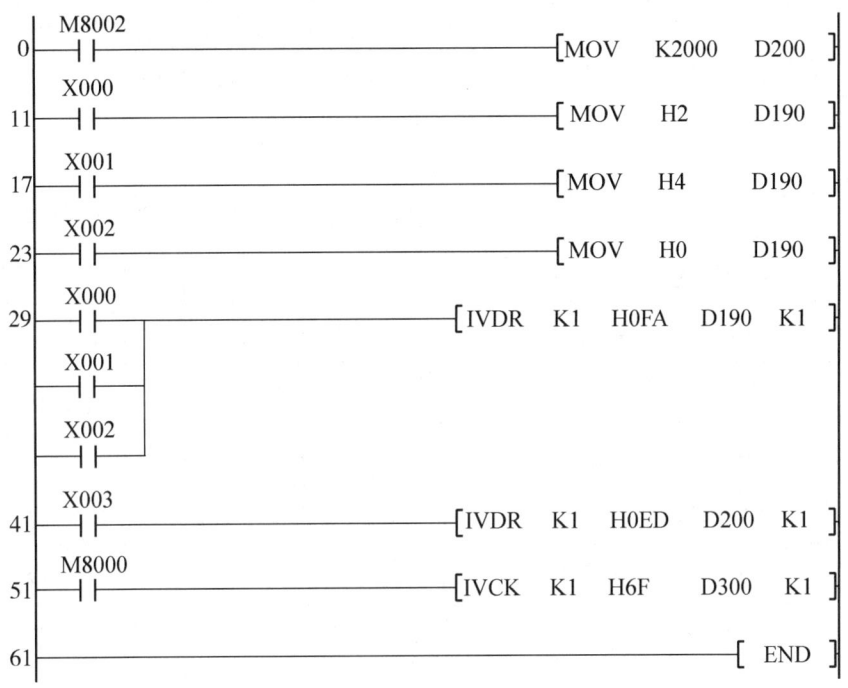

图 1-4-39　参考程序

（3）PLC 和变频器的 RS485 连线

①拆下变频器的参数设置面板。

②将变频器与 PLC 的通信线 RJ45 一头接入变频器，另一头接入 PLC 的 RS485 通信模块。

（4）制作触摸屏画面，实现触摸屏控制变频器的正转、反转、停止、输出频率监视和任意频率输出。

（5）启动 PLC、变频器、触摸屏验证程序。

五、任务注意事项

1. FX_{3U} 针对三菱变频器的专用指令 IVCK

在 IVCK 指令（FNC270）中指定变频器的计算机链接运行中规定的指令代码，并将变频器的数值读出到目标数⑪中，如图 1-4-40 所示。

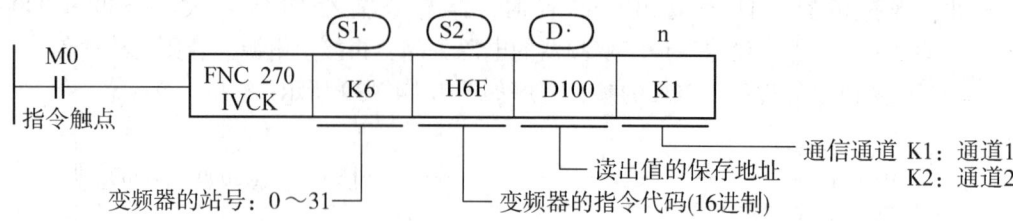

$S2·$ 变频器指令代码（16进制数）	读出内容	对应变频器								
		F700	A700	E700	D700	V500	F500	A500	E500	S500
H7B	运行模式	○	○	○	○	○	○	○	○	○
H6F	输出频率[旋转数]	○	○	○	○	○	○	○	○	○
H70	输出电流	○	○	○	○	○	○	○	○	○
H71	输出电压	○	○	○	○	○	○	○	○	—
H72	特殊监控	○	○	○	○	○	○	○	—	—
H73	特殊监控的选择编号	○	○	○	○	○	○	○	—	—
H74	异常内容	○	○	○	○	○	○	○	○	○
H75	异常内容	○	○	○	○	○	○	○	○	○
H76	异常内容	○	○	○	○	○	○	○	○	—
H77	异常内容	○	○	○	○	○	○	○	○	○
H79	变频器状态监控（扩展）	○	○	○	○	—	—	—	—	—
H7A	变频器状态监控	○	○	○	○	○	○	○	○	○
H6E	读出设定频率(EEPROM)	○	○	○	○	○	○	○	○	○
H6D	读出设定频率(RAM)	○	○	○	○	○	○	○	○	○

图 1-4-40　IVCK 指令详解

2. FX_{3U} 针对三菱变频器的专用指令 IVDR

在 IVDR 指令（FNC271）中指定变频器的计算机链接运行中规定的指令代码，然后将指定的数值写入到变频器 S3· 的指定项目中，如图 1-4-41 所示。

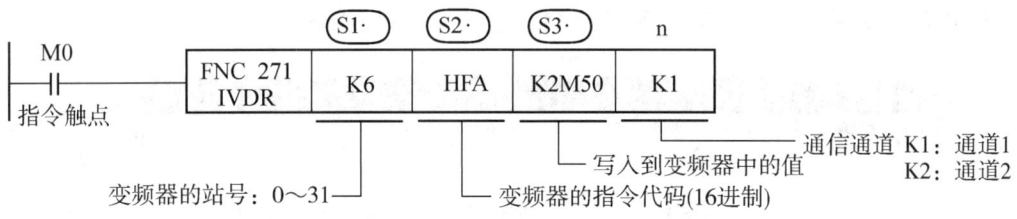

⑤2· 变频器指令代码 (16 进制数)	写入内容	对应变频器								
		F700	A700	E700	D700	V500	F500	A500	E500	S500
HFB	运行模式	○	○	○	○	○	○	○	○	○
HF3	特殊监控的选择 No.	○	○	○	○	○	○	○	—	—
HF9	运行指令(扩展)	○	○	○	○	—	—	—	—	—
HFA	运行指令	○	○	○	○	○	○	○	○	○
HEE	写入设定频率(EEPROM)	○	○	○	○	○	○	○	○	○
HED	写入设定频率(RAM)	○	○	○	○	○	○	○	○	○
HFD	变频器复位	○	○	○	○	○	○	○	○	○
HF4	异常内容的成批清除	○	○	○	—	○	○	○	○	○
HFC	参数的全部清除	○	○	○	○	○	○	○	○	○

图 1-4-41 IVCK 指令详解

3. 参考程序的运行

PLC 的 I/O 分配表和重要的元件作用如表 1-4-6 所示，程序分析见参考程序的注解。

表 1-4-6 PLC 的 I/O 分配表

元件名	说　明
X0	正转
X1	反转
X2	停止
X3	更改频率
D200	设定运行频率值(注意：用 4 位 10 进制数表示，如 K1000 代表 10.00Hz)
D300	实时输出频率(注意：用 4 位 10 进制数表示，如 K1000 代表 10.00Hz)

本任务需要设置如图 1 - 4 - 42 所示的 PLC 参数, 否则不能运行。

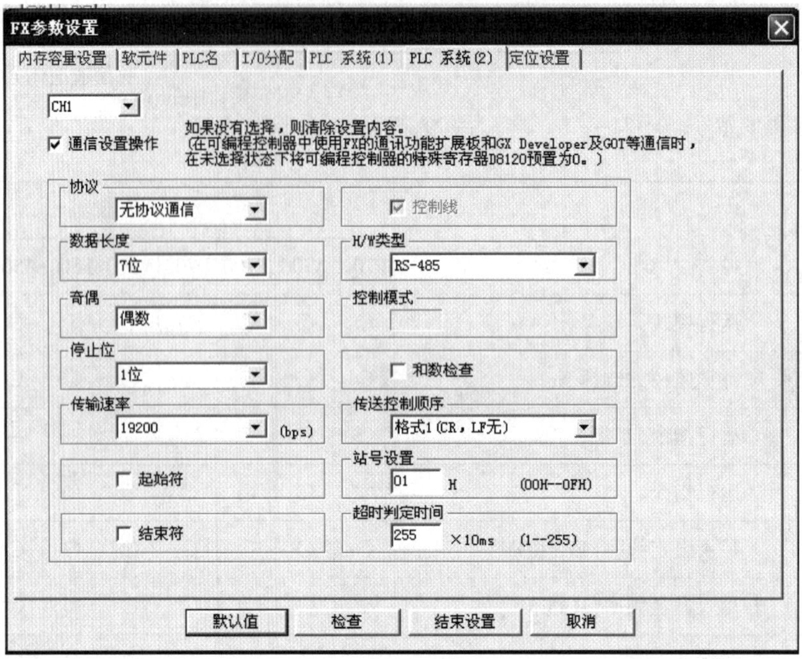

图 1 - 4 - 42　PLC 参数设置

七、思考题

(1) 如果把变频器的站号改为 8 号, 程序应该如何编写?
(2) 如果把变频器的站号改为 13 号, 程序应该如何编写?

学习任务 5　PLC(汇川 H2U)与三菱变频器的通信

一、任务目的

(1) 掌握变频器的 RS485 通信原理。
(2) 掌握 PLC 的 RS485 通信原理。
(3) 掌握 PLC 结合触摸屏 GOT 进行控制的技术。

二、任务实施的仪器设备

①变频器 FR-E700 1 台；②汇川 H2U 系列 PLC 1 台；③RS485 通信电缆 1 条；④PC 1 台；⑤汇川 Autoshop 编程软件。

三、任务内容

(1) 使用 PLC，通过 RS485 总线，实现变频器控制电机正转、反转、停止；在运行中可直接改变变频器的运行频率为 10Hz、20Hz、30Hz、40Hz 或 50Hz。
(2) 通过触摸屏画面进行上述控制和操作。

四、任务步骤

(1) 设置变频器的参数(见表 1-4-7)。

表 1-4-7　设置变频器的参数

PU 接口	通信参数	设定值	备　注
Pr. 160	显示扩展功能	0	必选
Pr. 79	固定为 PU 模式	1	必选
Pr. 117	站号设定	1	
Pr. 118	通信速度	192	通信波特率是 19.2K
Pr. 120	是否奇偶校验	2	偶校验 1 位停止位
Pr. 121	通信重试次数	9999	
Pr. 122	通信检查时间间隔	9999	
Pr. 549	协议选择	1	MODBUS_RTU 协议
Pr. 340	模式设置	10	即设置为 NET 模式
Pr. 342		1	写入 RAM 区
Pr. 79	操作模式	2	该参数必须再次调整

注意：变频器参数设定后请将变频器的电源关闭，再接上电源，否则无法通信。

（2）把自行制作触摸屏的控制界面或采用实验所提供的界面（见图 1-4-38）下载到触摸屏中。

（3）编写 PLC 程序。本程序必须在汇川 Autoshop 编程软件中完成。这个程序的实现原理重要是使用了汇川 PLC 的 MODBUS 通信指令，该指令的基本使用如图 1-4-43 所示。

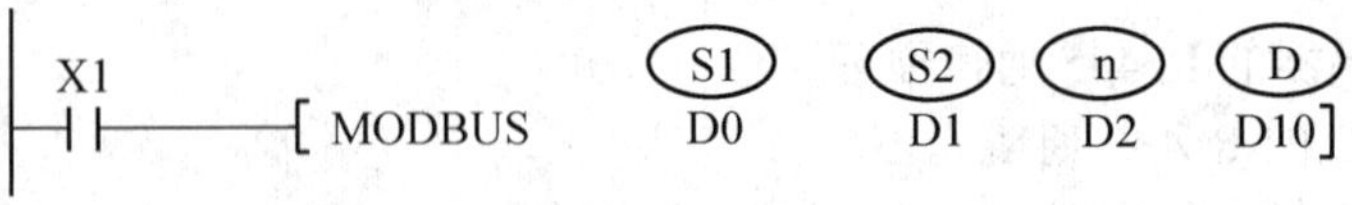

```
 X1
─┤├────[ MODBUS   (S1)   (S2)    (n)    (D)
                   D0    D1     D2    D10 ]
```

(S1) 为从机地址（高字节）、通信命令（低字节，按 MODBUS 协议定义）；

(S2) 为访问从站的寄存器起始地址号；

(n) 为预读或写的数据长度；

(D) 为读或写数据的存放单元起始地址，占用后续地址单元，长度由 (n) 决定。

图 1-4-43　MODBUS 指令的使用

MODBUS 指令的使用例子，如图 1-4-44 所示，本学习任务中所使用的命令和寄存器编号如表 1-4-8 所示。

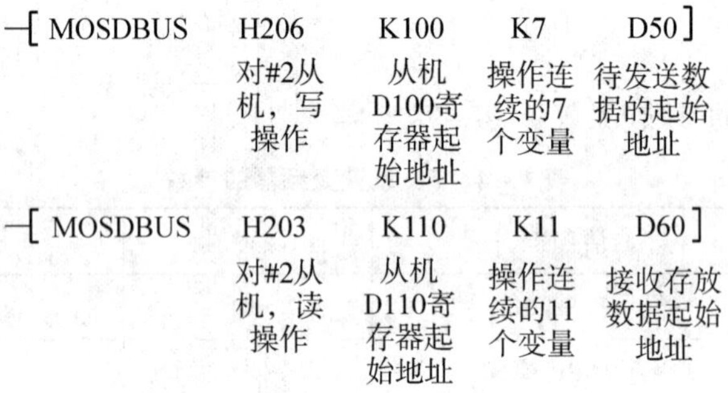

```
─[ MOSDBUS    H206       K100       K7        D50 ]
              对#2从      从机       操作连      待发送数
              机，写      D100寄     续的7      据的起始
              操作        存器起     个变量      地址
                         始地址

─[ MOSDBUS    H203       K110       K11       D60 ]
              对#2从      从机       操作连      接收存放
              机，读      D110寄     续的11     数据起始
              操作        存器起     个变量      地址
                         始地址
```

图 1-4-44　MODBUS 指令的使用例子

表 1-4-8　命令和寄存器编号含义

命　令	寄存器编号	写入内容
03	输出频率 K200 或 HC8	D300
06	运行频率 K13 或 H0D	D200
06	正转 K8	K2
06	反转 K8	K4
06	停止 K8	K1

(4) 参考程序(见图1-4-45)

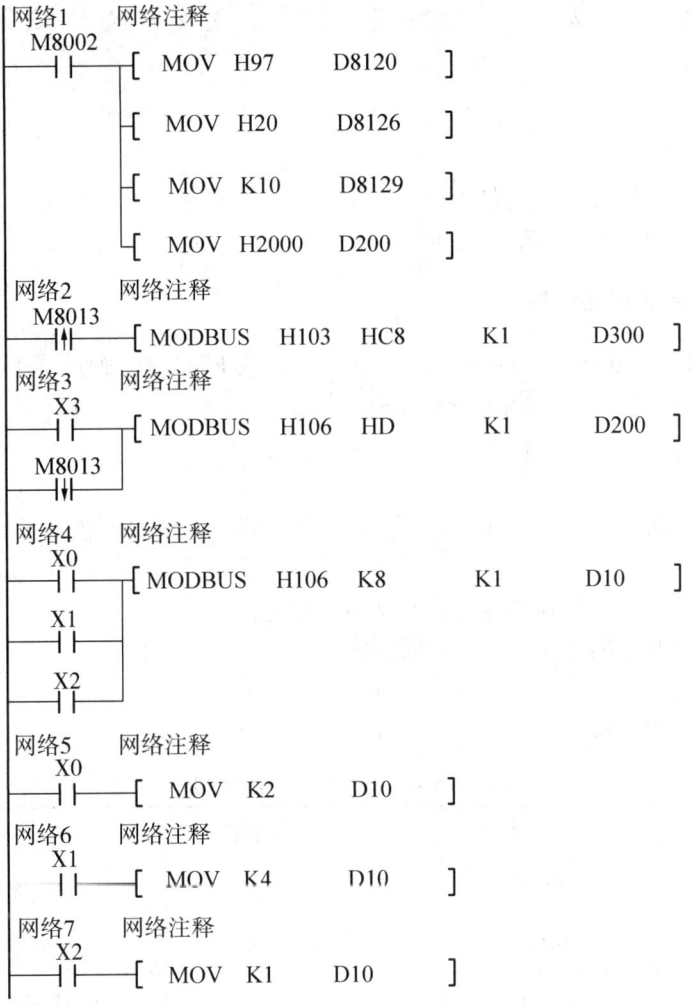

图1-4-45 参考程序

(5) RS422通信电缆的一端接入面板上的 RS422 端，另一端接入变频器的 PU 接口。
(6) 测试运行。按触摸屏参考画面及控制要求，观察电机运行情况。

六、思考题

如何用触摸屏控制3号站变频器？

学习任务6　三菱触摸屏与三菱变频器的通信

一、任务目的

(1) 掌握变频器的 RS422 通信原理。
(2) 掌握触摸屏通过 RS422 与变频器通信。

二、任务实施的仪器设备

①变频器 FR-A540 或 FR-A700 1 台；②GT1155 或 F940GOT 触摸屏 1 台；③触摸屏下载电缆 1 条；④RS422 通信电缆 1 条；⑤PC 1 台。

三、任务内容

(1) 通过触摸屏显示变频器的运行频率、输出频率、输出电流、输出电压和输出功率等。
(2) 通过触摸屏操作变频器的正转、反转及停止。
(3) 满足以上要求的触摸屏简单画面制作。

四、任务步骤

(1) 设置变频器的参数(见表 1-4-9)

表 1-4-9　设置变频器的参数

PU 接口	通信参数	设定值	备 注
Pr. 117	变频器站号	0	0 站变频器
Pr. 118	通信速度	192	通信波特率是 19.2K
Pr. 119	数据/停止位长度	10	7 位数据，停止位 1 位
Pr. 120	是否奇偶校验	1	奇校验
Pr. 121	通信重试次数	9999	
Pr. 122	通信检查时间间隔	9999	
Pr. 123	等待时间设置	0	变频器设定
Pr. 124	CR、LF 选择	1	有 CR
Pr. 79	操作模式	1	计算机通信模式
Pr. 342	EEPROM 保存选择	0	写入 RAM
Pr. 52	显示数据选择	14	输出功率

注意：变频器参数设定后请将变频器的电源关闭，再接上电源，否则无法通信。

(2)把自行制作触摸屏的控制界面或采用实验室所提供的界面(见图1-4-46)下载到触摸屏中。注意 PLC 类型应为 FREQROL 系列。如果采用的是 F940GOT 触摸屏，元件参数见表1-4-10。如果采用的是 GT1155 触摸屏，元件参数见表1-4-11。参数后面的"0"表示变频器的站号。

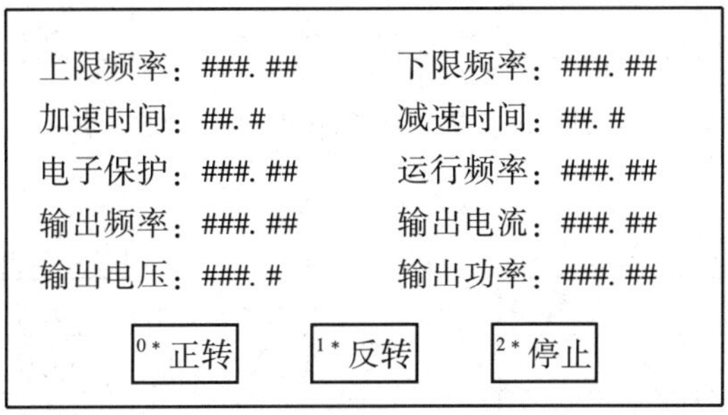

```
上限频率：###.##      下限频率：###.##
加速时间：##.#        减速时间：##.#
电子保护：###.##      运行频率：###.##
输出频率：###.##      输出电流：###.##
输出电压：###.#       输出功率：###.##

  [0* 正转]    [1* 反转]    [2* 停止]
```

图1-4-46 参考画面

表1-4-10 F940GOT 触摸屏元件参数

上限频率 Pr1：0	运行频率 SP109：0	正转 S1：0
下限频率 Pr2：0	输出频率 SP111：0	反转 S2：0
加速时间 Pr7：0	输出电流 SP112：0	停止 SP122：0
减速时间 Pr8：0	输出电压 SP113：0	
过流保护 Pr9：0	输出功率 SP114：0	

表1-4-11 GT1155 触摸屏元件参数

上限频率 Pr1：0	运行频率 SP109：0	正转 WS1：0
下限频率 Pr2：0	输出频率 SP111：0	反转 WS2：0
加速时间 Pr7：0	输出电流 SP112：0	停止 SP122：0
减速时间 Pr8：0	输出电压 SP113：0	
过流保护 Pr9：0	输出功率 SP114：0	

(3)RS422 通信电缆的一端接入面板上的 RS422 端，另一端接入变频器的 PU 接口。触摸屏 F940GOT 与变频器的通信接线如图1-4-47所示，触摸屏 GT1155 与变频器的通信接线如图1-4-48所示。

(4)测试运行。按触摸屏参考画面及控制要求，观察电机运行情况。

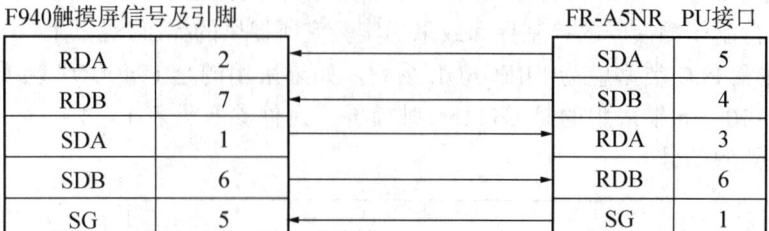

图 1-4-47　触摸屏 F940GOT 与变频器的通信接线

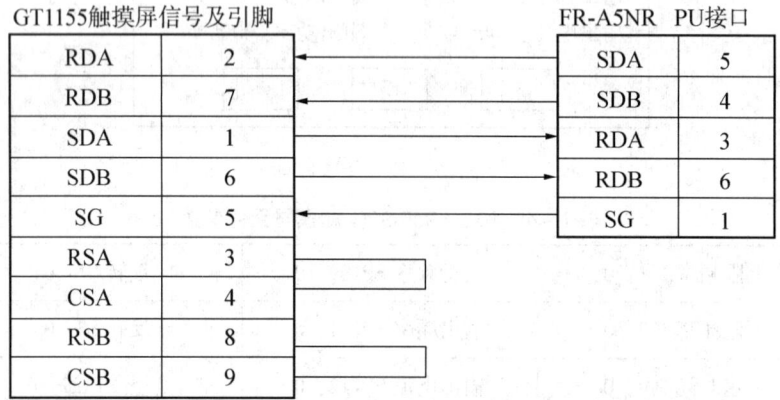

图 1-4-48　触摸屏 GT1155 与变频器的通信接线

六、思考题

如何用触摸屏控制 3 号站变频器？

学习任务 7　昆仑通态触摸屏与三菱变频器的通信

一、任务目的

(1) 掌握变频器的 RS422 通信原理。
(2) 掌握昆仑通态触摸屏通过 RS422 与变频器通信。

二、任务实施的仪器设备

①变频器 FR-E700 1 台；②昆仑通态触摸屏 1 台；③触摸屏下载电缆 1 条；④RS422 通信电缆 1 条；⑤PC 1 台。

三、任务内容

(1) 通过触摸屏显示变频器的运行频率、输出频率、输出电流、输出电压和输出功率等。
(2) 通过触摸屏操作变频器的正转、反转及停止。
(3) 满足以上要求的触摸屏简单画面制作。

四、任务步骤

(1) 设置变频器的参数(见表 1-4-12)。

表 1-4-12　设置变频器的参数

PU 接口	通信参数	设定值	备注
Pr. 160	显示扩展功能	0	必选
Pr. 79	固定为 PU 模式	1	必选
Pr. 117	站号设定	1	
Pr. 118	通信速度	192	通信波特率是 19.2K
Pr. 120	是否奇偶校验	2	偶校验 1 位停止位
Pr. 121	通信重试次数	9999	
Pr. 122	通信检查时间间隔	9999	
Pr. 549	协议选择	1	MODBUS_RTU 协议
Pr. 340	模式设置	10	即设置为 NET 模式
Pr. 342		1	写入 RAM 区
Pr. 79	操作模式	2	该参数必须再次调整

注意：变频器参数设定后请将变频器的电源关闭，再接上电源，否则无法通信。

(2) 把自行制作触摸屏的控制界面或采用实验室所提供的界面(见图 1-4-49)下载到触摸屏中。注意 PLC 类型应为 Modbus 系列,设定的通信参数应该和表 1-4-12 相同。

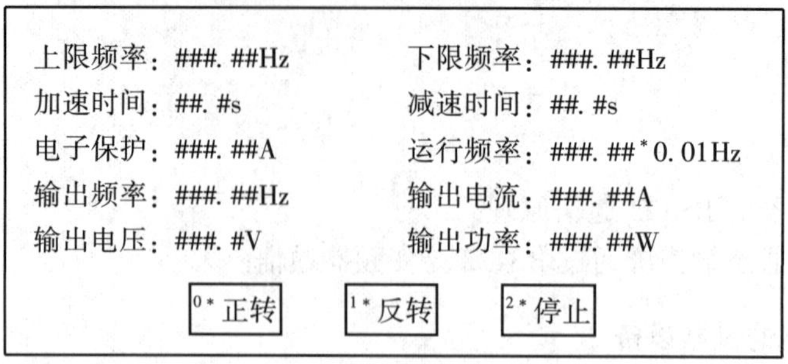

```
上限频率：###.##Hz        下限频率：###.##Hz
加速时间：##.#s           减速时间：##.#s
电子保护：###.##A         运行频率：###.##*0.01Hz
输出频率：###.##Hz        输出电流：###.##A
输出电压：###.#V          输出功率：###.##W

   [0*正转]    [1*反转]    [2*停止]
```

图 1-4-49 参考画面

画面中对应的元件参数如下：

  上限频率 41001 运行频率 40014 正转 40009 = 2

  下限频率 41002 输出频率 40201 反转 40009 = 4

  加速时间 41007 输出电流 40202 停止 40009 = 1

  减速时间 41008 输出电压 40203

  过流保护 41009 输出功率 40214

(3) RS422 通信电缆的一端接入面板上的 RS422 端,另一端接入变频器的 PU 接口。

(4) 测试运行。按触摸屏参考画面及控制要求,观察电机运行情况。

六、思考题

如何用触摸屏控制 3 号站变频器？

工作项目五 力控组态软件使用

学习任务1 力控组态软件的基本使用

一、任务目的

(1) 了解组态软件的基本概念、现状和发展趋势。
(2) 了解力控组态软件控制三菱 PLC 的方法。

二、任务实施的仪器设备

①触摸屏与 FX_{2N}-64MR 连接电缆 1 条；②PC 1 台；③力控组态软件 1 套。

三、力控使用步骤

力控使用步骤分为：创建窗口、创建图形对象，创建实时数据库，动画连接。

实时数据库 Db 是整个应用系统的核心，构建分布式应用系统的基础。它负责整个力控应用系统的实时数据处理、历史数据存储、统计数据处理、报警信息处理、数据服务请求处理。完成与过程数据采集的双向数据通信。在数据库中，操纵的对象是点(TAG)的概念，系统也以点为单位存放各种信息。点存放在实时数据库的点名字典中。实时数据库根据点名字典决定数据库的结构，分配数据库的存储空间。在点名字典中，每个点都包含若干参数。一个点可以包含一些系统预定义的标准点参数，还可包含若干个用户自定义参数。

引用点与参数的形式为"点名.参数名"。如"TAG2. DESC"表示点 TAG1 的点描述，"TAG2. PV"表示点 TAG1 的过程值。

点类型是实时数据库 DB 对具有相同特征的一类点的抽象模型。抽象的依据是不同类型的点所完成的功能。DB 预定义了一些标准点类型，利用这些标准点类型创建的点能够满足各种常规的需要。对于较为特殊的应用，可以创建用户自定义点类型。

目前提供的标准点类型有模拟 I/O 点、数字 I/O 点、累计点、控制点、运算点等。不同的点类型完成的功能不同。比如，模拟 I/O 点的输入和输出量为模拟量，可完成输入信号量程变换、小信号切除、报警检查、输出限值等功能。数字 I/O 点输入值为离散量，可对输入信号进行状态检查。掌握数据库的概念之后，我们选择哪种点类型来创建哪些点就要取决于实际应用的情况，这是一个数据库的设计过程。

回到开发系统 Draw 中，通过制作动画连接使显示画面活动起来。变量是界面运行系统 View 管理数据的一种方法，在开发系统 Draw 中定义、引用。开发系统 Draw、界面运行系统 View 和数据库系统 Db 都是力控的基本组成部分。Draw 和 View 主要完成人机界面的组态和运行，DB 主要完成过程实时数据的采集（通过 I/O 驱动程序）、实时数据的处理（包括报警处理、统计处理等）、历史数据处理等。

四、力控任务内容与步骤

实训内容是如何在力控组态软件中实现控制 FX 系列 PLC 的 Y0 输出和显示状态。其它 PLC 的元件访问与控制都与此类似，学员可以举一反三。

（1）启动"PCAuto"图标，可见图 1-5-1。

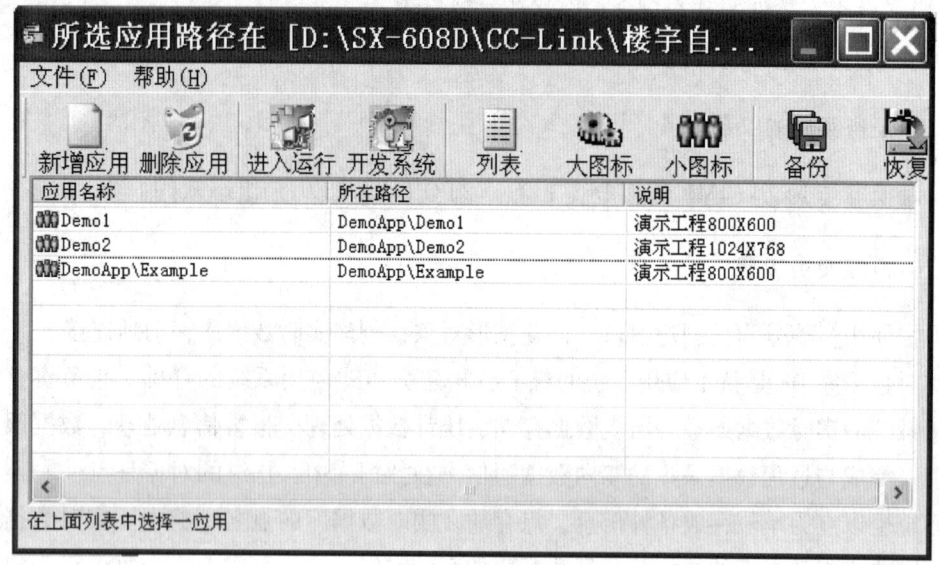

图 1-5-1　力控应用管理器

（2）点击"新增应用"，可见创建一个新的应用程序目录。出现如图 1-5-2 所示的对话框。

图 1-5-2　应用定义

(3) 点击"确认",可见图 1-5-3 所示的对话框。

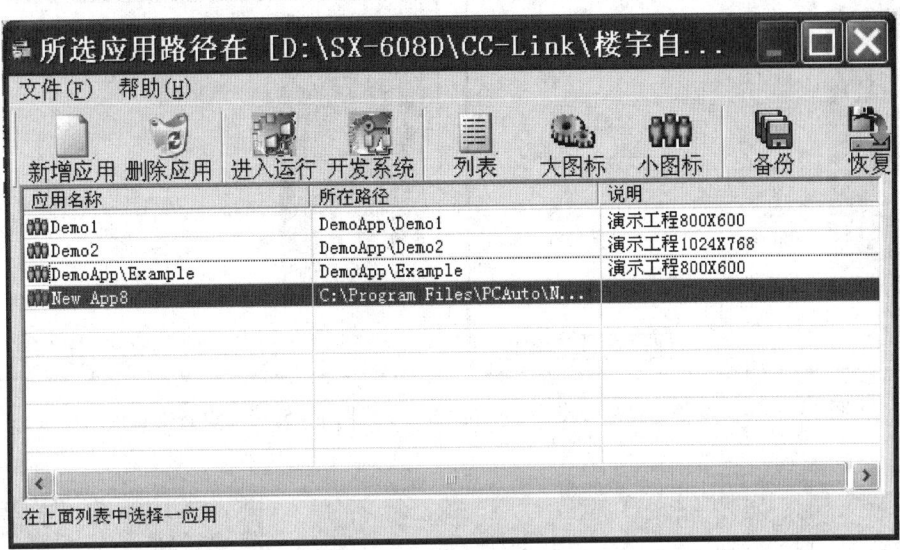

图 1-5-3 对话框

(4) 点击"New App8",再点击"开发系统",可见图 1-5-4 所示的"开发系统"。

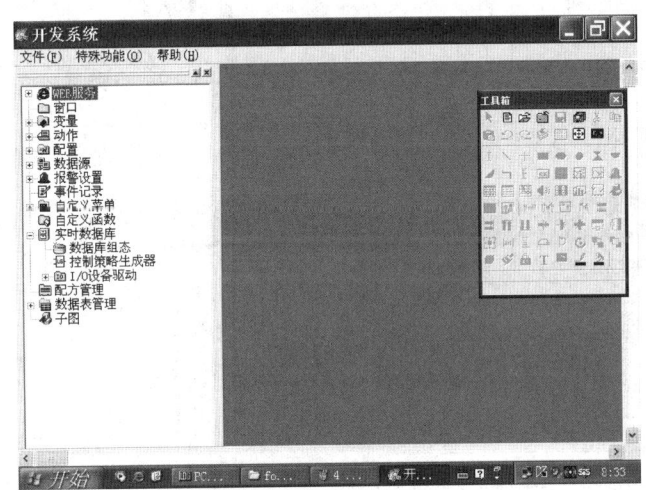

图 1-5-4 开发系统

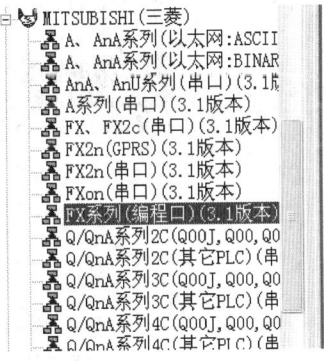

图 1-5-5 FX 系列(编程口)

(5) 点击"I/O 设备驱动",选择如图 1-5-5 所示的"FX 系列(编程口)"。
(6) 双击"FX 系列(编程口)",可见图 1-5-6 所示"设备配置第一步"。
(7) 在"设备名称"中填入"FX",并点击"下一步",可见图 1-5-7。在图 1-5-7 中点击"完成"即可返回"开发系统"。
(8) 在"开发系统"中双击"数据库组态",可见图 1-5-8。
(9) 在图 1-5-8 的"点名"中双击黑框,可见图 1-5-9。

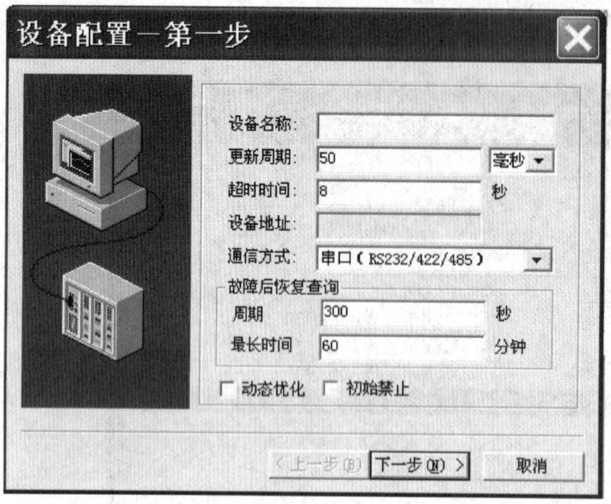

图1-5-6 设备配置第一步

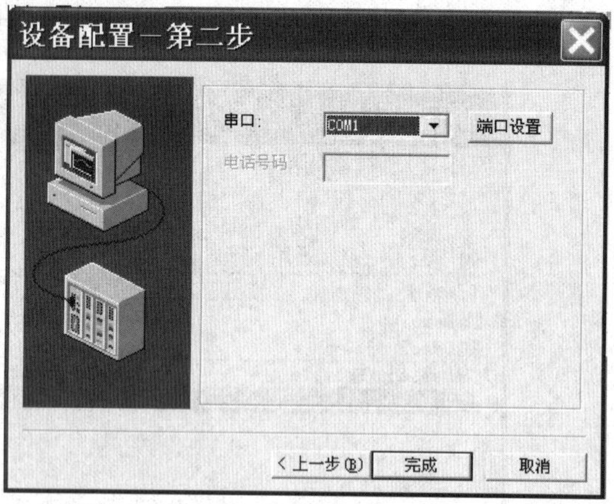

图1-5-7 设备配置第二步

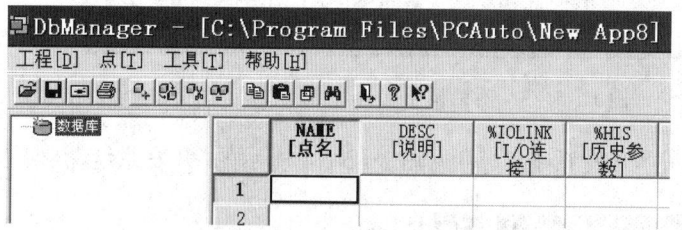

图1-5-8 数据库组态

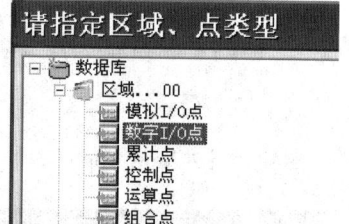

图1-5-9 点类型

(10) 双击"数字I/O点",可见图1-5-10。

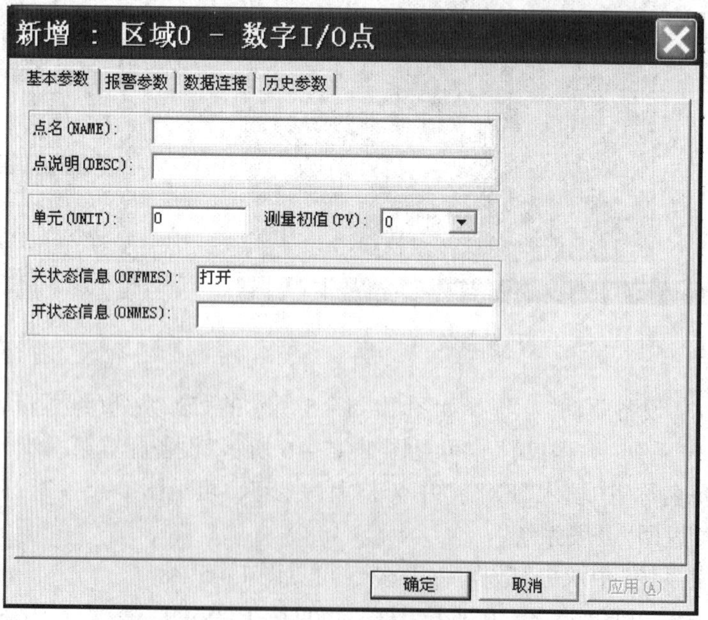

图1-5-10 新增

(11) 在"点名"中写入"FX_Y0",并点击"数据连接",可见图 1-5-11。

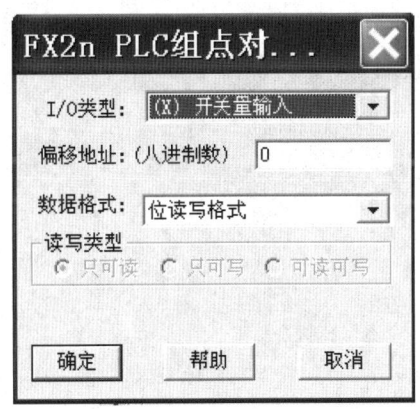

图 1-5-11 数据连接

(12) 在图 1-5-11 中点击"增加",可见图 1-5-12。

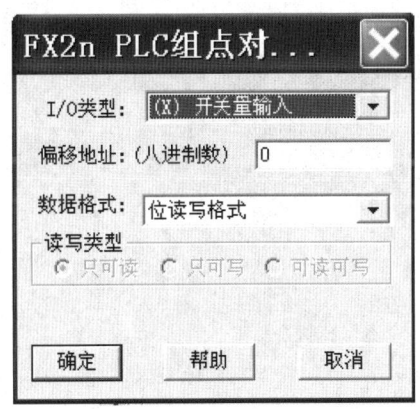

图 1-5-12 设置 I/O

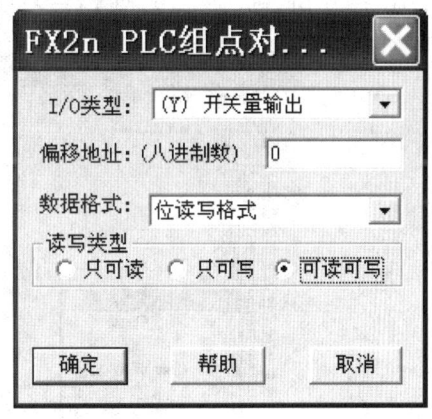

图 1-5-13 I/O 类型选择

(13) 如图 1-5-13 设置。
(14) 点击"确定",可见图 1-5-14,连接 I/O 设备的连接项已经改变。

图 1-5-14 连接 I/O 设备的连接项

(15)点击“确定”，可见图1－5－15，“点名”已经改变。

	NAME [点名]	DESC [说明]	%IOLINK [I/O连接]	%HIS [历史参数]
1	FX_Y0		PV=FX:Y0	
2				

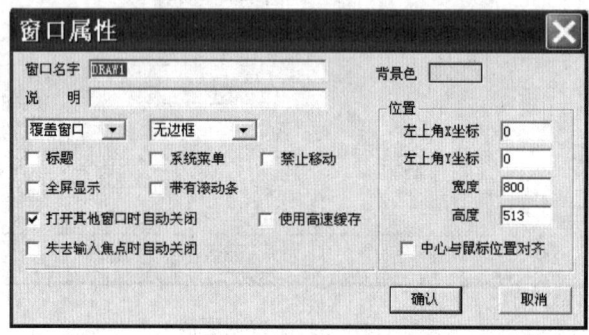

图1－5－15 “点名”已经改变

(16)保存了这个数据库设置后，退回“开发系统”。双击“窗口”选项，可见图1－5－16。

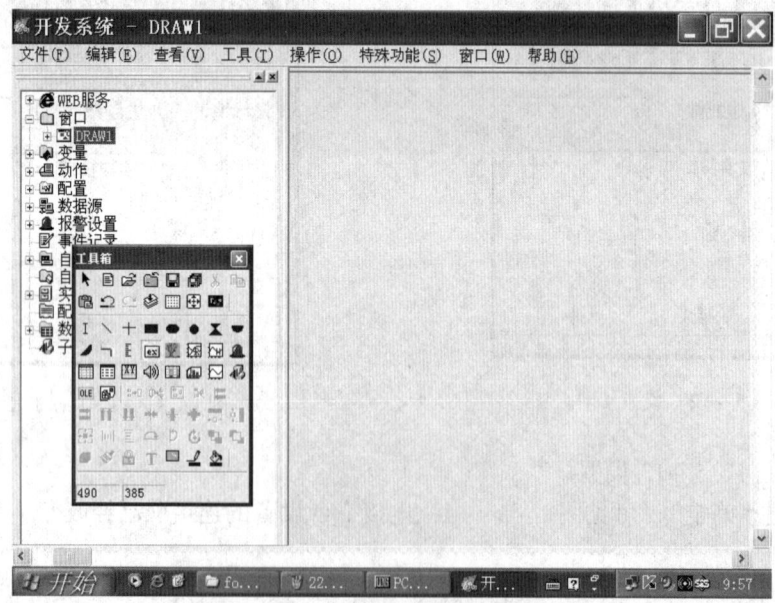

图1－5－16 窗口设置

(17)点击“确认”，可见图1－5－17。

图1－5－17 窗口画面

（18）在工具箱中选择"ex"按钮，并按图 1-5-18 画出。

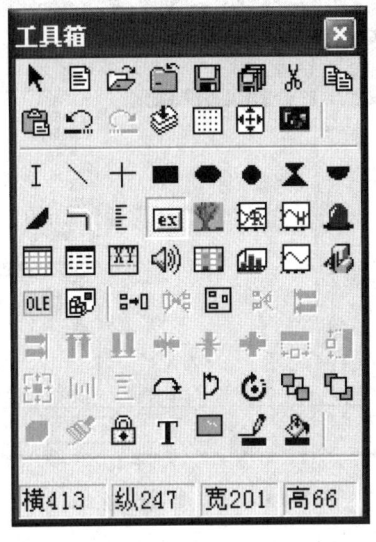
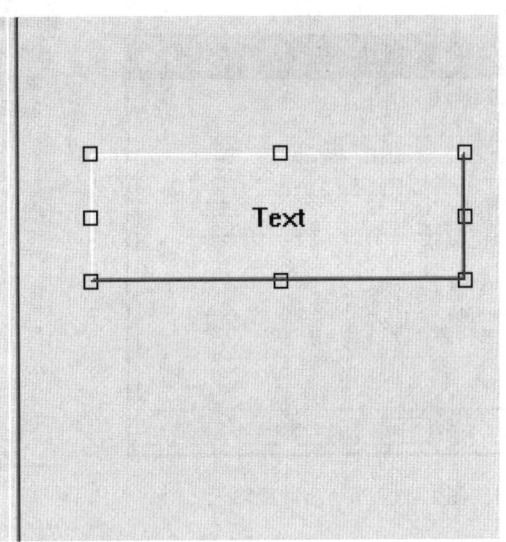

图 1-5-18　画按钮

（19）双击"Text"按钮，可见图 1-5-19。

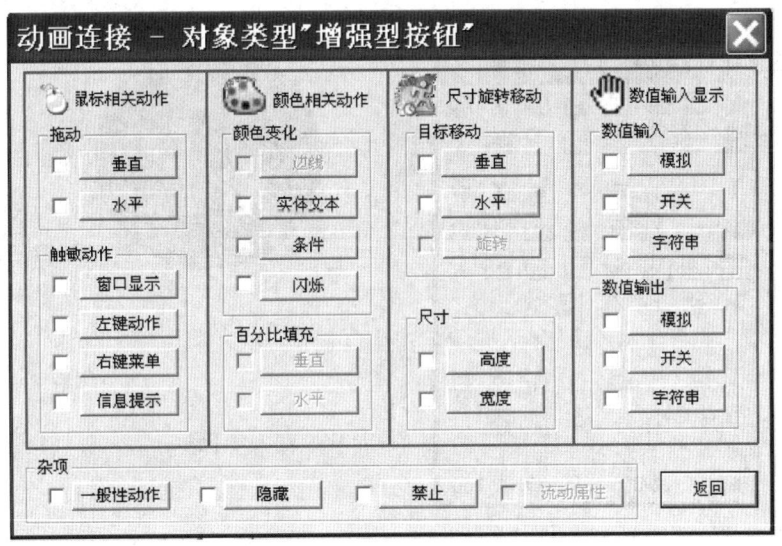

图 1-5-19　动画连接

（20）点击"数值输入"中的"开关"，可见图 1-5-20。
（21）点击"变量选择"，如图 1-5-21 选择。

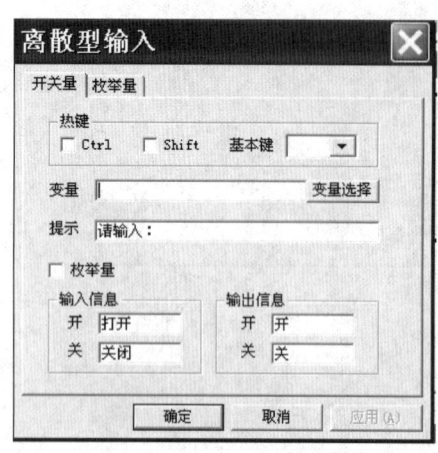

图 1-5-20 离散型输入

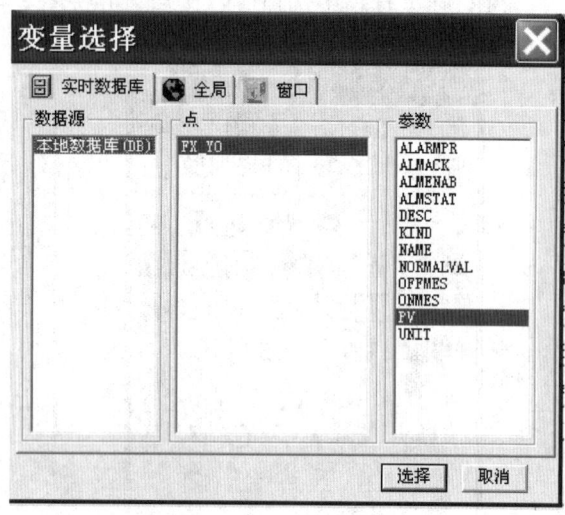

图 1-5-21 变量选择

(22) 点击"选择",在"离散型输入"对话框中点击"确认"。在"动画连接"中点击"返回"即可返回到开发系统。在"开发系统"的"工具箱"中选择画圆按钮,并在画面中画出,见图 1-5-22。

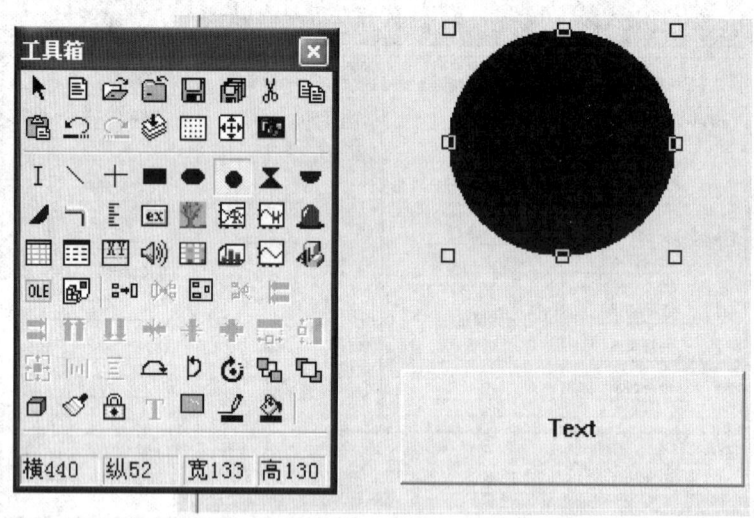

图 1-5-22 画圆

(23) 双击图 1-5-22 中的圆,可见图 1-5-23。
(24) 在图 1-5-23 中点击"闪烁",可见图 1-5-24,按图中所示选择,点击"确定"。在动画连接(见图 1-5-23)中点击"返回"。

图1-5-23 动画连接

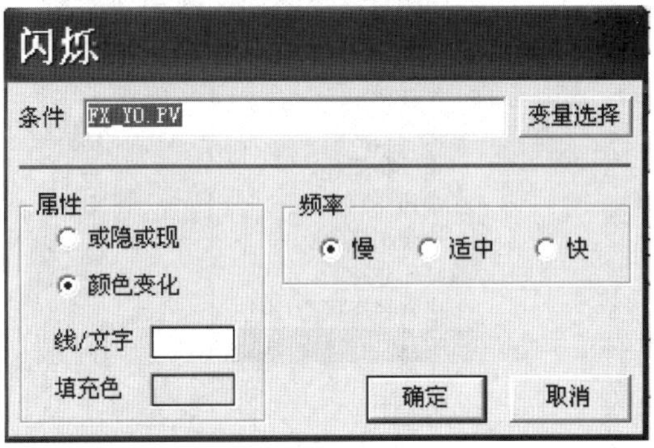

图1-5-24 闪烁

图1-5-25 进入运行

(25)在"开发系统"中选择"进入运行",见图1-5-25。
(26)点击"进入运行"后,需要对画面保存,见图1-5-26。
(27)点击"保存"后,在图1-5-27中点击"忽略"。
(28)在"运行系统"中点击"打开"(见图1-5-28),可见图1-5-29。

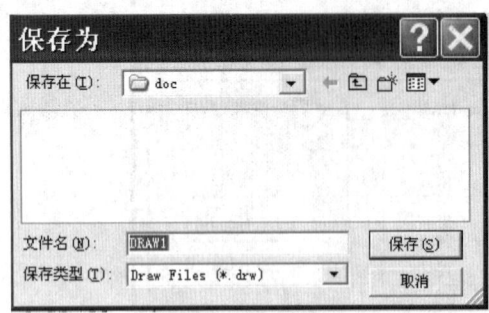

图1-5-26 保存

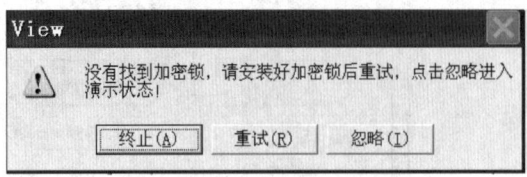

图1-5-27 警告

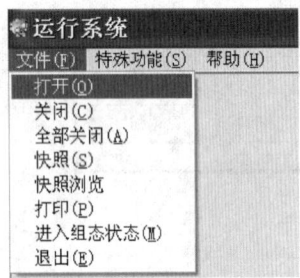

图1-5-28 打开

图1-5-29 选择窗口

(29) 在图1-5-29中选择"Draw1",点击"确认"。

(30) 画面运行见图1-5-30。

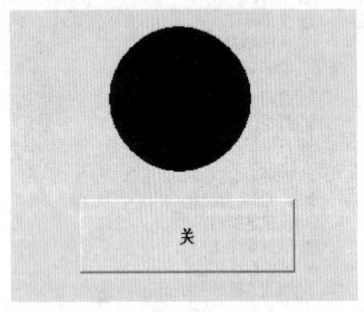

图1-5-30 画面运行

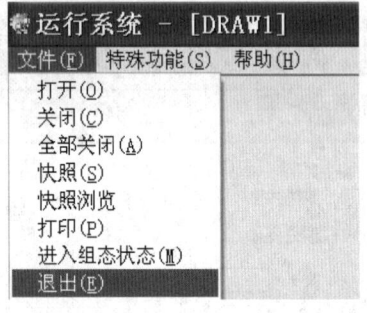

图1-5-31 "退出"

(31) 退出运行点击菜单中的"退出"(见图1-5-31)。

五、思考题

(1) 在力控组态软件中制作自动售货机的监控画面,要求能显示已经投入钱数、汽水、咖啡的可选状态和供汽水、供咖啡的电机和电磁阀的工作状态。

(2) 在力控组态软件中制作变频器与PLC通信的监控画面,要求能实现变频器的正转、反转、停止、控制运行频率和显示实时输出频率。

学习任务 2 基于力控组态软件的交通灯模拟系统

一、任务目的

(1) 熟悉力控组态软件的界面设计方法。
(2) 熟悉力控组态软件的脚本设计方法。

二、任务实施的仪器设备

①PC 1 台；②力控组态软件 1 套。

三、任务内容

启动交通灯系统，南北绿灯亮，这里设置为绿灯 5s，同时只用绿灯来说明周期流程，红灯和黄灯在脚本程序注释中详细说明。南北绿灯亮 5s，南北左转的绿灯亮 3s，然后东西的直走绿灯亮 5s，最后东西左转的绿灯亮 3s，这是一个周期的红绿灯情况，一直循环，直到按下停止按钮，系统停止工作。

四、任务步骤

基于力控组态软件的设计与实现主要包括以下几个步骤：画面创建、动画连接、I/O 设备设置、创建实时数据库。

1. 画面创建

根据本系统的特点，设计了交通灯监控系统主界面(见图 1-5-32)，主界面主要包括系统开关、十字路口模型、车辆模型、各个路口直走和转向红绿灯。

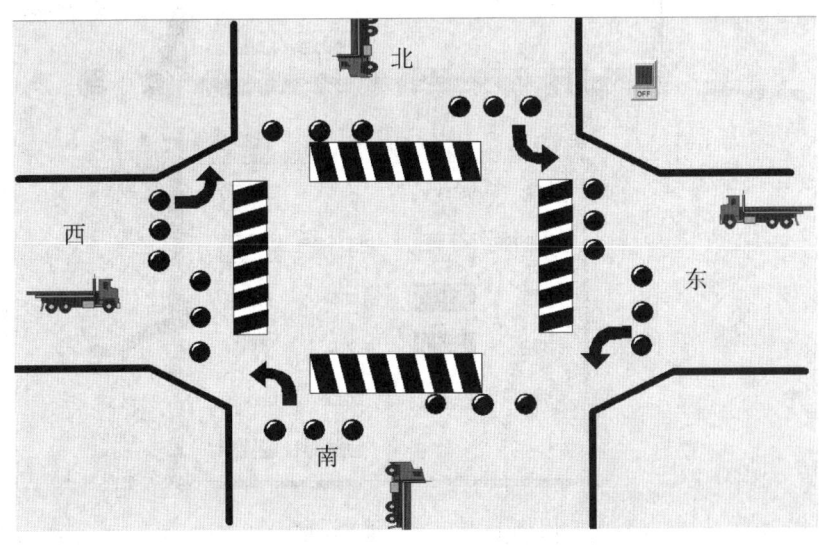

图 1-5-32 交通灯监控系统主界面

2. 动画连接

动画连接是指画面中图形对象与变量或表达式的对应关系。建立关联后，在监控系统进行时，根据变量或表达式的数据变化，图像对象会发生颜色变化、大小改变、文本刷新等。这样就将现场真实的数据投影到计算机的监控画面中，从而达到远程监控的目的。

此系统中分别对开关精灵、红绿灯、转向指示进行了相关的动画连接，从而可以动态地实现系统的控制。具体的实现方法如图 1-5-33 和图 1-5-34 所示。

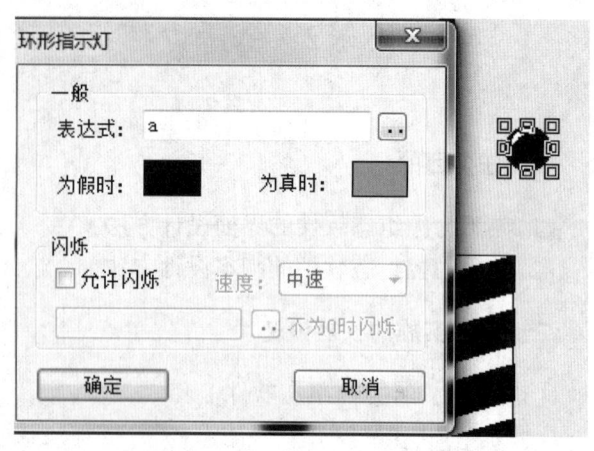

图 1-5-33 指示灯设置

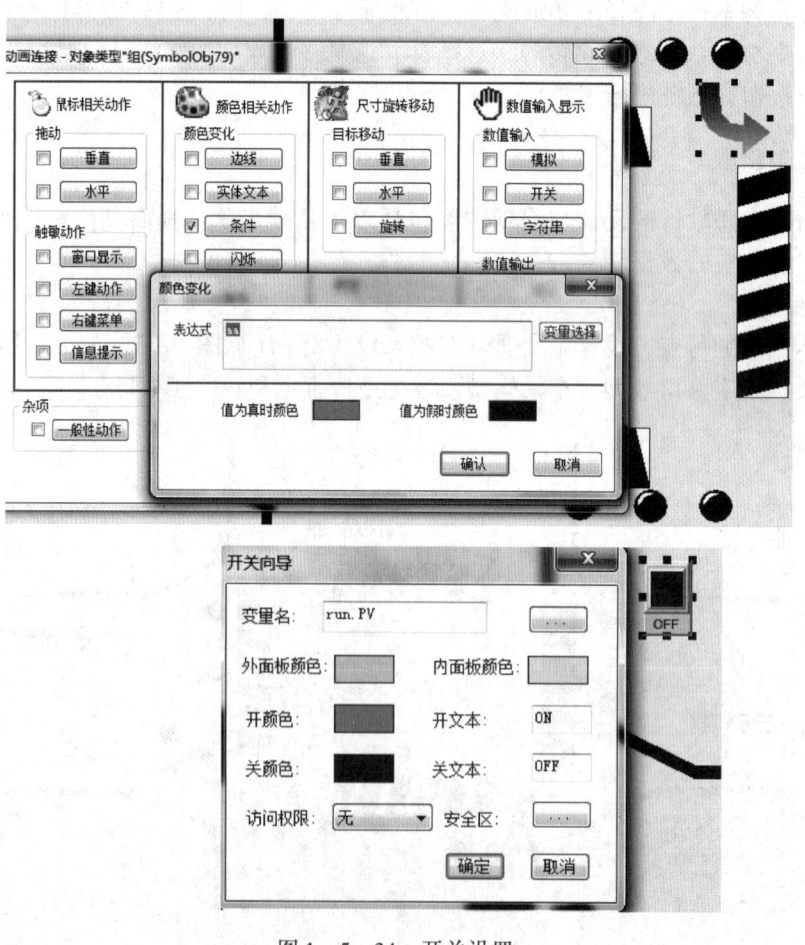

图 1-5-34 开关设置

3. I/O 设备设置

I/O 设备设置是指对包括应用程序的"软件设备"和现场数据采集交换的硬件设备在内的广义上 I/O 设备驱动程序进行配置，使其与组态软件能够建立通信，构成一个完整的系统。在被监控系统中，对开关"run"以及各个红绿灯的代码进行定义、地址分配、通信方式选定。在监控系统中建立的仿真 PLC 实现，实现方法如图 1 – 5 – 35 所示。

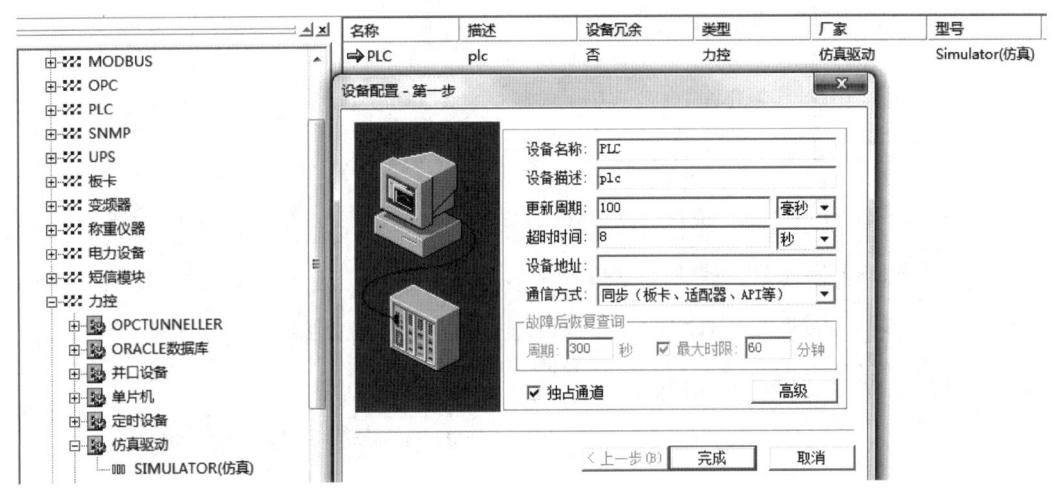

图 1 – 5 – 35　I/O 设备设置

配置 I/O 设备的过程在图形开发环境 Draw 的导航器中进行，按照设备安装对话框的提示就可以完成对 I/O 设备的配置工作。I/O 设备配置完成后，在导航器中会列出 I/O 设备的设备名称，同时生成的设备名称即可用于数据连接过程。在系统运行过程中，力控组态软件通过内部管理程序自动启动相应的 I/O 驱动程序，I/O 驱动程序负责与 I/O 设备进行实时数据交换。

4. 创建实时数据库

实时数据库(DB)是整个监控系统的核心。它负责整个系统的实时数据处理和历史数据的存储、统计数据处理、报警信息处理、数据服务请求处理，完成与过程数据采集的双向数据通信。在本系统中，经过创建点参数、定义 I/O 设备、数据连接等几个步骤便可以完成数据库的创建。系统中采用的 I/O 设备的数据采集与回送是实时数据库的一个最基本的功能。因为实时数据库系统应用所面向的监控对象最终还是要落实到具体的硬件设备。本控制系统的实时数据库建立过程如图 1 – 5 – 36 所示。

110　　工业控制新技术实训指导

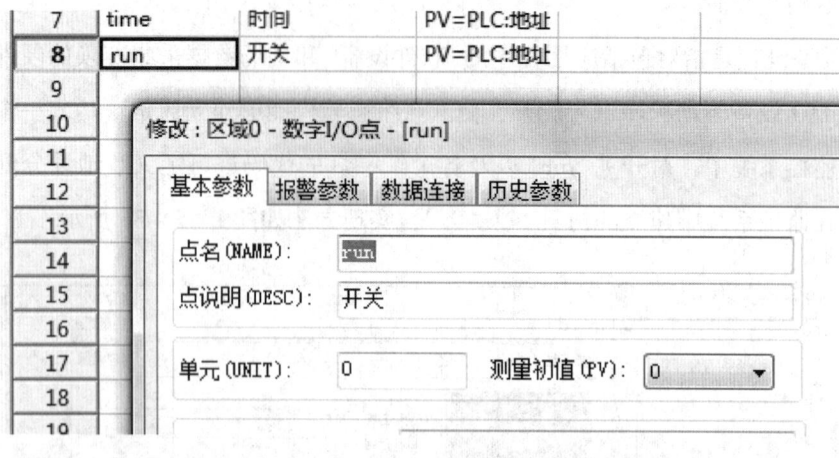

(a) 数字I/O

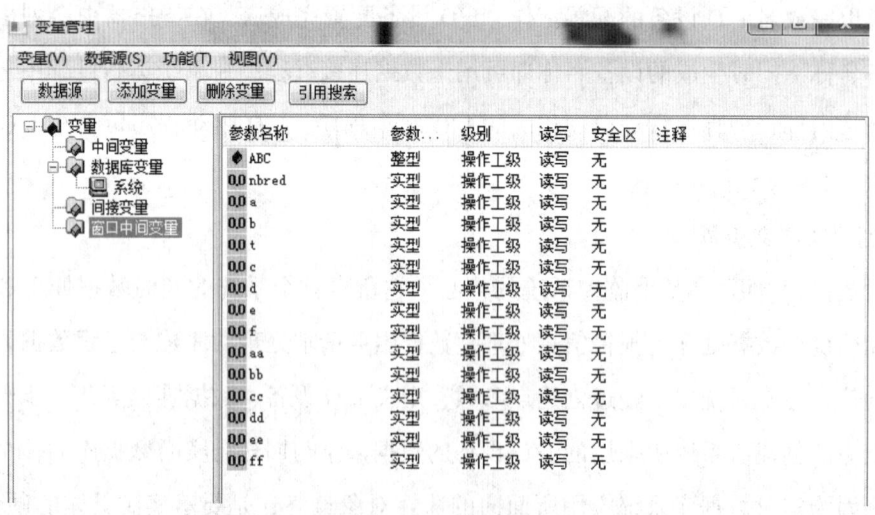

(b) 窗口中间变量：a~f对应南北、东西直走红绿灯；
　　　aa~ff对应南北、东西转向红绿灯

图 1-5-36　创建实时数据库

五、系统功能实现的脚本程序

进入窗口程序，如图 1 – 5 – 37 所示。

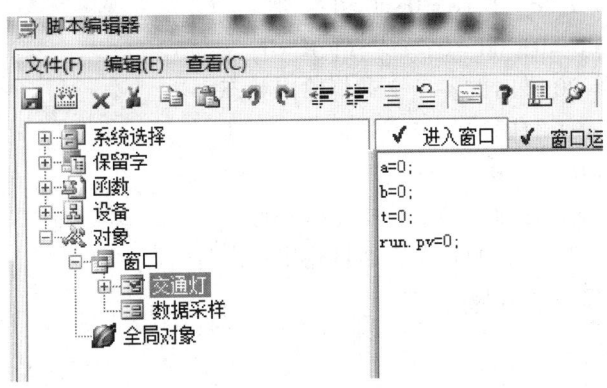

图 1 – 5 – 37　窗口程序

周期执行程序：
IF run. pv = =1 THEN //处于启动状态时
t = t + 1；
IF t >=0&&t <=5 THEN
a = 1；b = 0；c = 0；d = 0；e = 1；f = 0；
aa = 0；bb = 1；cc = 0；dd = 0；ee = 1；ff = 0；
ENDIF //第 0～5 秒时的各个交通灯输出状态
IF t >=5&&t <=7 then
a = 0；b = 0；c = 1；d = 0；e = 1；f = 0；
aa = 0；bb = 1；cc = 0；dd = 0；ee = 1；ff = 0；
ENDIF //第 5～7 秒时的各个交通灯输出状态
IF t >=7&&t <=9 THEN
a = 0；b = 1；c = 0；d = 0；e = 1；f = 0；
aa = 1；bb = 0；cc = 0；dd = 0；ee = 1；ff = 0；
ENDIF //第 7～9 秒时的各个交通灯输出状态
IF t > =9&&t < =11 THEN
a = 0；b = 1；c = 0；d = 0；e = 1；f = 0；
dd = 0；ee = 0；ff = 0；aa = 0；bb = 1；cc = 1；
ENDIF //第 9～11 秒时的各个交通灯输出状态
IF t >=11&&t <=13　THEN
a = 0；b = 1；c = 0；d = 0；e = 1；f = 0；
aa = 0；bb = 1；cc = 0；dd = 1；ee = 0；ff = 0；
ENDIF //第 11～13 秒时的各个交通灯输出状态
IF t >=13&&t <=15 THEN
a = 0；b = 1；c = 0；d = 0；e = 1；f = 0；

aa = 0; bb = 1; cc = 0; dd = 0; ee = 0; ff = 1;
ENDIF //第 13～15 秒时的各个交通灯输出状态
IF t >= 15&&t <= 20 THEN
a = 0; b = 1; c = 0; d = 1; e = 0; f = 0;
aa = 0; bb = 1; cc = 0; dd = 0; ee = 1; ff = 0;
ENDIF //第 15～20 秒时的各个交通灯输出状态
IF t >= 20&&t <= 21 THEN
a = 0; b = 1; c = 0; d = 0; e = 0; f = 1;
aa = 0; bb = 1; cc = 0; dd = 0; ee = 1; ff = 0;
ENDIF //第 20～21 秒时的各个交通灯输出状态
IF t/21 == int(t/21) THEN
t = 0;
ENDIF
else
a = 0; b = 0; c = 0; d = 0; e = 0; f = 0; t = 0;
aa = 0; bb = 0; cc = 0; dd = 0; ee = 0; ff = 0;
ENDIF

工作项目六 应用步进驱动系统实现机器人的定位控制

学习任务1 基于 PLSY 指令的步进系统控制

一、任务目的

掌握应用 PLSY 指令对机器人腕、肘运动的控制。

二、任务实施的仪器设备

①PC 机 1 台；②FX$_{2N}$-32MT 1 台；③步进驱动系统 4 套，步进电机步距角为 0.045°，8000 步/圈；④机器人装置 1 套；⑤相应的编程电缆和软件。

三、控制原理

任务设备中的机器人装置模仿人手的腕、肘、回转、左右 4 个自由度进行运动。其控制方式有两种：一种是由 PLC 内的脉冲输出指令 PLSY 输出脉冲通过步进驱动器的控制和放大实现对机器人腕、肘运动的定位控制；另一种是利用特殊功能模块 FX$_{2N}$-1PG 输出 1 相脉冲数、脉冲频率可变的定位脉冲，通过步进驱动器的控制和放大，实现对机器人回转、左右运动的定位控制。机器人手指对物料抓、放则由气动控制。

四、任务步骤

1. 任务通电前检查

1）电源检查

主控台控制供电后，三相电源指示灯 U、V、W 对应的黄、绿、红指示灯亮度正常，否则有缺相现象，如图 1-6-1 所示。

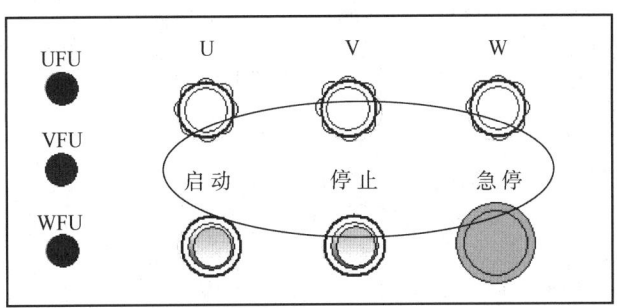

图 1-6-1 电源检查

检查计算机电源、确保计算机正常供电。

2）气动检查

打开气阀，调整气流通量，气压应在2MPa以上，如图1-6-2所示。

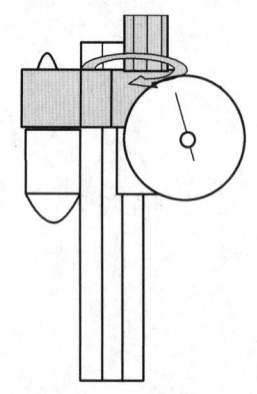

(a) 旋转并打开气阀，调整气流通量

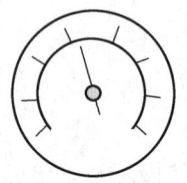

(b) 调整气流通量，使得气压在2MPa以上

图1-6-2　气动检查

3）操作面板检查

顺时针旋转按钮，使急停开关复位；钥匙开关在图1-6-3a中所示方向，确保设备在"开放端口"状态。PLC、步进驱动器、触摸屏电源应处于关闭状态，如图1-6-3b所示。

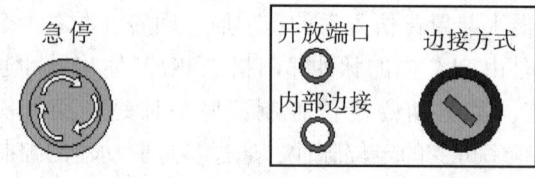

(a) 开放端口

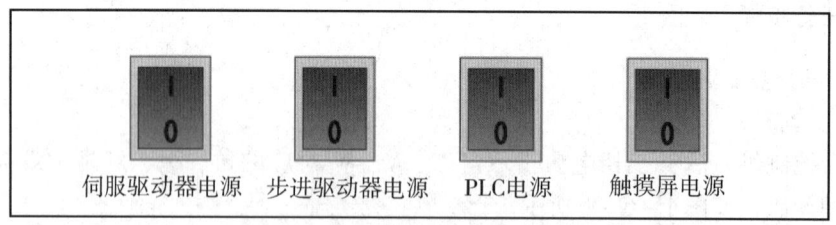

(b) PLC、步进驱动器、触摸屏电源

图1-6-3　操作面板检查

2. 导线连接

1）PLC的I/O连接分配表（见表1-6-1）

表1-6-1　PLC I/O口及辅助继电器分配表

输入点	辅助M	功　能	输出点	输出设备端
X0		位置A("腕"原位开关)	Y0	"腕"驱动器CP-
X1		位置B("肘"原位开关)	Y1	"肘"驱动器CP-
X14	M104	A↑("十字"开关)	Y4	"腕"驱动器U/D-
X15	M105	A↓("十字"开关)	Y5	"肘"驱动器U/D-
X16	M106	B↑("十字"开关)	Y12	机器人手指电磁阀
X17	M107	B↓("十字"开关)		
	M201	触摸屏"抓/放料"按钮		

2）实验面板导线连接（见图1-6-4）

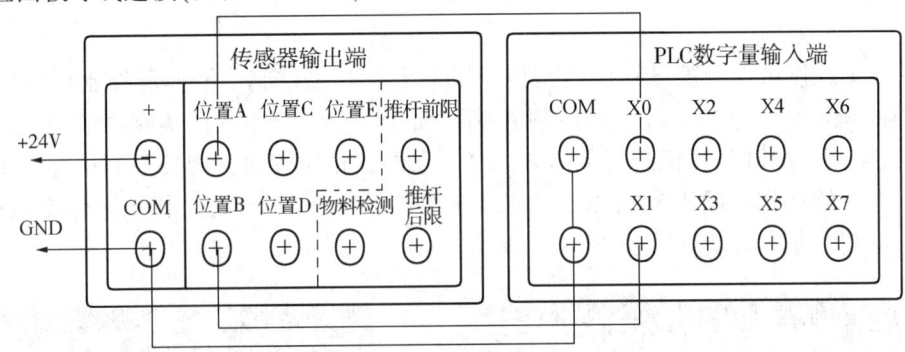

(a) PLC输入部分接线图

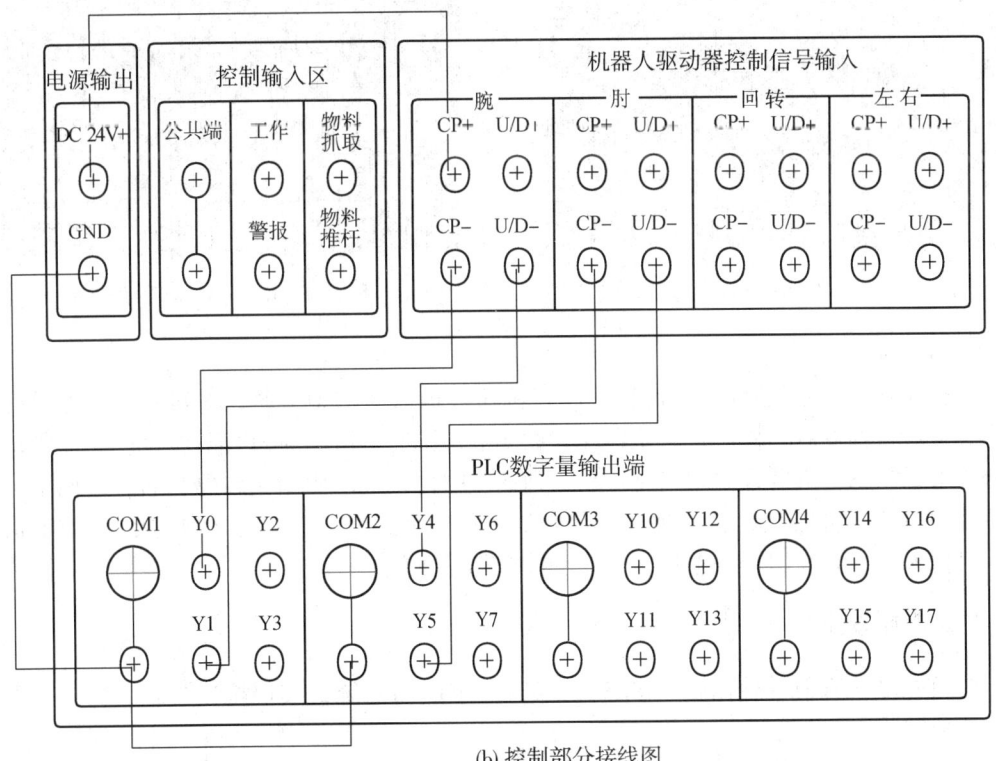

(b) 控制部分接线图

图1-6-4　实验面板导线连接

3. 通电操作

按启动按钮，听到"嗒"的响声后，再接通图 1-6-3b 所示的 PLC、变频器和触摸屏的电源；如有异常情况，请及时按"急停"键切断电源。

4. PLC 程序写入

三菱公司的编程软件"GX Developer"可对 PLC 进行编程，用三菱公司人机界面制作软件"GT Designer2"进行画面设计与组态编制，将 SX-815C 的参数程序写入 PLC，并将"参数程序"目录中的"SX-815C.GTE"下载到触摸屏。

5. 系统运行操作

系统接线和参数程序写入完成后，将 PLC 的运行开关调至 RUN 状态，将选择开关调至 AUTO，待触摸屏画面启动后，系统可进入可操控的运行状态。

1）手动控制

手动控制可由触摸屏和控制面板的手柄十字开关控制。触摸屏控制可在触摸屏显示"欢迎"画面后，进入 815C-II 控制方式画面（见图 1-6-5）。触摸"手动"按钮，弹出"815C-II 手动控制"画面（见图 1-6-6）。点击各相应按钮，即可控制机器人腕、肘、回转、左右的动作，操纵控制板上 A、B 两组的手柄十字开关，也可手动控制机器人腕、肘、回转、左右运动。

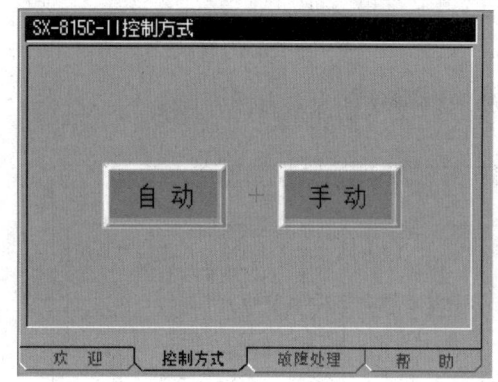
图 1-6-5　815C-II 控制方式画面

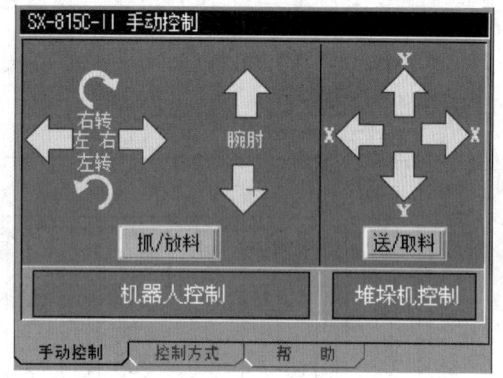
图 1-6-6　815C-II 手动控制

2）自动控制

在触摸屏控制方式画面上触摸"自动"按钮，机器人的腕、肘、回转、左右先后回归原位。当物料到位后，机器人开始运动，肘向下、腕向上协同肘做"插补"动作，使气动手指处于水平状态；机器人同时向左移动，到达左限位，气动手指夹住物料后，肘向上、腕向下回归原位；机器人回转，到达右限位后，肘向下，腕向上；延时 2 秒，气动手指松开，机器人腕、肘、回转、左右、气动手指全部回原位。

五、程序设计

应用 PLC 内部脉冲输出指令 PLSY，通过步进驱动系统，实现机器人腕、肘、上下运动定位控制。

(1) 控制要求

Y0 控制"腕"运动,脉冲频率为 400Hz,脉冲数为 2000;当"腕"向下运动碰到原位开关(位置 A)时立即停止动作。Y1 控制"肘"运动,脉冲频率为 200Hz,脉冲数为 2000;当"肘"向上运动碰到原位开关(位置 B)时即停止动作。

(2) 主要参考程序如图 1-6-7 所示,其 PLC 的 I/O 口见表 1-6-1。

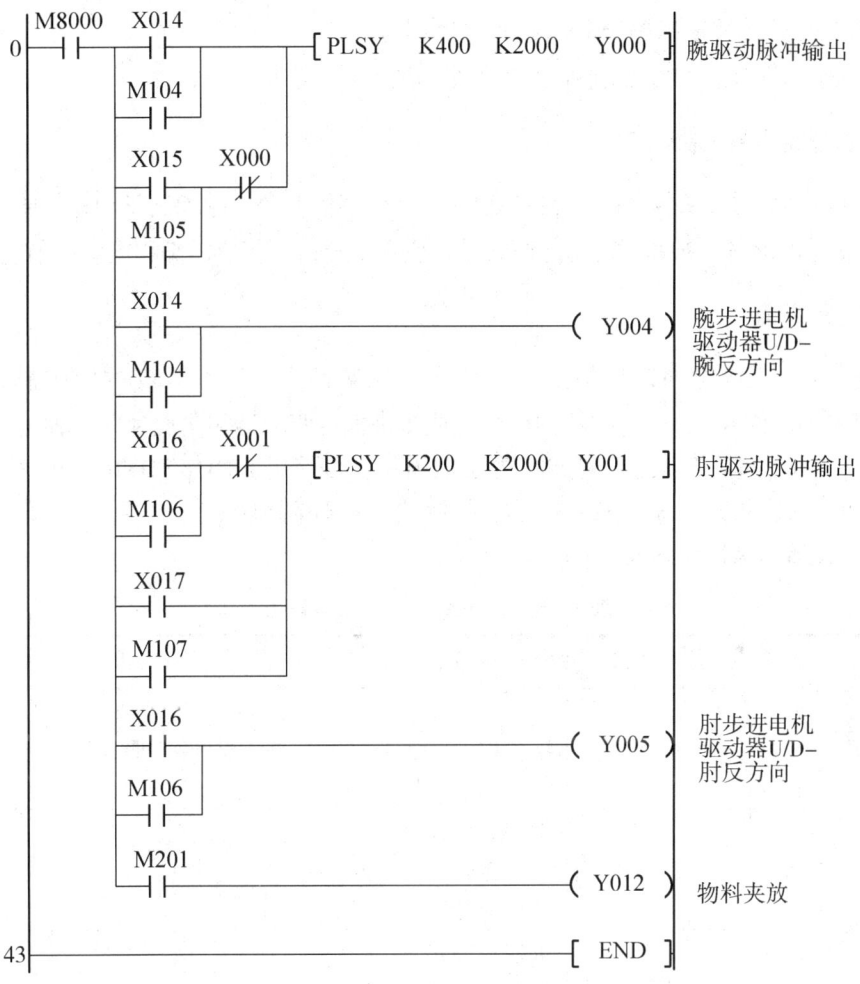

图 1-6-7 "腕""肘"主要参考程序

六、思考题

应用 PLC 的 PLSY 脉冲指令能否控制机器人回转、左右运动?试编写梯形图并试运行,观察运行情况并对程序进行修正和优化。

学习任务 2 基于 FX_{2N}-1PG 模块的步进系统控制

一、任务目的

(1) 掌握定位脉冲输出模块 FX_{2N}-1PG 的使用。
(2) 掌握应用 FX_{2N}-1PG 控制机器人的回转和上下、左右运动。

二、任务实施的仪器设备

①PC 机 1 台；②FX_{2N}-32MT 1 台；③FX_{2N}-1PG 模块 1 台；④步进驱动系统 4 套，步进电机步距角为 0.045°，8000 步/圈；⑤机器人装置 1 套；⑥相应的编程电缆和软件。

三、控制原理

FX_{2N}-1PG 为定位脉冲输出模块，可输出一相脉冲数、频率可变的定位脉冲（最大 100kHz，脉冲量 32 位），通过连接伺服电机或步进电机驱动器能实现独立 1 轴的简单定位控制。FX_{2N}-1PG 是连接 FX_{2N} 系列 PLC 的扩展模块，可使用 FROM/TO 指令与 PLC 进行通信。1 台 PLC 最多可连接 8 台 FX_{2N}-1PG，控制独立 8 轴的运转。

1. 输入、输出端子（见表 1-6-2）

表 1-6-2 FX_{2N}-1 PG 信号说明

	代 号	信号名称	要 求	作 用
输入	STOP/SS	外部停止	DC24V/7mA； 输入 ON 电流 >4.5mA； 输入 OFF 电流 >1.5mA	脉冲输出停止控制
	DOG/SS	原点减速	DC24V/7mA； 输入 ON 电流 >4.5mA； 输入 OFF 电流 >1.5mA	原点减速控制，或直接作为原点位置到达信号输入
	PG0+/PG0-	零位脉冲	DC24V/7mA； 输入 ON 电流 >4.0mA； 输入 OFF 电流 >0.5mA	原点检测信号
输出	FP/COM0	正向脉冲输出	10Hz～100kHz DC5V～24V/20mA	正向运动脉冲输出
	RP/COM0	反向脉冲输出	10Hz～100kHz DC5V～24V/20mA	反向运动脉冲输出
	CLR/COM1	定位脉冲清除	DC5V～24V/20mA 输出脉冲宽度 20ms	清除驱动器、PLC 的剩余定位脉冲

2. 外部连接(见图 1-6-8)

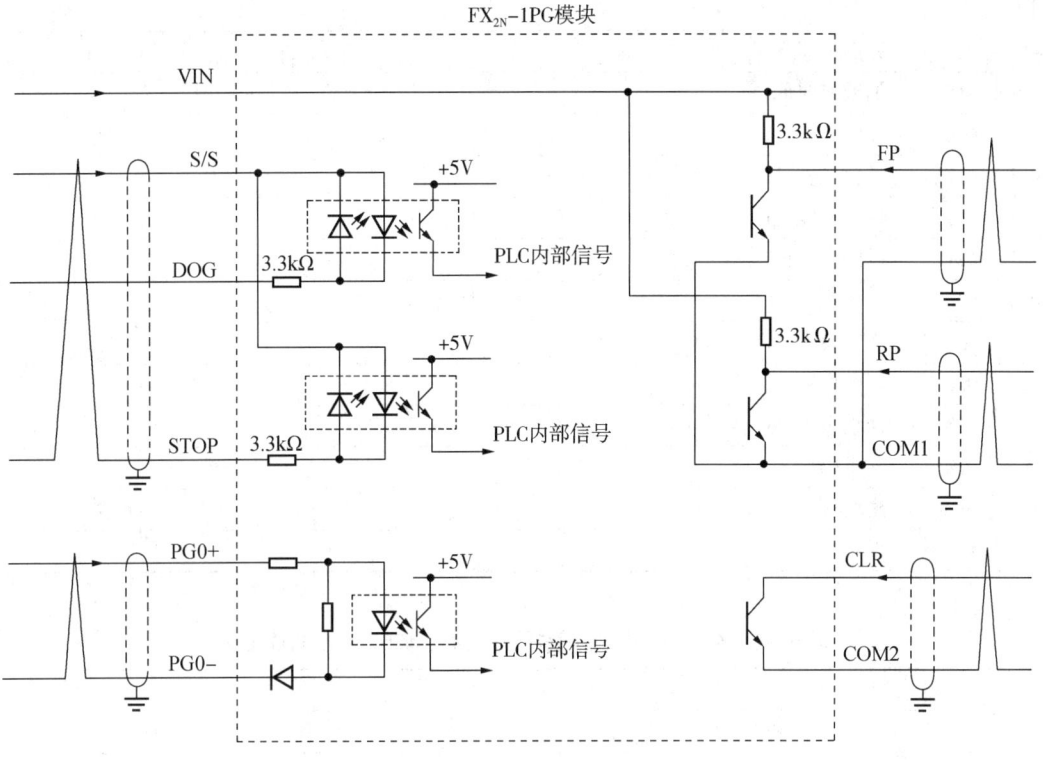

图 1-6-8　外部连接图

3. FX_{2N}-1PG 模块的缓冲区分配(见表 1-6-3、表 1-6-4)

为了方便实现 PLC 对模块的控制,在三菱 PLC 的特殊功能模块中专门设置用于 PLC 与模块进行信息交换的缓冲区(Buffer Memory,BFM)。BFM 包括模块控制位号、模块参数等控制条件、工作状态信息、运算、处理结果、出错状态等内容。

表 1-6-3　FX_{2N}-1PG 模块的缓冲区分配

BFM 编号		说　明															
上	下	b15	b14	b13	b12	b11	b10	b9	b8	b7	b6	b5	b4	b3	b2	b1	b0
—	#0	电机转一圈所要的脉冲数
#2	#1	电机转一圈的移动距离
—	#3	详见表 1-6-4
#5	#4	最高速度
—	#6	启动速度
#8	#7	JOG 速度
#10	#9	原点返回速度(高速)
—	#11	原点返回速度(爬行)
—	#12	原点返回时 Z 相信号

（续表1-6-3）

BFM 编号		说　明
#14	#13	原点位置定义
—	#15	加减速时间
—	#16	保留
#18	#17	目标位置（Ⅰ）
#20	#19	运转速度（Ⅰ）
#22	#21	目标位置（Ⅱ）
#24	#23	运转速度（Ⅱ）
—	#25	详见表1-6-4
#27	#26	现在位置
—	#28	详见表1-6-4
—	#29	异常码
—	#30	模块代号
—	#31	保留

表1-6-4　FX_{2N}-1PG 模块缓冲区#3、#25、#28 的位定义

位	BFM 编号		
	#28	#3	#25
b15	STOP 模式	—	—
b14	STOP 信号极性	—	—
b13	开始计数	—	—
b12	DOG 信号极性	可变速运转启动指令	—
b11	—	外部信号定位启动指令	—
b10	原点返回方向	2段速度定位启动指令	—
b9	旋转方向	中断1段速度定位启动指令	—
b8	脉冲输出方式	1段速度定位启动指令	定位完了标志
b7	—	相对/绝对坐标选择	异常标志
b6	—	原点返回启动指令	现在位置值溢位
b5	位置信息倍率 $10^0 \sim 10^3$	JOG-指令	PG0 信号 ON
b4		JOG+指令	DOG 信号 ON
b3	—	反转脉冲停止指令	STOP 信号 ON
b2	—	正转脉冲停止指令	原点返回完了
b1	单位系统	STOP 指令	正/反转状态
b0		异常重置指令	READY/BUSY

四、任务内容

应用定位脉冲输出模块 FX_{2N}-1PG，通过步进驱动系统对机器人回转、左右运动的定位控制。

1. 控制要求

机器人正向运行速度为400Hz，连续输出正向脉冲，加减速时间为100ms，控制机器人回转运动。手动正向运行速度为2000Hz，连续输出正向脉冲，控制机器人左右运动。

当机器人回转运动碰到原点限位开关、左右运动碰到左或右限位开关时，步进电机停止相应方向运行，但可做反向运动。

2. 主要参考程序（见图1-6-9）

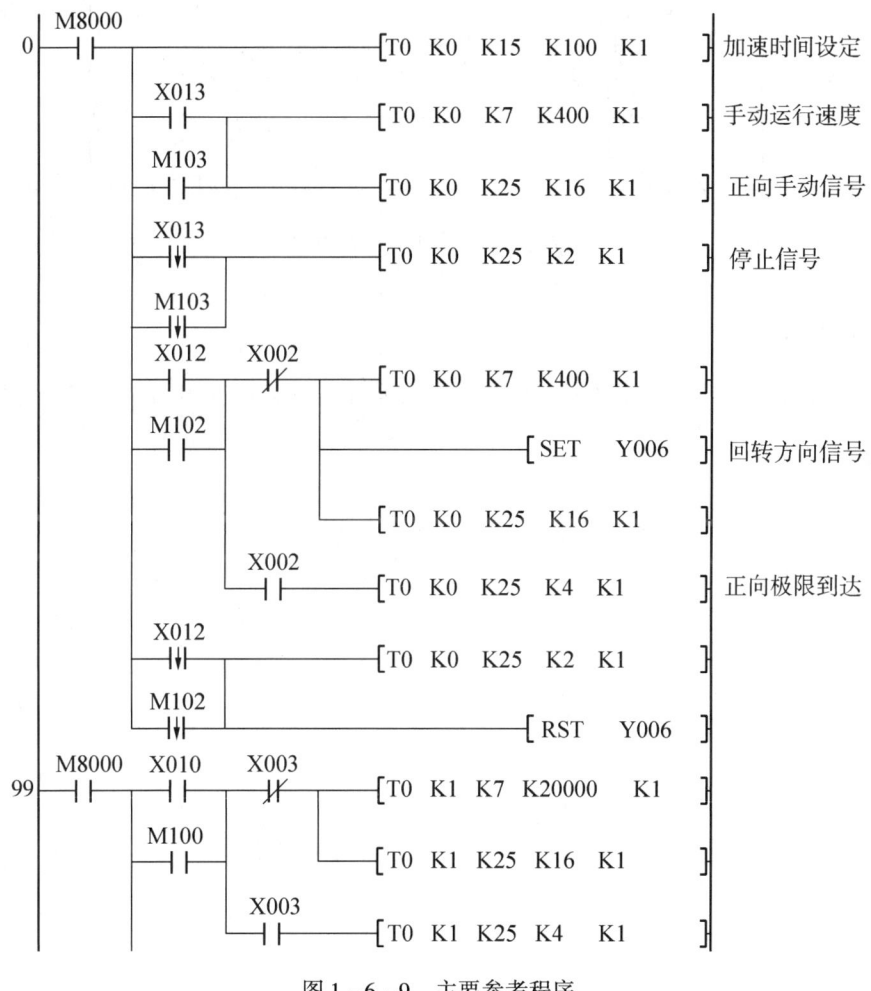

图1-6-9 主要参考程序

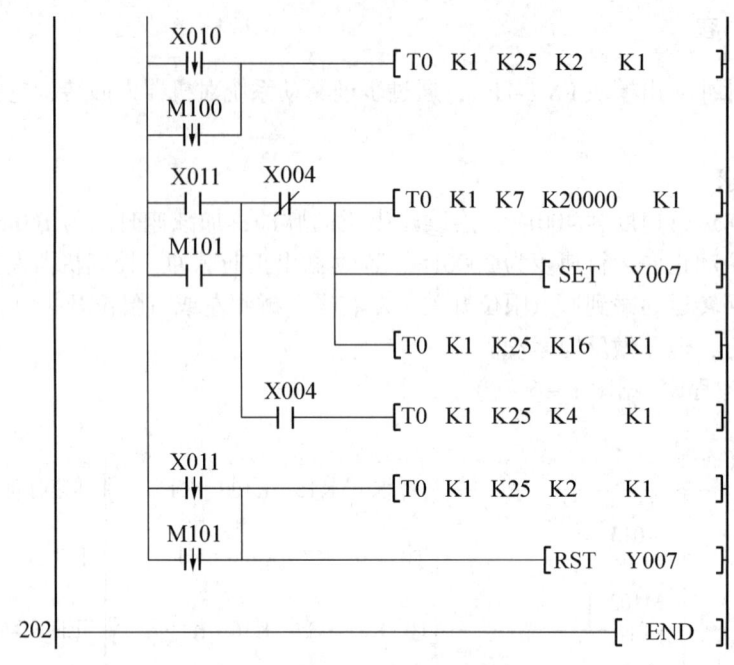

续图 1-6-9 主要参考程序

五、思考题

FX_{2N}-1PG 可以实现单轴定位控制，能否实现单速、双速和变速的定位控制功能？

工作项目七 工业网络技术的应用

一、学习任务目的与要求

(1) 掌握西门子 SIMATIC STEP 7 编程软件的安装与使用。
(2) 掌握西门子 PLC PROFINET – I/O 网络的硬件组态。
(3) 掌握西门子 PLC PROFIBUS 网络的软件组态。

二、学习任务描述

随着工业技术的高速发展,通信技术得到了更为广泛的应用,成为工业现场不可或缺的部分;工业以太网和现场总线通信技术以高速、稳定、大容量、使用方便的优势逐渐成为通信技术发展的主流,在工业现场的管理层、单元层及现场层得到了广泛应用与普及;本例就以西门子公司的 PLC 之间的工业以太网通信及 PLC 通过 PROFIBUS 通信控制变频器的运行来简单介绍这些通信的应用;网络架构如图 1 – 7 – 1 所示,图中的虚线框在本学习任务中是可选设备。

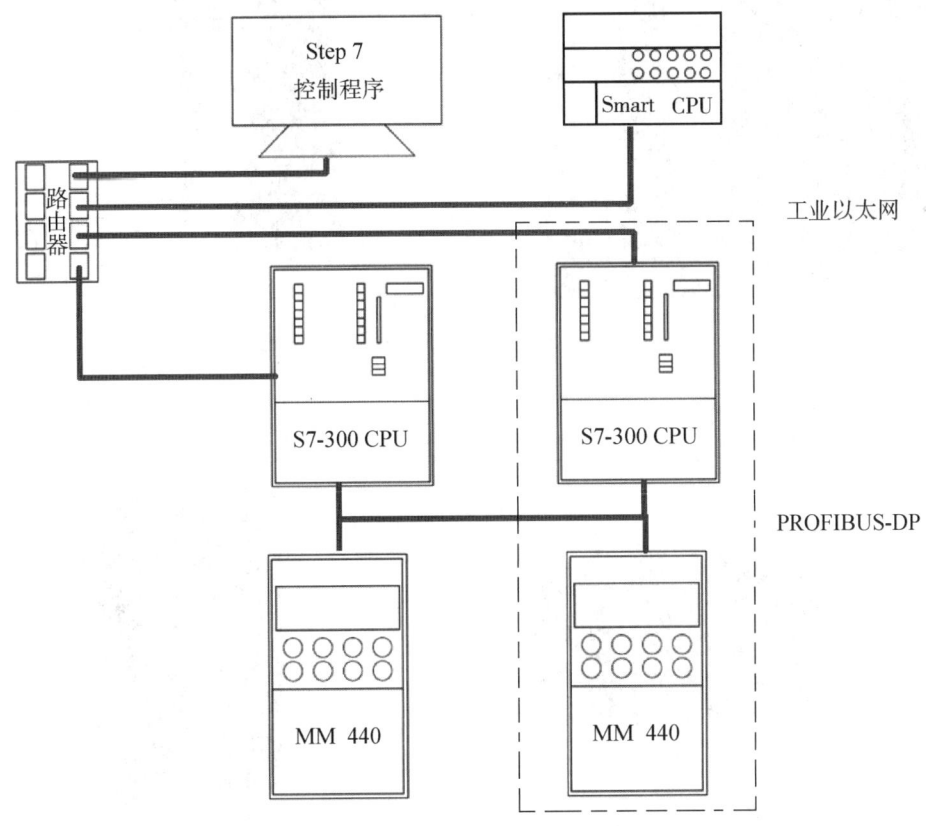

图 1 – 7 – 1 网络架构

三、学习任务准备

1. 知识技能准备

本学习任务应熟悉西门子 S7-300、Smart PLC，并能熟练编程，熟练使用西门子公司 SIMATIC STEP 7 编程软件；熟悉 MM440 变频器并能熟练设置参数；了解使用 PROFINET、PROFIBUS-DP 网络。

2. 器材、设备准备

①CPU 315-2PN/DP 1 套，Smart SR40 CPU 1 套，MM440 变频器（加装 DP 通信模板）1 台；②已安装 SIMATIC STEP 7 软件的 PC 1 台；③网络线 10m，水晶头 4 个，网络连接器 2 个，网络电缆 3m，网络压线钳 1 把；④PC/MPI 电缆 1 条，路由器 1 台；⑤万用表、工具等 1 套。

四、学习任务实施

学习任务 1　CPU 315-2PN/DP PLC 与 SmartSR40 PLC 的 PROFINET 通信

1. 硬件介绍

(1) CPU 315-2PN/PD 设备

该类型 PLC 具有 PROFIBUS-DP 及以太网通信接口功能，如图 1-7-2 所示。

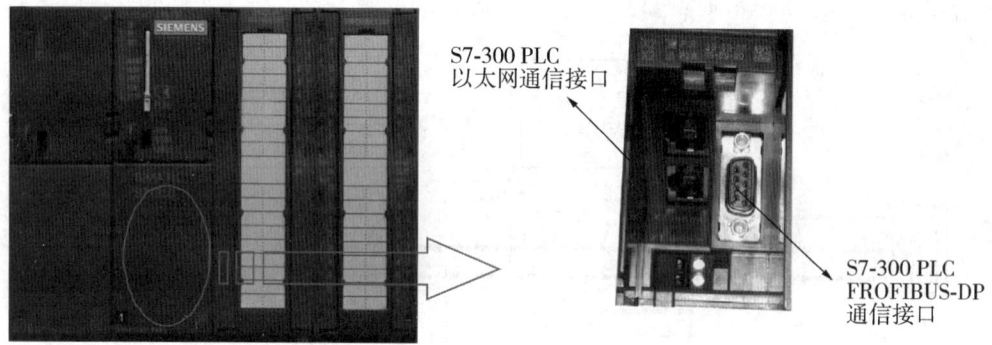

图 1-7-2　西门子 S7-315 PLC 通信口示意图

(2) CPU Smart SR40

该类型 PLC 具有 485 及以太网通信接口功能，如图 1-7-3 所示。

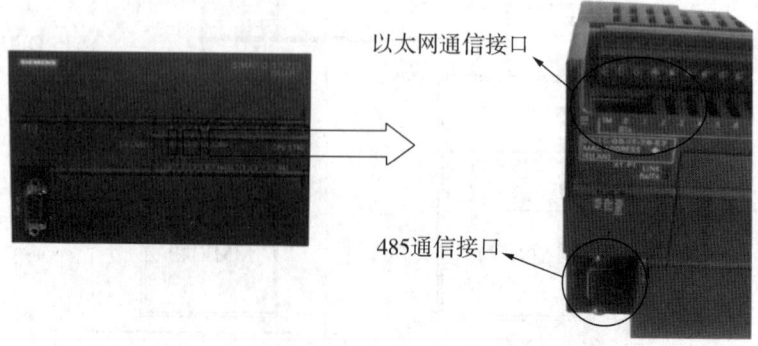

图 1-7-3　西门子 Smart PLC 通信口示意图

2. 硬件组态

（1）先配置 S7-300 PLC。

（2）在 STEP7 中建立一个新项目，项目名称为 S7-300-SMART，插入 S7-300 站，单击"SIMATIC 300(1)"，然后再双击"硬件"进入硬件组态环境，如图 1-7-4 所示。

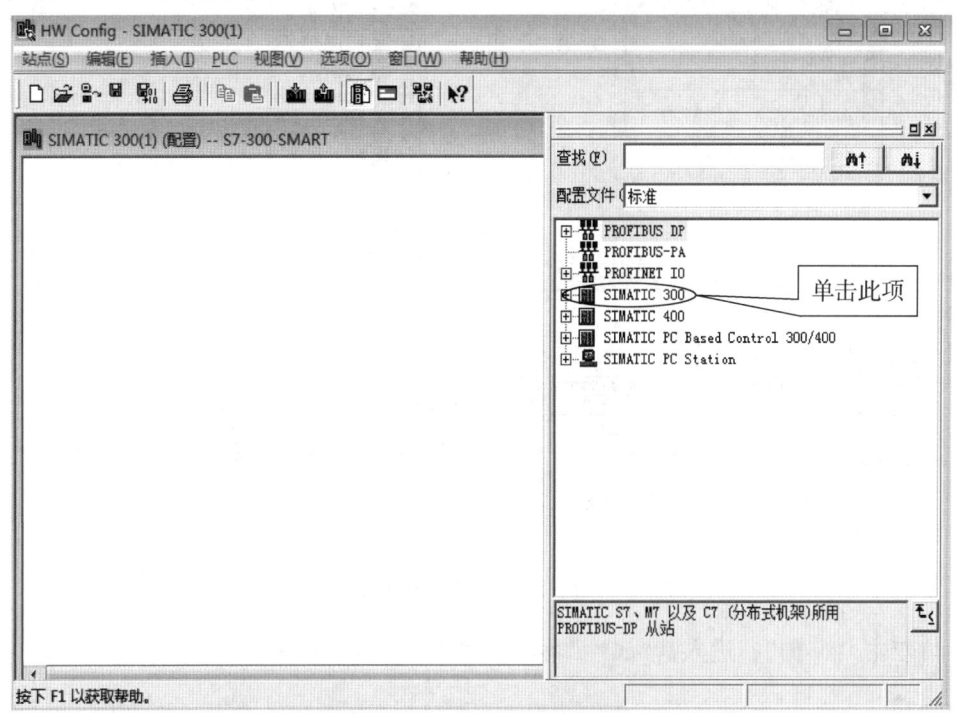

图 1-7-4　STEP 7 软件组态画面

（3）在硬件环境中，依次插入导轨、电源模块、CPU 模块、基本模块配置，如图 1-7-5、图 1-7-6 所示。

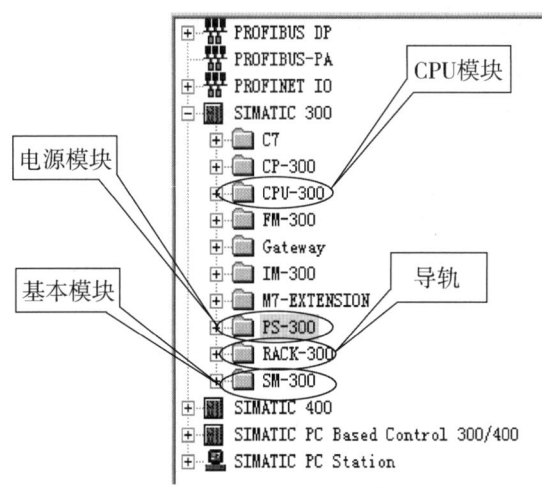

图 1-7-5　硬件组态画面

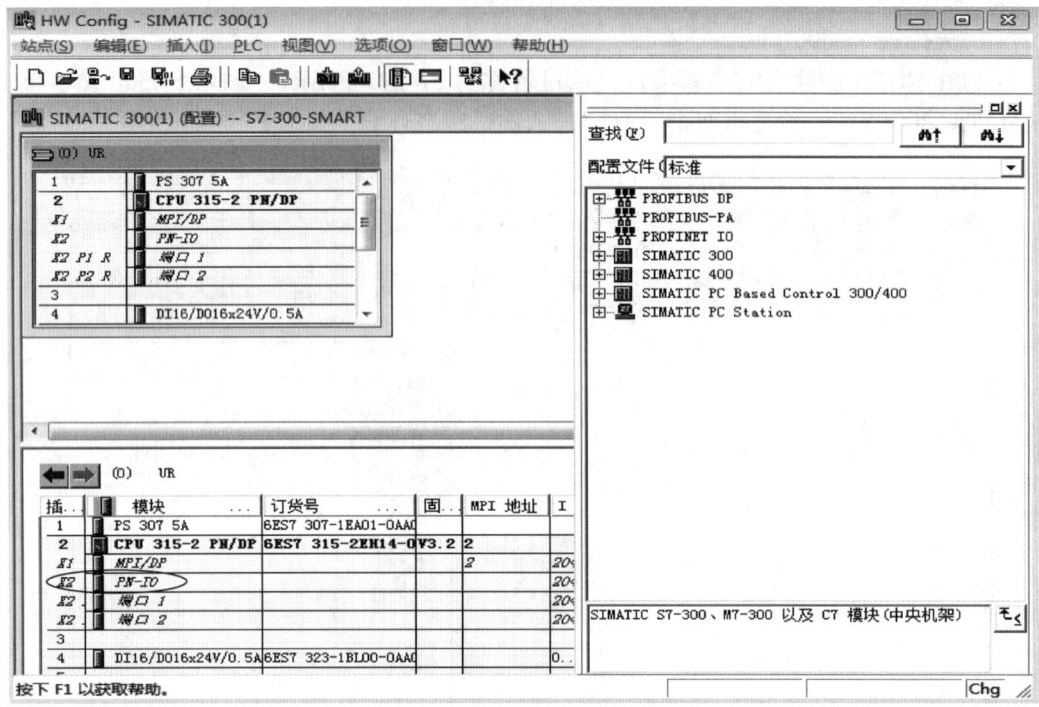

图 1-7-6　S7-300 PLC 硬件组态画面

(4) 双击"PN-IO",进入其"属性"界面,如图 1-7-7 所示。

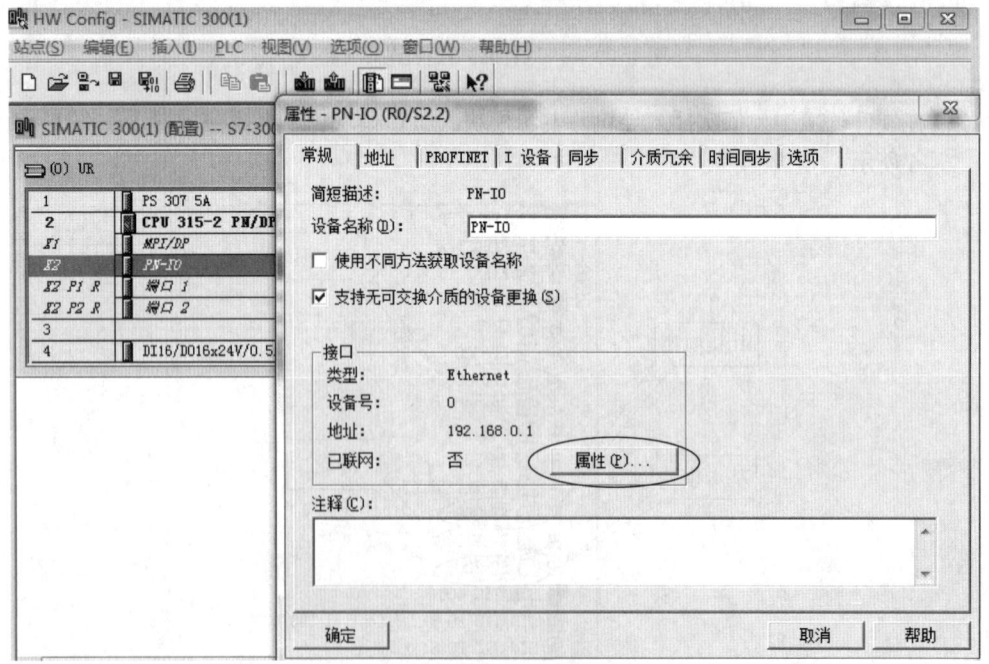

图 1-7-7　PN-IO 属性画面

(5) 单击"属性"按钮，进入"属性 – Ethernet 接口"界面，如图 1 – 7 – 8 所示。

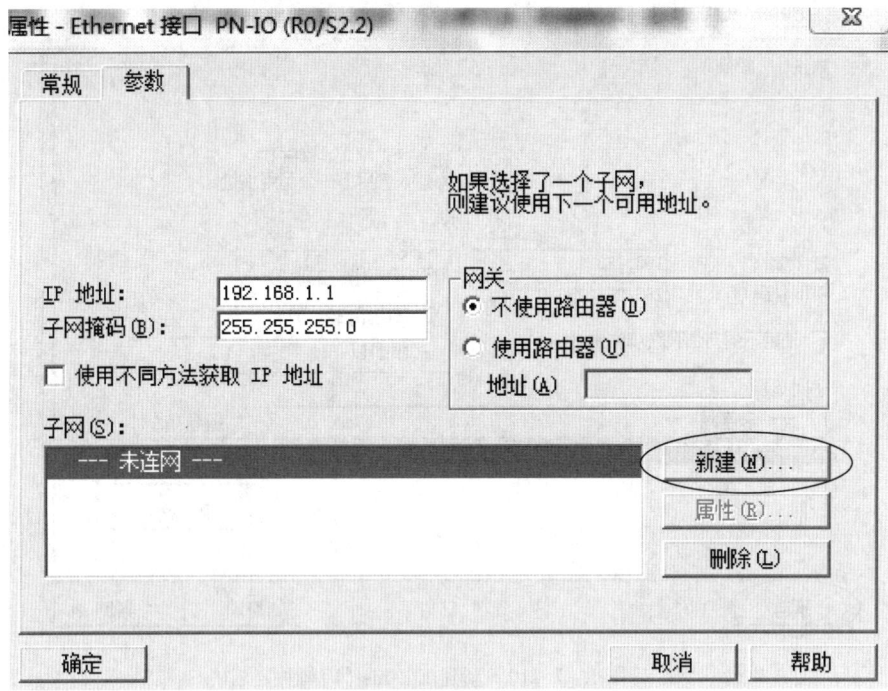

图 1 – 7 – 8　Ethernet 接口 PN-IO 属性画面

(6) 单击"新建"按钮，进入"新建子网"，如图 1 – 7 – 9 所示。

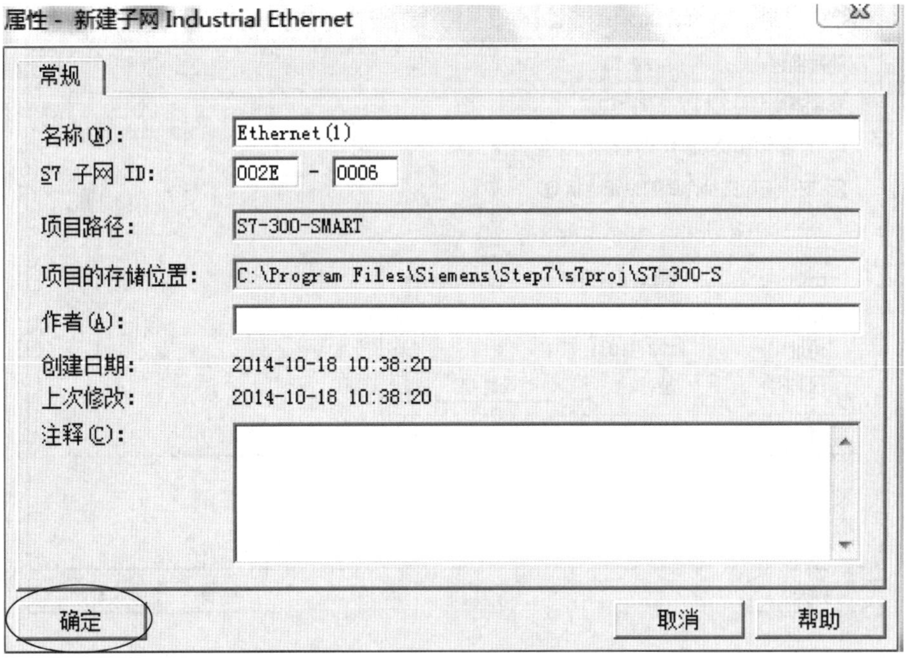

图 1 – 7 – 9　新建子网属性画面

(7) 单击"确定"按钮,子网内出现新建的"Ethernet(1)",如图 1-7-10 所示。

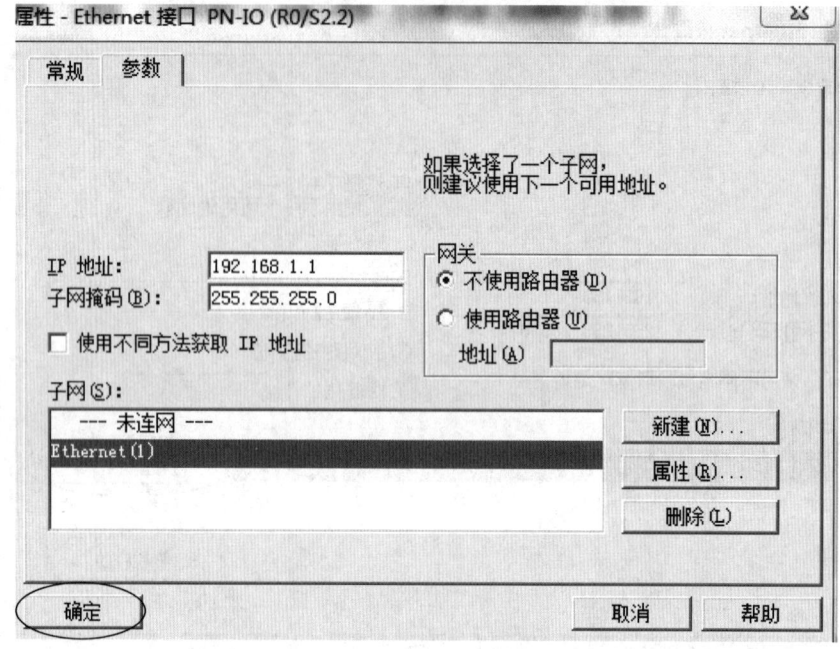

图 1-7-10　新建 Ethernet(1)画面

(8) 单击"确定"按钮,则"已联网"选项中的"否"变成"是",如图 1-7-11 所示。

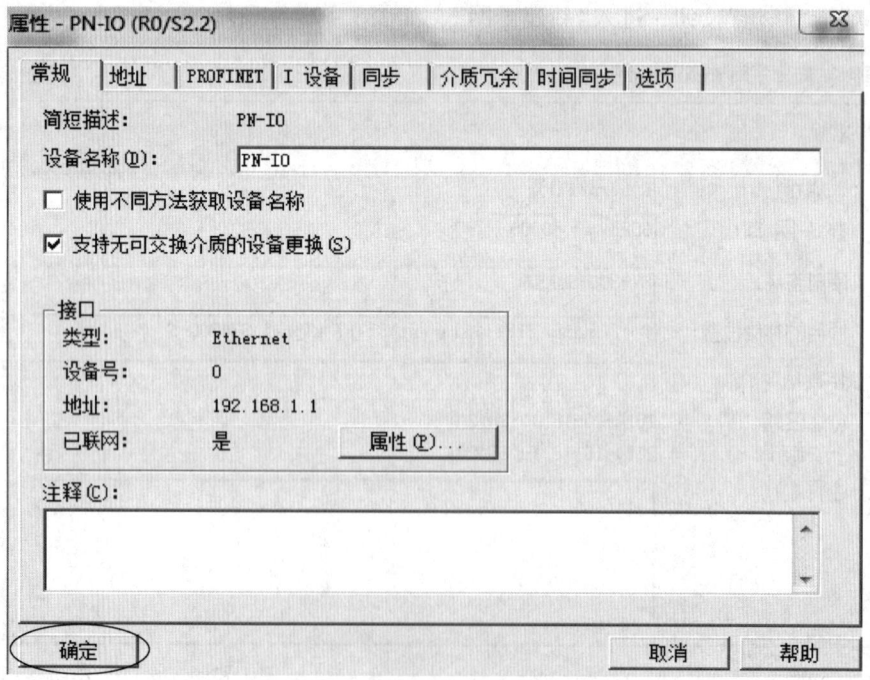

图 1-7-11　PN-PO 属性画面

(9) 单击"确定"后,单击下拉菜单"选项",进入"设置 PG/PC 接口",如图 1-7-12 所示。

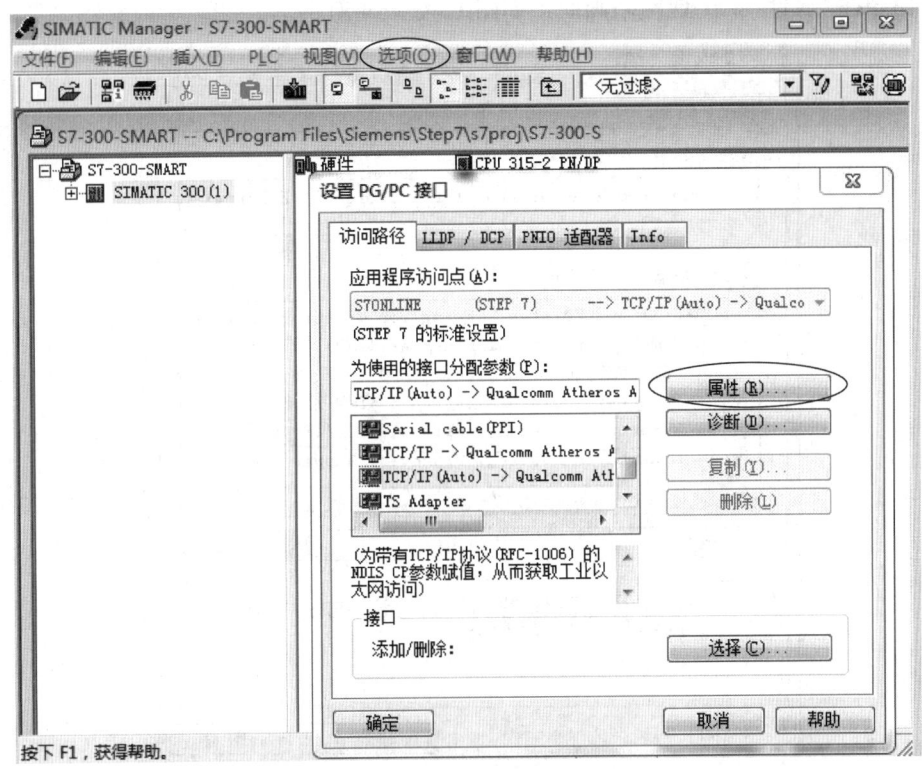

图1-7-12 设置 PG/PC 接口画面

(10)选择"TCP/IP(AUTO)→Qualcomm",单击"网络属性→本地连接2→属性"如图1-7-13所示。

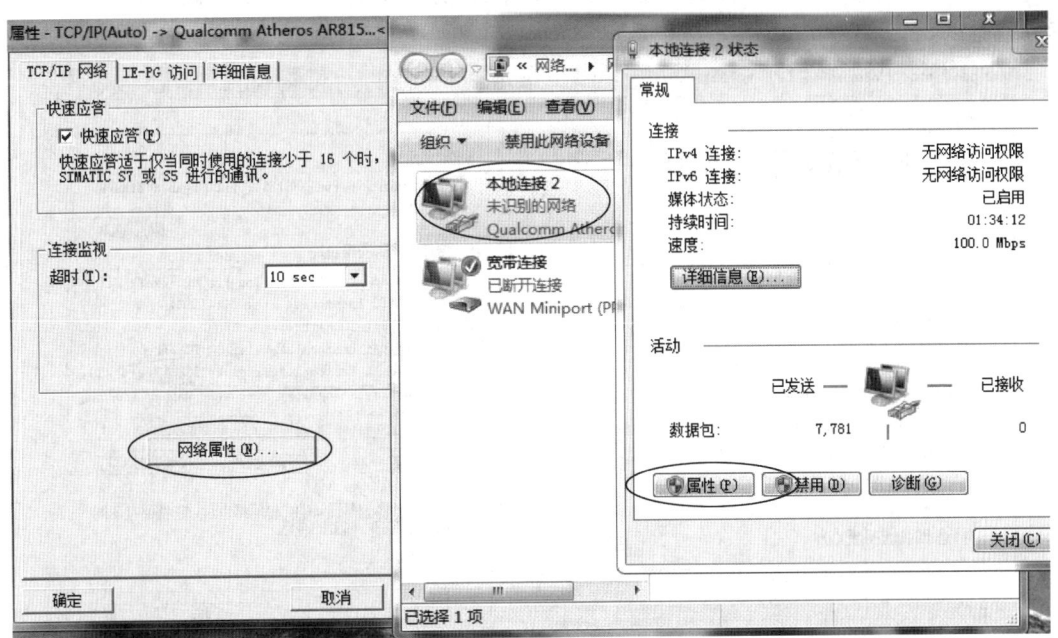

图1-7-13 本地连接2状态画面

(11) 单击"属性",出现网络画面,如图 1-7-14 所示。

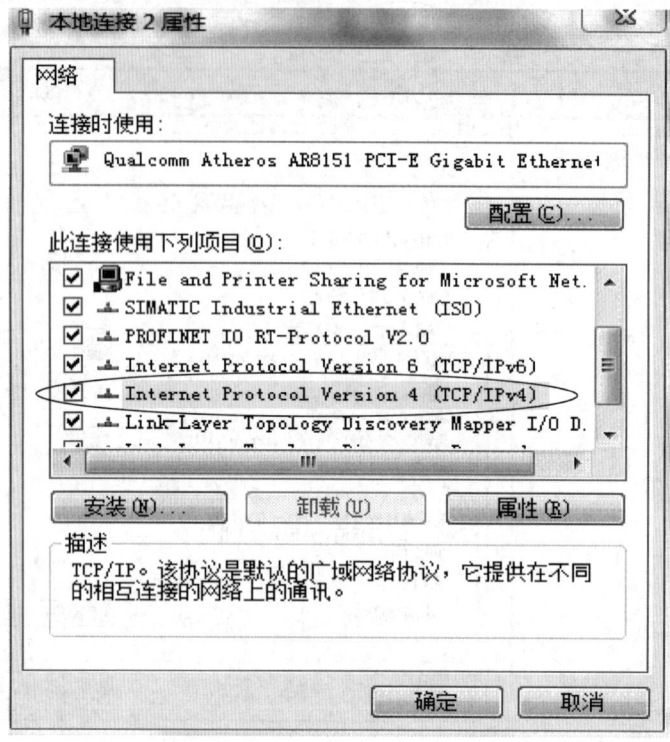

图 1-7-14 本地连接 2 属性画面

(12) 选择"Internet Protocol Version 4(TCP/IP)协议"并双击,出现其属性窗口,写入一个 IP 地址(与"Ethernet"中的 IP 在同一网段),然后单击各个窗口的"确定",如图 1-7-15 所示。

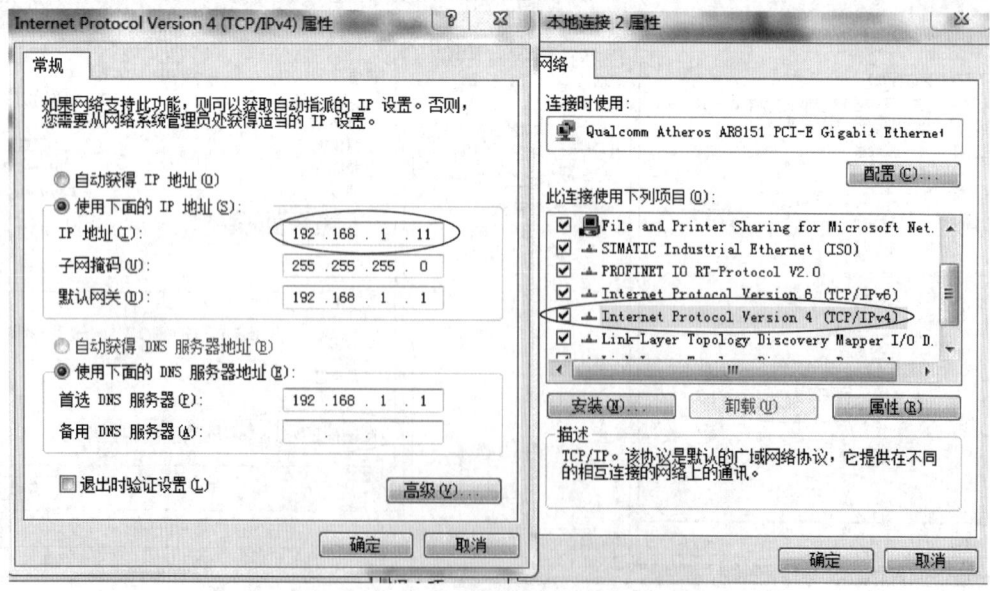

图 1-7-15 本地连接 IP 地址设置画面

(13) 进入页面下载,如图 1-7-16、图 1-7-17 所示。

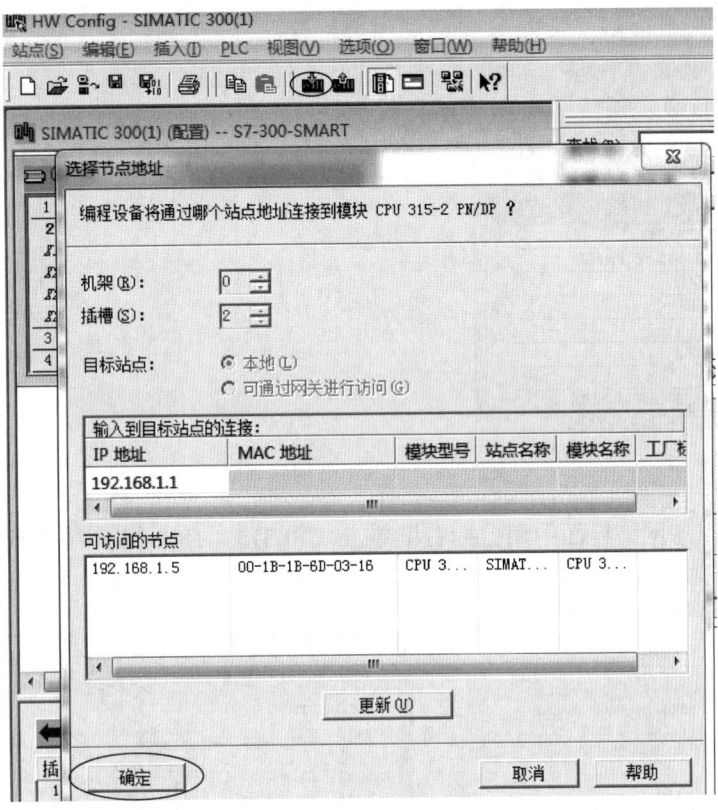

图 1-7-16　S7-300 PLC 与计算机连接下载画面

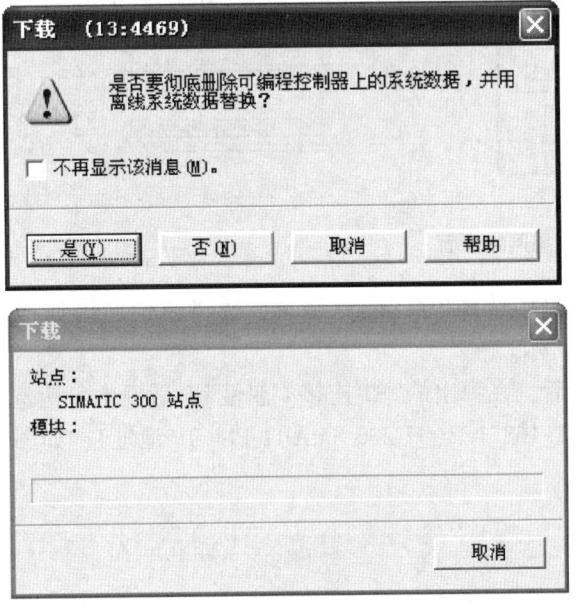

图 1-7-17　S7-300 PLC 与计算机连接下载画面

（14）在硬件组态界面中，单击 键，进入组态网络，如图 1 – 7 – 18 所示。

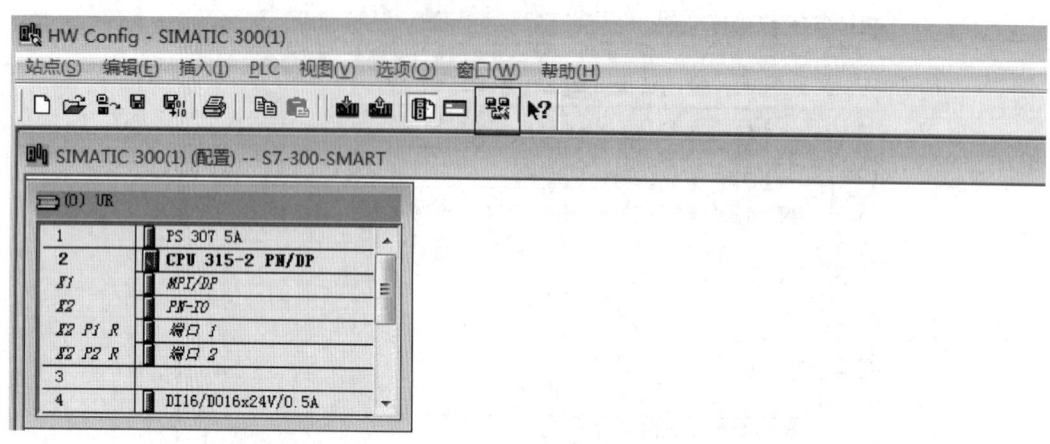

图 1 – 7 – 18　组态网络画面

（15）选中组态网络界面中用鼠标右键单击"CPU315 – 2PN/DP→插入新连接（C）"，如图 1 – 7 – 19、图 1 – 7 – 20 所示。

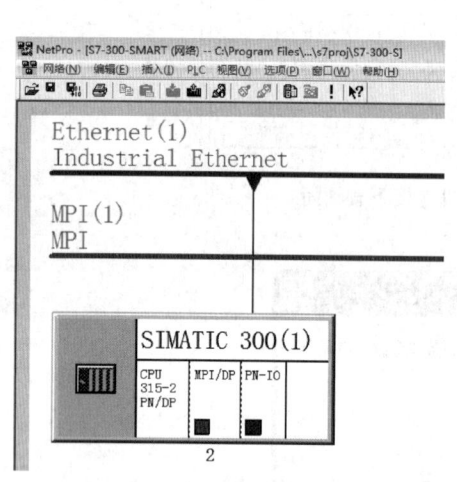 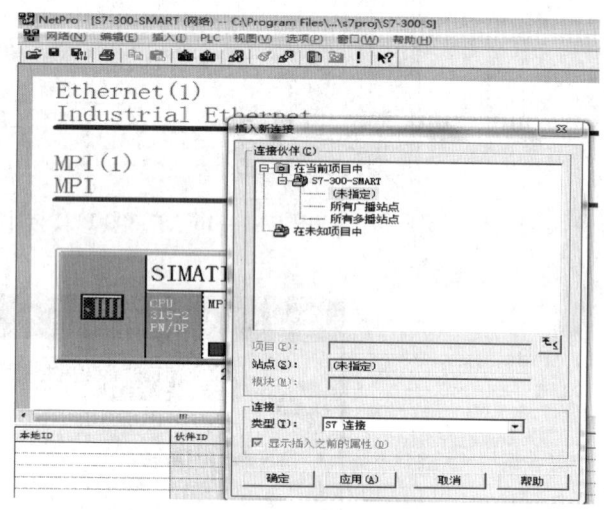

图 1 – 7 – 19　组态网络画面　　　　图 1 – 7 – 20　插入新的连接画面

（16）在"连接伙伴"中选择"未指定"站点，选择通信连接类型"S7 连接"，单击"应用"，如图 1 – 7 – 21 所示。

（17）单击"应用"后，在弹出的"S7 连接 – 属性"对话框中，钩选"建立主动连接"设置伙伴中的 IP 地址：192.168.1.2（S7-200 SMART PLC IP 地址），如图 1 – 7 – 22 所示。

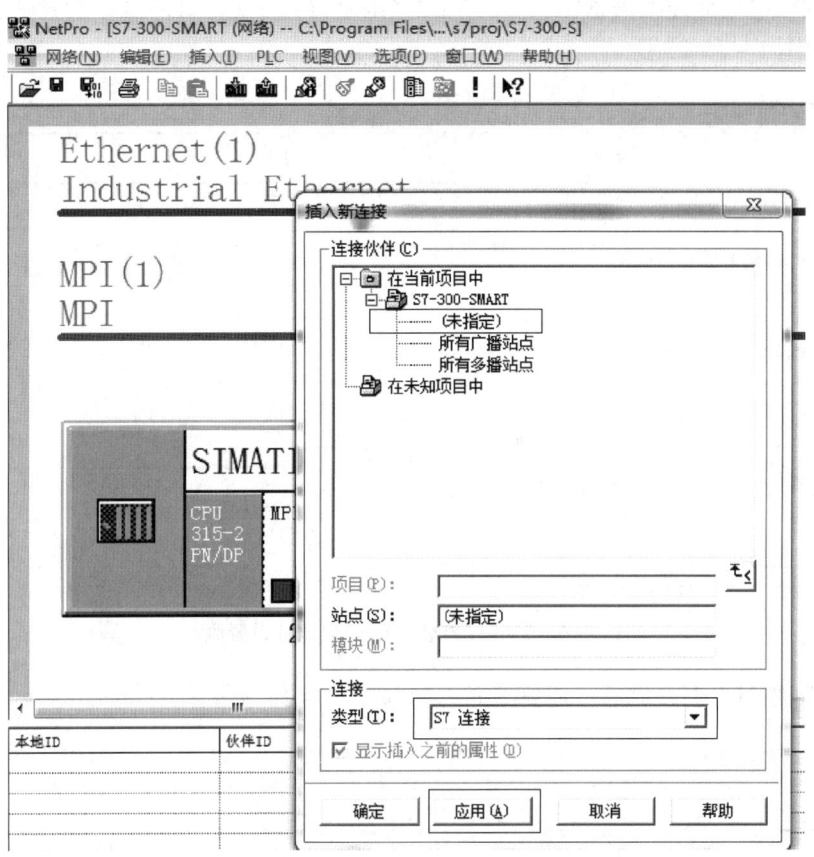

图 1-7-21　插入新的连接配置设置画面

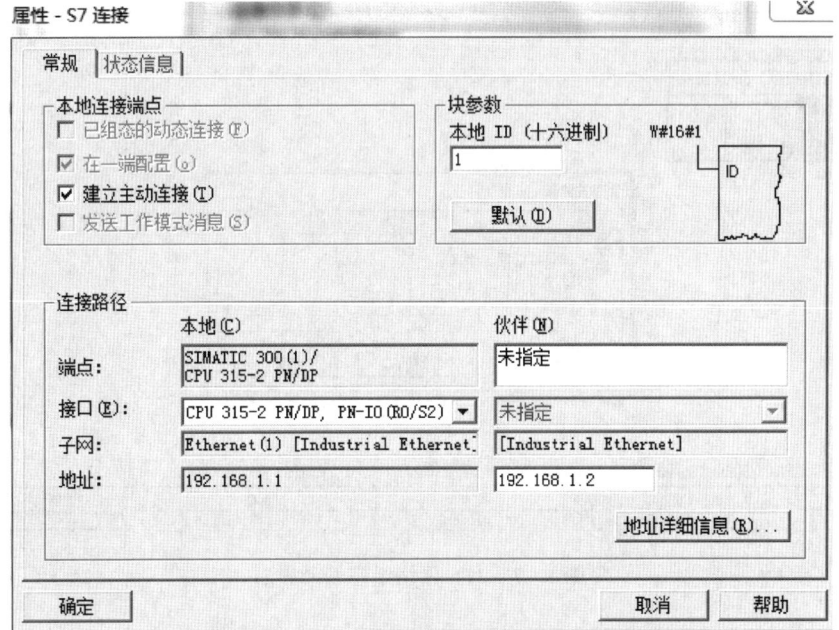

图 1-7-22　S7-连接属性设置画面

(18)单击"地址详细信息"后,在弹出的"地址详细信息"对话框中设置伙伴的详细地址信息,如图 1-7-23 所示。

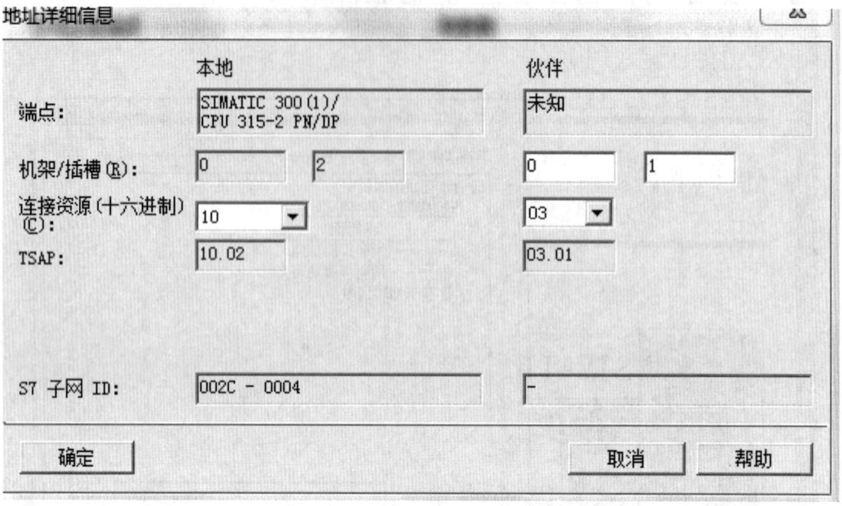

图 1-7-23 连接伙伴的详细地址设置画面

(19)网络组态创建完后,需要编译,如图 1-7-24 所示。

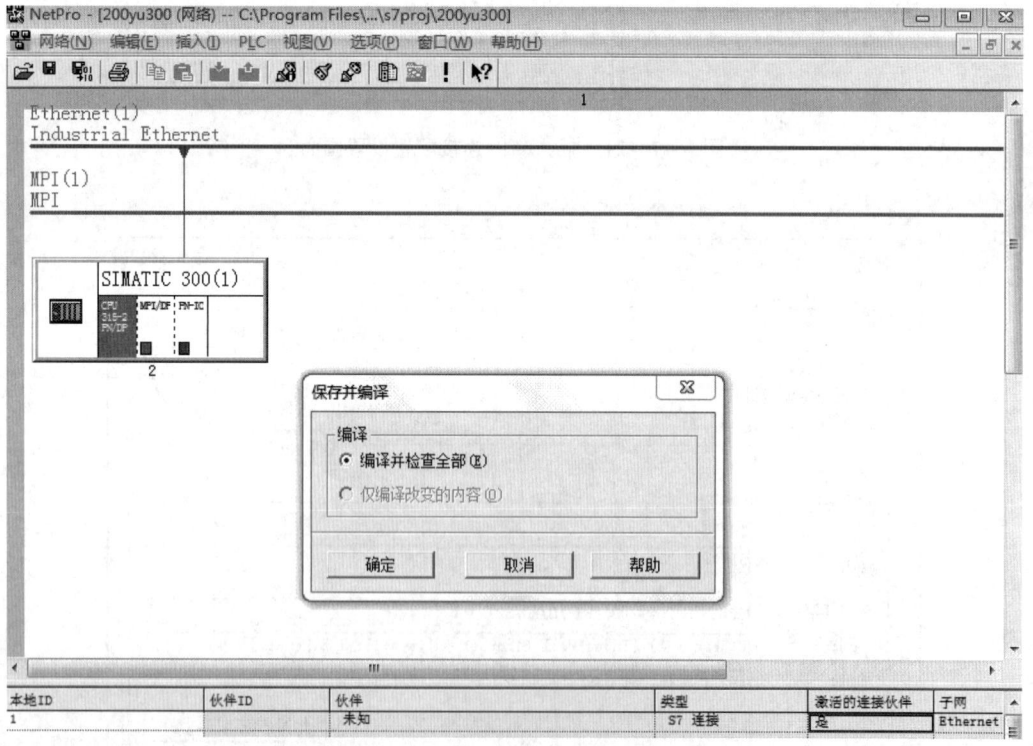

图 1-7-24 网络组态编译界面

(20) 网络组态编译无错，先单击"CPU 315 – 2PN/DP"，然后单击下载网络组态，步骤如图 1 – 7 – 25 所示。

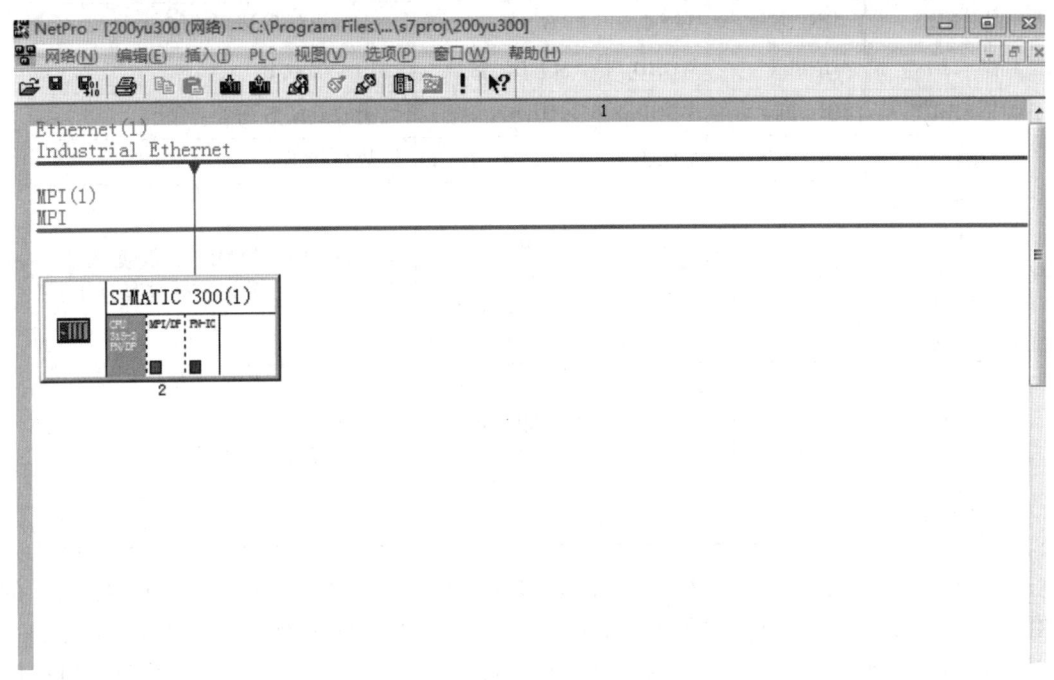

图 1 – 7 – 25　网络组态下载画面

(21) 软件编程：可以通过功能模块 FB/14"GET"，从远程 CPU 中读取数据。

通过功能模块 FB/15"PUT"，可以将数据写入到远程 PLC。

打开 SIMATIC 315PLC-SMART 的 OB1，在 OB1 中依次调用 FB14、FB15，如图 1 – 7 – 26、表 1 – 7 – 1 所示。

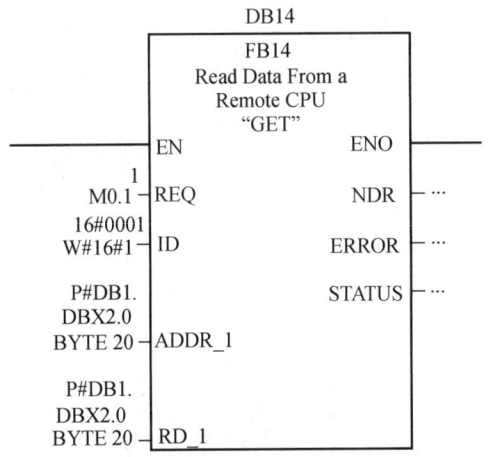

图 1 – 7 – 26　从 SMART200 CPU 中读取数据程序

表1-7-1 FB14 功能模块参数说明

参数	描述	数据类型	存储区	描述
REQ	INPUT	BOOL	I、Q、M、D、L	上升沿触发调用功能块
ID	INPUT	WORD	M、D、常数	地址参数 ID
ERROR	OUTPUT	BOOL	I、Q、M、D、L	接收到新数据
STATUS	OUTPUT	WORD	I、Q、M、D、L	故障代码
S7-300：ADDR_1 S7-400：ADDR_i （1≤i≤4）	IN_OUT	ANY	M、D I、Q、M、D、T、C	从 S7-200 SMART 的数据地址中读取数据；V 区数据对应 DB1
S7-300：RD_1 S7-400：RD_i （1≤i≤4）	IN_OUT	ANY	S7-300：M、D S7-400 I、Q、M、D、T、C	本站接收数据地址

(22) 图1-7-27、图1-7-28、表1-7-2中程序实例：把 S7-200 SMART PLC 的 VB2～VB21（共 20 个字节）中的数据读取到 S7-300 PLC 的 DB1.DBX2.0～DB1.DBX21.0 变量中（共 20 个字节），S7-200 SMART PLC 的 VB2 区的变量对应的为 S7-300 PLC 的 DB1.DBX2.0 的变量（字节），监控如图1-7-27所示。

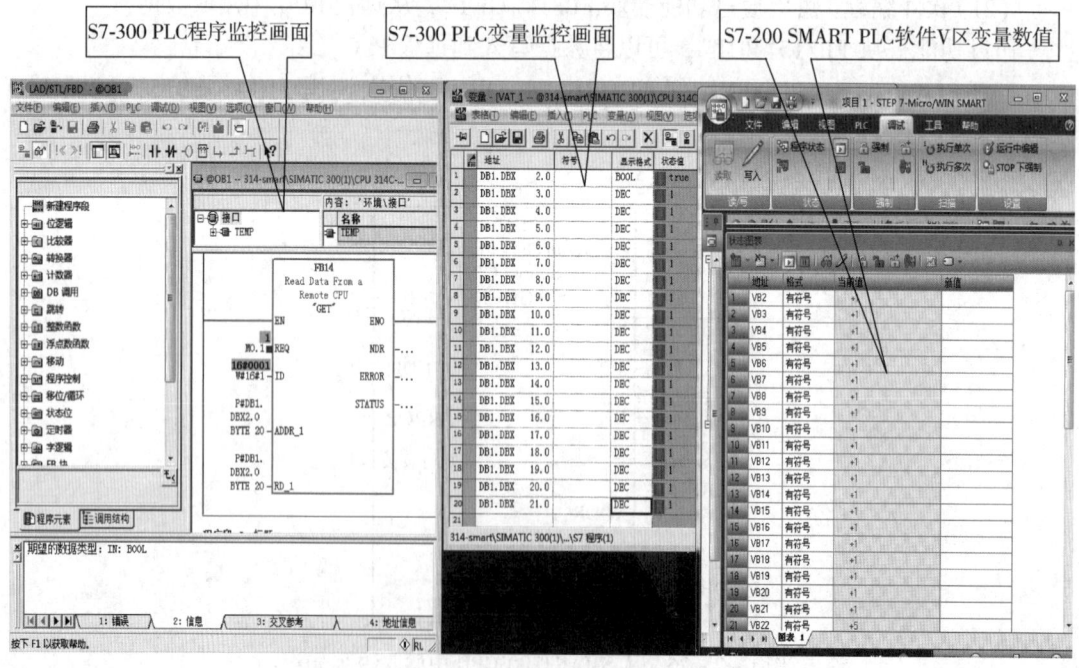

图1-7-27 从 S7-200 SMART PLC 中读取数据到 S7-300 PLC

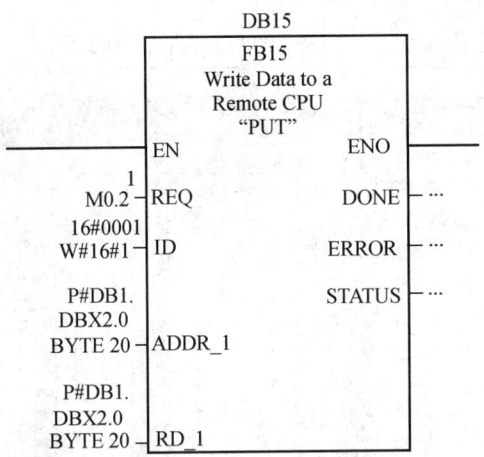

图 1-7-28 将数据写入到远程 PLC 程序

表 1-7-2 FB15 功能参数说明

参　数	描述	数据类型	存储区	描　述
REQ	INPUT	BOOL	I、Q、M、D、L	上升沿触发调用功能块
ID	INPUT	WORD	M、D、常数	地址参数
DONE	OUTPUT	BOOL	I、Q、M、D、L	为 1 时，发送完成
ERROR	OUTPUT	BOOL	I、Q、M、D、L	为 1 时，有故障发生
STATUS	OUTPUT	WORD	I、Q、M、D、L	故障代码
S7-300：ADDR_1 S7-400：ADDR_i ($1 \leq i \leq 4$)	IN_OUT	ANY	M、D I、Q、M、D、T、C	从 S7-200 SMART 的数据地址中读取数据；V 区数据参应 DB1
S7-300：RD_1 S7-400：RD_i ($1 \leq i \leq 4$)	IN_OUT	ANY	S7-300：M、D S7-400 I、Q、M、D、T、C	本站接收数据地址

(23) 图 1-7-29 中程序实例：把 S7-300 PLC 中的 DB1. DBX2.0 ~ DB1. DBX21.0 变量中 (共 20 个字节) 中的数据写入到 S7-200 SMART PLC 的 VB2 ~ VB21 (共 20 个字节)，S7-200 SMART PLC 的 VB2 区的变量对应的为 S7-300 PLC 的 DB1. DBX2.0 的变量 (字节)。

3. 程序下载调试

最后把组态好的编译存盘并下载到 S7-300 CPU 中去，运行 PLC 完成通信设置。**注：Smart PLC 不需要编写通信程序**。

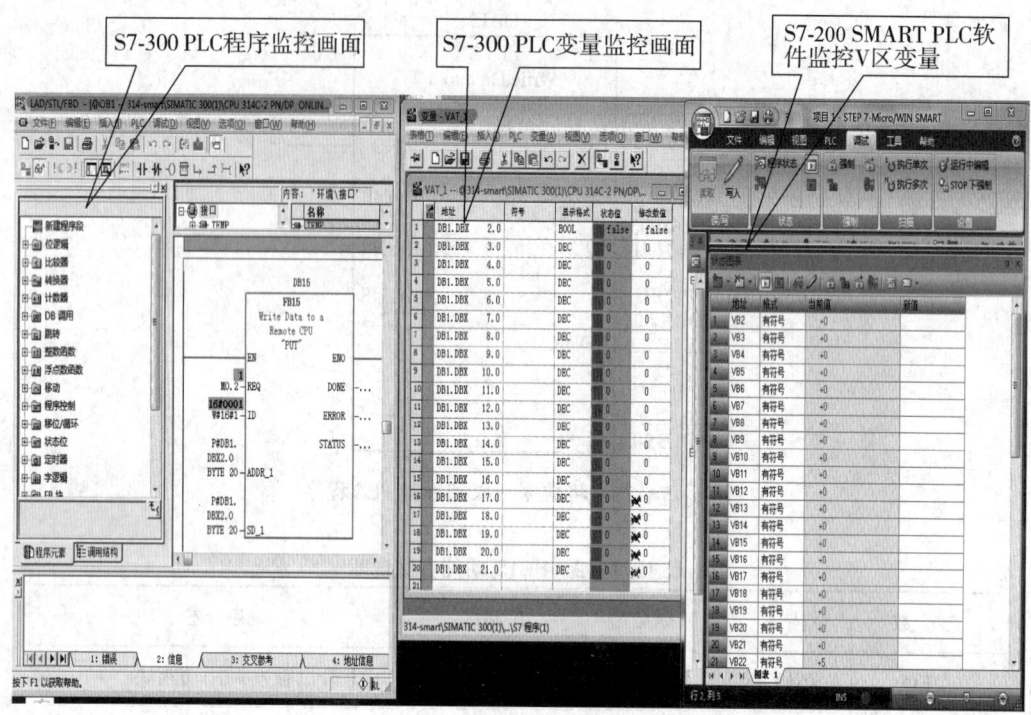

图 1-7-29 从 S7-300 PLC 中写入数据到 S7-200 SMART PLC

学习任务 2　CPU 315-2PN/DP PLC 与 MM440 变频器的 PROFIBUS-DP 通信

1. 网络电缆制作

把网络电缆和网络连接器按图 1-7-30、图 1-7-31 所示连接。

图 1-7-30　网络连接器

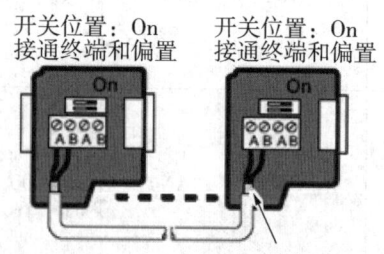

图 1-7-31　网络连接线缆示意图

2. MM440 变频器设备介绍

（1）MM440 变频器属于多功能标准型，能提供低速高转矩输出及良好的动态性能，具备超强的过载能力；变频器的使用必须根据负载及控制方式进行参数设置，设置参数需要用操作面板来完成；操作面板功能如图 1-7-32 所示。具体参数设置方法参考变频器使用手册。

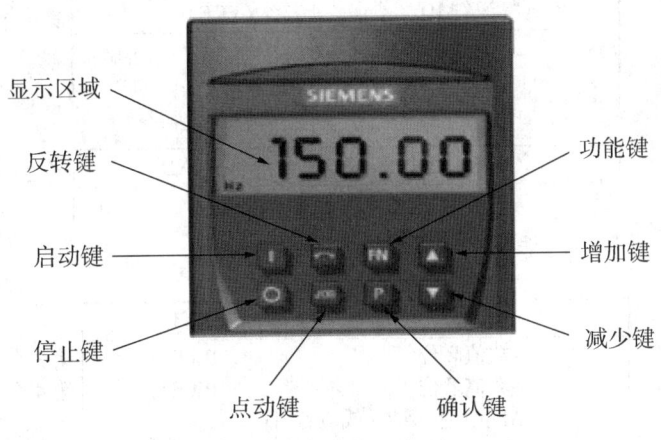

图 1-7-32 变频器操作面板功能

(2) 要实现变频器与 PLC 的 PROFIBUS-DP 通信需要在变频器上加装 DP 通信板,并进行一些必要的通信参数设置;与通信相关的参数由 P0003 和 P0004 确定,如表 1-7-3 所示。

表 1-7-3 变频器通信设置

P0003/P0004	参数	内 容	缺省值	设置值	说 明
2/20	P0918	PROFIBUS 地址	3	4	地址值为 4
3/7	P719	命令和频率设定值的选择	0	0	命令和设定值都使用 BICO
2/20	P927	参数修改设置	15	15	使能 DP 接口,更改参数

(3) MM440 周期性数据通信报文有效数据区域由两部分构成,即 PKW 区(参数识别 ID-数值区)和 PZD 区(过程数据)。PKW 区最多占用 4 个字,即 PKE 区(参数标识符值,占用 1 个字)、IND(参数的下标,占用 1 个字)、PWE1 和 PWE2(参数数值,占用 2 个字),PKW 区字的含义如图 1-7-33、图 1-7-34 所示。PKW 区用于读写参数值,PZD 区用于控制字和设定状态信息和实际值,如变频器的启停等。S7-300 使用功能 SFC14 和 SFC15 读取和修改参数需要占用 4 个 PKW。

PKW				PZD					
PKE	IND	PW1	PW2	PZD1 STW1 ZSW1	PZD2 HSW HIW	PZD3	PZD4	PZD5	PZD6

图 1-7-33 MM440 变频器通信报文区域图

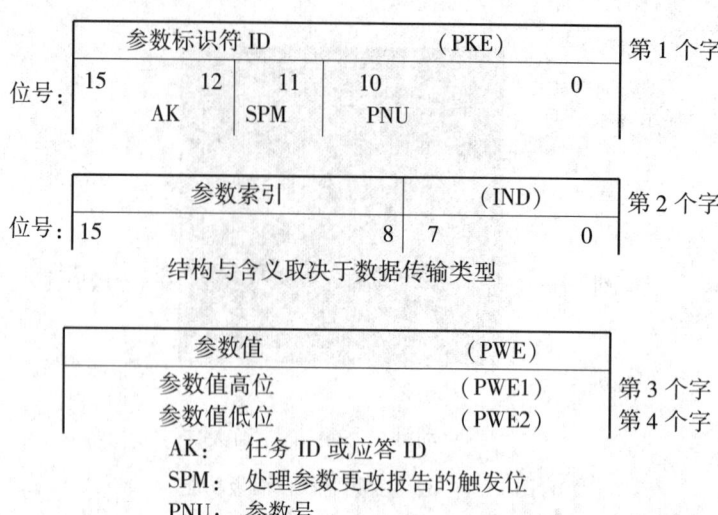

图1-7-34　MM440变频器通信报文功能图

(4) 在 PROFIBUS-DP 上用周期性数据通信控制变频器的有效数据结构,成为参数过程数据对象(PPO)。在 PROFIBUS-DP 网络中主站设定为 PPO 模式,则主站 PLC 对从站变频器进行数据输入与输出,并且只有 PKW 4 个字和 PZD1 与 PZD2 的数据有效。PKW 中的数据可以设定与读取变频器的参数值;PZD1 和 PZD2 可以控制变频器的运行,包括改变变频器的运行输出频率、启停等。

3. 主站组态

(1) 先配置 S7-300 主站。

(2) 建立项目"S7-300 主站",插入 S7-300 站,再双击"硬件",进入硬件组态环境,如图 1-7-35 所示。

图1-7-35　STEP 7 软件组态画面

(3) 在硬件环境中,依次插入导轨、电源模块、CPU 模块、接口模块、功能模块和信号模块,如图 1-7-36 和图 1-7-37 所示。

第一篇 基本技能篇 141

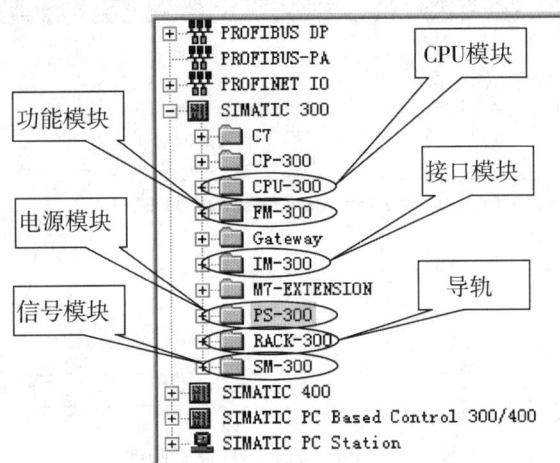

图1-7-36 硬件组态画面

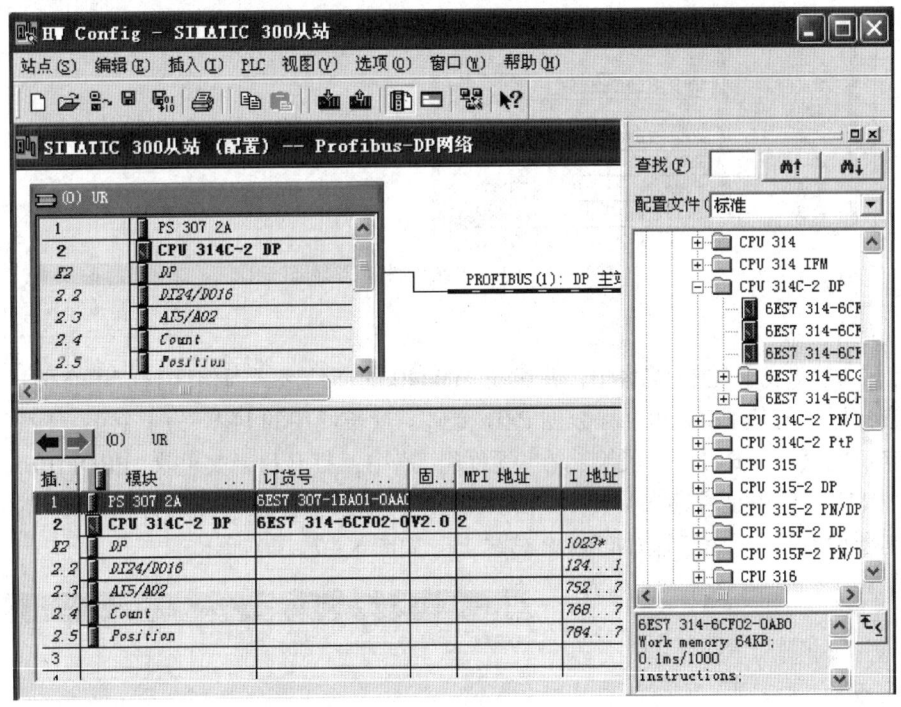

图1-7-37 主站硬件组态画面

(4) 在放入 CPU 模块时，会出现"属性－PROFIBUS 接口"对话框，选择 S7-300 主站的地址，单击"属性"可以修改传输波特率，如图 1-7-38 所示。

(5) 组态的 S7-300 默认是主站系统，如图 1-7-39 所示。

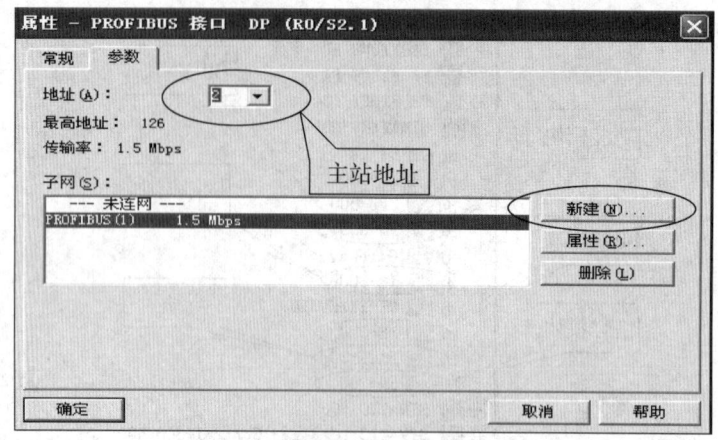

图 1-7-38 地址属性设置画面

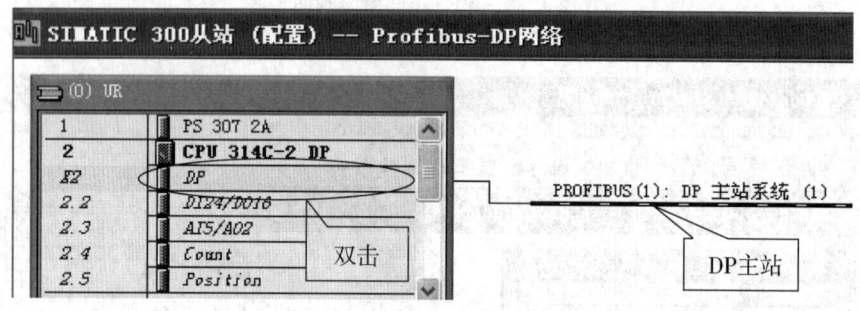

图 1-7-39 主站硬件组态画面

4. 从站组态

(1) 在 DP 总线上挂上 MM440，并组态 MM440 的通信区，通信区与应用有关；通信数据通过参数标识符值 PKW 和过程数据 PZD 传递，最长使用的 PKW 为 4 个字，PZD 为 2 个字的固定长度报文，即 PPO1 类型；在"硬件组态"中，打开目录文件夹"PROFIBUS DP"的"SIMOVERT"，检查是否存在"MICROMASTER4"，如果不存在，可以将 MM440 的 GSD 文件导入到硬件目录中，然后添加到 DP 总线上，如图 1-7-40 所示。

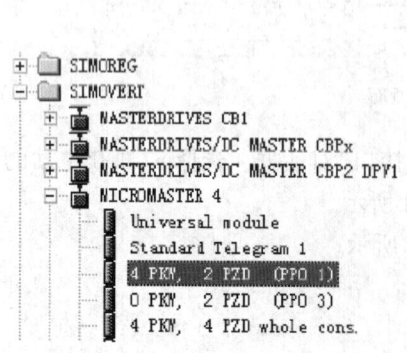

图 1-7-40 从站组态配置

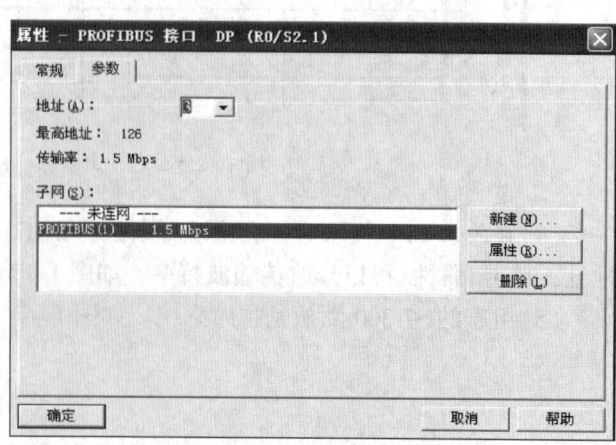

图 1-7-41 从站组态配置

（2）硬件配置会提示输入一个总线地址，如图 1-7-41 所示，选择地址为 3；然后选择"0 PKW，2 PZD(PPO 3)"添加到从站中，如图 1-7-42 所示。

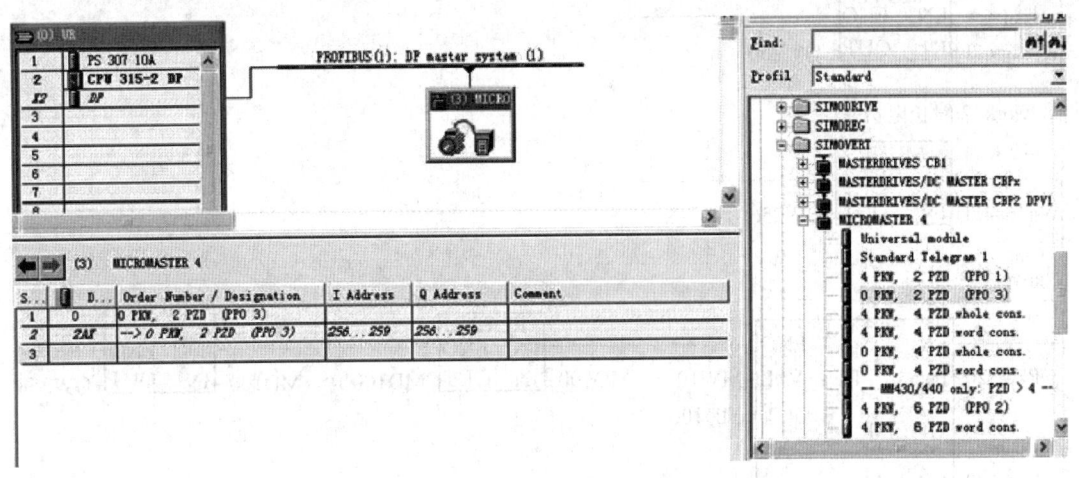

图 1-7-42　从站组态配置

5. PLC 与变频器之间的数据传输

从 PLC 的输出数据通道将控制字和速度设定值发送到变频器；变频器中的状态字和实际值通过 PLC 的输入通道从变频器发送给 PLC。数据传输如图 1-7-43 所示。

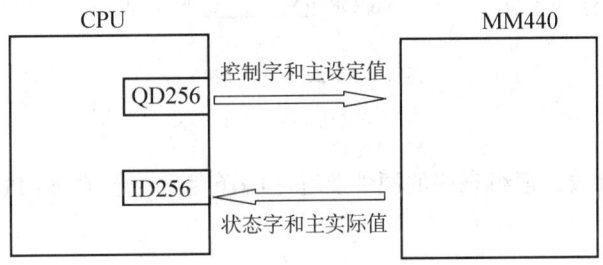

图 1-7-43　主站与从站数据传送

6. 程序编写

本例 PLC 选择以 PPO3 模式控制 MICROMASTER。从 PLC 到变频器有两个输出字 PZD1 和 PZD2，它们对应控制字 STW1 和 HSW，从 S7 程序中用 QW 输出到变频器 PROFIBUS DP 通信模板中；PLC 通过 STW1 控制字就可以控制变频器的启停；同理变频器通过 HSW 字把数据传送给 PLC。

参考程序如图 1-7-44 所示。

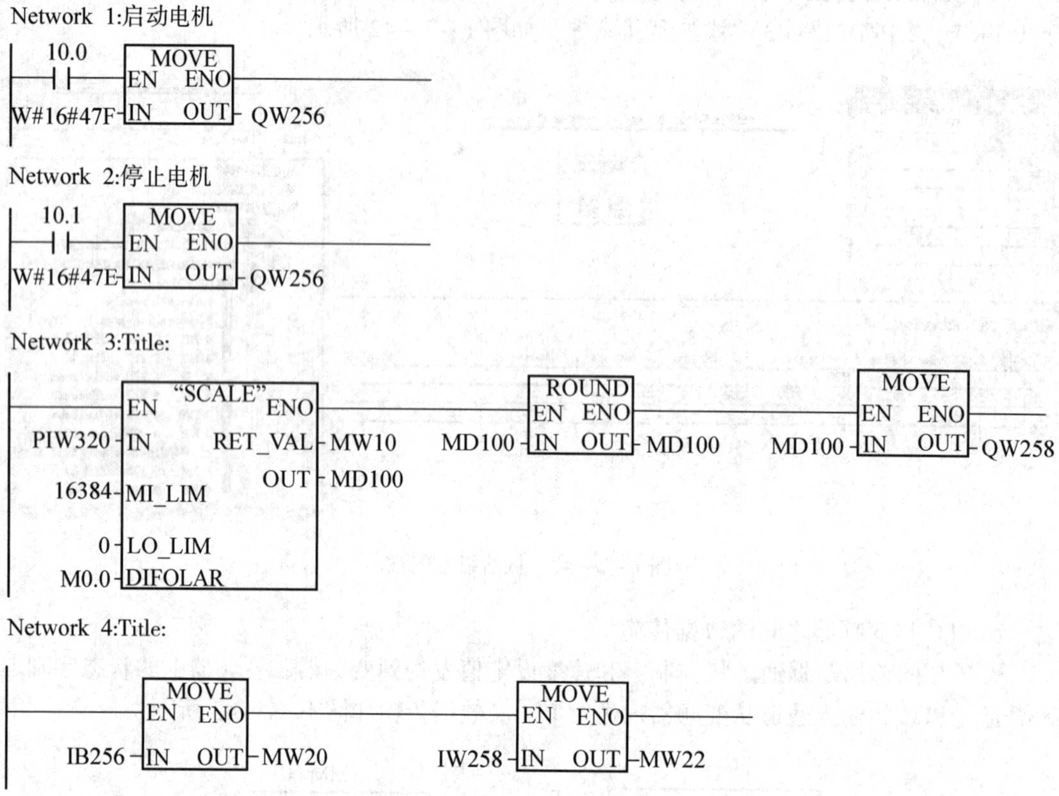

Network 1:启动电机

```
   I0.0        MOVE
───┤ ├───────EN   ENO──────────
           W#16#47F─IN  OUT─QW256
```

Network 2:停止电机

```
   I0.1        MOVE
───┤ ├───────EN   ENO──────────
           W#16#47E─IN  OUT─QW256
```

Network 3:Title:

```
          "SCALE"              ROUND              MOVE
       ──EN      ENO──      ──EN   ENO──       ──EN   ENO──
PIW320 ──IN   RET_VAL─MW10  MD100─IN  OUT─MD100  MD100─IN  OUT─QW258
 16384 ──HI_LIM  OUT─MD100
     0 ──LO_LIM
  M0.0 ──DIFOLAR
```

Network 4:Title:

```
         MOVE                    MOVE
      ──EN   ENO──             ──EN   ENO──
IB256 ──IN   OUT──MW20   IW258 ──IN   OUT──MW22
```

图 1-7-44 参考程序

7. 运行

设置好变频器参数，把组态好的硬件及程序编译存盘并下载到 CPU 中运行。

工作项目八　工业机器人轨迹编程和搬运编程实施

学习任务1　工业机器人的轨迹编程

一、情景描述

工业机器人的轨迹编程是实现工业机器人弧焊、等离子切割、激光切割、水切割等等应用的基础。只要掌握了工业机器人轨迹编程的技巧就可以轻松应对弧焊等应用的轨迹编程需要。

二、控制要求

图1-8-1、图1-8-2所示分别为机器人描轨工件和夹具。本任务要求通过编写机器人程序和参数调试，使机器人自动运行时能够让描轨夹具的笔尖沿着描轨工件中的三角形和圆形图案外沿运动。

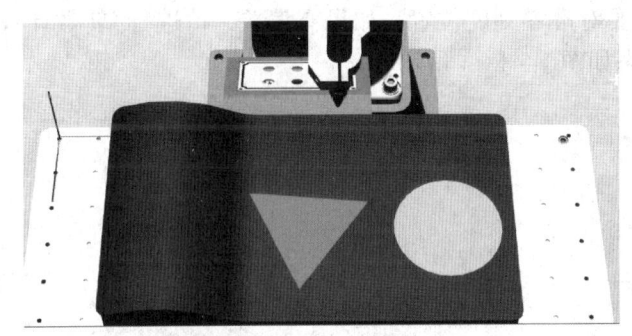　

图1-8-1　机器人描轨工件　　　　　图1-8-2　机器人描轨夹具

三、任务准备

1. 知识和技能准备

本任务主要应用了运动指令、赋值指令、条件逻辑判断指令及其它常用指令，ABB工业机器人示教器的应用，机器人单轴操作运动和编程调试方法等，详见《工业控制新技术教程》之ABB工业机器人相关内容。

2. 设备与器材

①ABB机器人IRB120 1套；②机器人描轨工件1个；③机器人描轨夹具1个；④安装平台1个。

四、任务要求

(1)根据设计要求,对机器人各部分进行线路连接。
(2)接通电源,等待机器人系统启动完成,并确认状态正常。
(3)掌握工业机器人轨迹编程的思路和方法。
(4)掌握工业机器人调试步骤和方法。

五、任务实施

(1)工业机器人的基本接线如图1-8-3所示,根据图中所示接线原理,对机器人控制、本体及示教器进行接线。

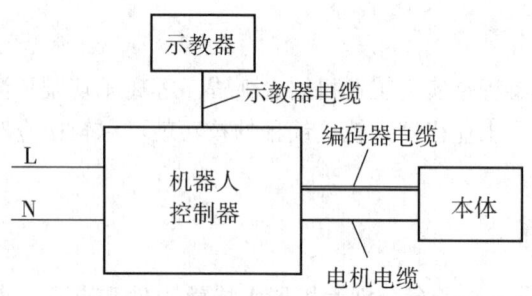

图1-8-3 ABB机器人接线示意图

(2)根据操作要求,使用示教器,在手动状态下,使用单轴运动的模式确认机器人6个轴的机械原点位置,每一个轴都要对准零刻度位置,如果有偏差,请进行"转数计数器更新"的操作。机器人机械原点姿态如图1-8-4所示。

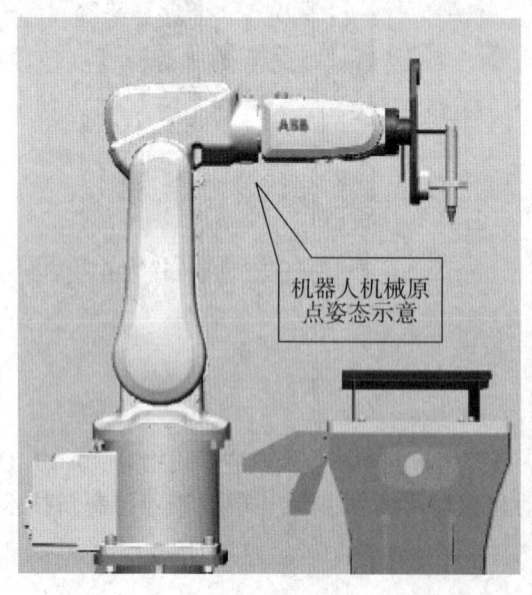

图1-8-4 机器人机械原点姿态示意图

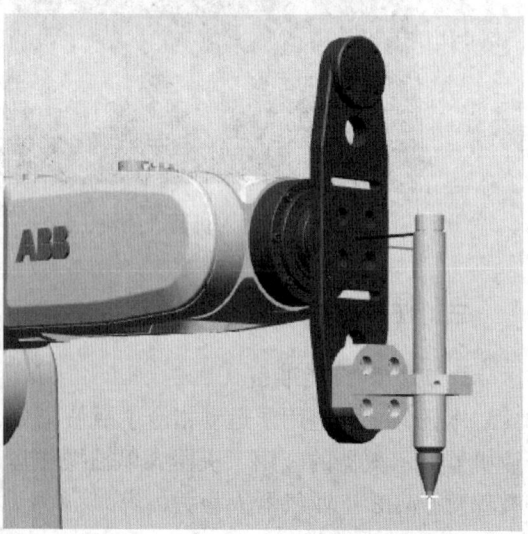

图1-8-5 机器人工具坐标示意图

3. 设定机器人工具数据 TOOLDATA

(1)将机器人切换到手动状态下。

(2)在手动操纵画面下,点击"工具坐标"—"新建"一个新的工具坐标,如图 1-8-5 所示。

(3)使用 4 点加 X、Z 方向方法进行工具坐标的设定。

4. 准确设定工具的重量与重心

(1)在示教器中,打开"程序编辑器"—"调试"—"调用例行程序"—"LOADIDENTIFY"。

(2)执行"LOADIDENTIFY"程序,按照提示完成测定的过程。

(3)保存测定的结果到指定的 TOOLDATA 中去。

5. 设定工作台的工件坐标系

(1)将机器人切换到手动状态下。

(2)在手动操作画面下,点击"工件坐标"—"新建"一个新的工件坐标,如图 1-8-6 所示。

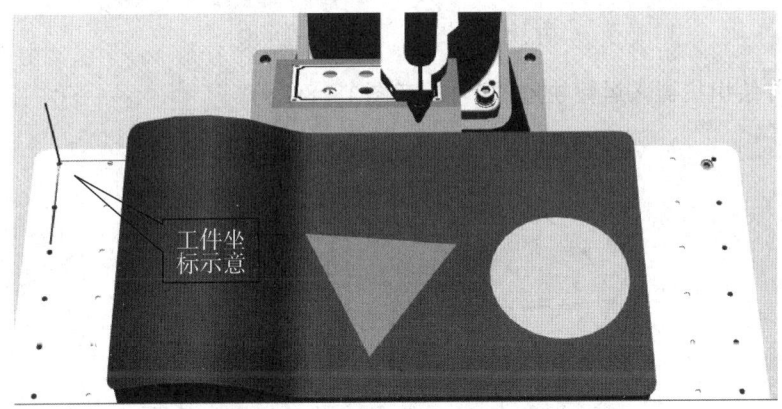

图 1-8-6 工件坐标示意图

(3)进行工件坐标系的设定。

6. 构建轨迹程序的架构

程序要实现以下功能:

(1)有完整的逻辑控制流程。

(2)合理规划每一个轨迹的目标点,并独立一个例行程序进行模块化的编程。

(3)具有人机对话功能,实现轨迹运行的选择。

7. 设定机器人等待位置

(1)建立机器人等待位置的例行程序,可以被其它例行程序进行调用。

(2)设定示教机器人等待位置,如图 1-8-7 所示。

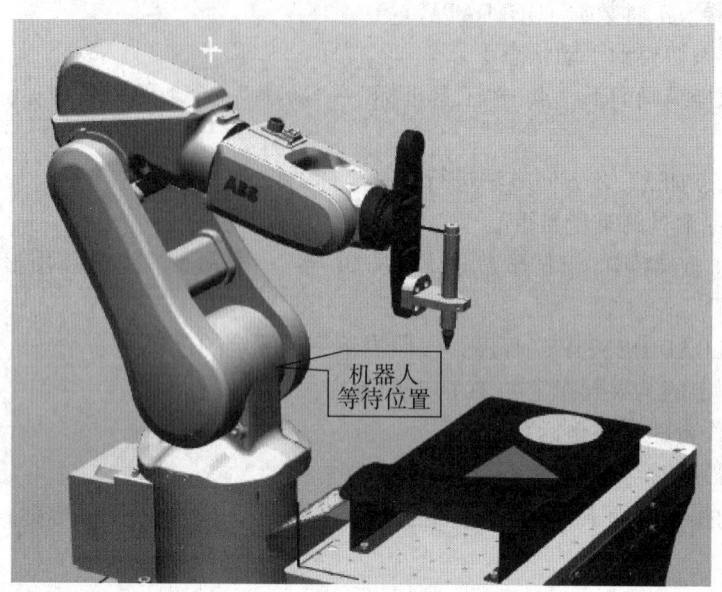

图 1-8-7 机器人等待位置图

8. 设计并绘出机器人运行轨迹图(可参考图 1-8-8)

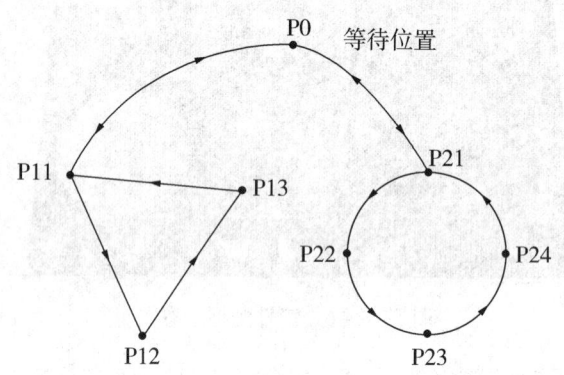

图 1-8-8 机器人运行轨迹参考图

9. 编写工件边缘的轨迹程序

按图 1-8-8 所示,机器人通过运动指令,从等待位置 P0 运动到起始点 P11,按照三角形 P11、P12、P13 作线性运动,连续 3 次后回到 P0 点停顿 3 秒,接着进行圆形 P21、P22、P23、P24 的运动,重复 2 次,延时 3 秒,最后回到等待位置 P0。编写机器人程序,其编程步骤如下:

(1)设计程序流程,如图 1-8-9 所示。
(2)根据控制要求与运行轨迹图,编写主程序,参考如下:

```
PERS num nCount;
PROC main() 主程序
  ! 调用初始化程序
  rInitAll;
```

！回等待点
rHome；
！正常运行的闭合循环
WHILE TRUE DO
nCount：=1；
！调用画三角形子程序3次
FOR nCount FROM 1 TO 3 DO
    proTriangle；
END FOR

！延时3秒
WaitTime 3；
！调用画圆形子程序2次

nCount：=1
FOR n FROM 1 TO 2 DO
    proCircular；
END FOR

WaitTime 3；
！回到等待点
rHome
ENDWHILE
ENDPROC

PROC rHome( )！回等待位置了程序
    MoveJ P0，v100，fine，tGripper；
ENDPROC

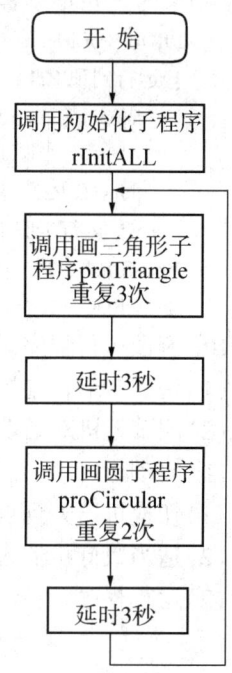

图1-8-9　描轨程序流程图

(3) 根据控制要求与运行轨迹图，编写画三角形子程序。
！编程之前通过示教器正确选择对应的工具坐标数据tGun。
！编程之前通过示教器正确选择对应工件坐标wobj1。
！运行前先正确选择机器人的速度与转变半径fine。
！运行前通过示教器示教机器人工件上三角形的轨迹点P11，P12，P13。

PROC proTriangle( )
！运行到顶P11
MoveJ P11，v250，fine，tGun\WObj：=wobj1；
！直线运行到顶P12
MoveL P12，v250，fine，tGun\WObj：=wobj1；
！直线运行到顶P13
MoveL P13，v250，fine，tGun\WObj：=wobj1；
Movel P11，V250，fine，tGun/Wobj：=wobj1；
ENDPROC

(4) 参考三角形子程序的方法，编写画圆子程序。
  PROC proCircular ( )
  ！运行到顶 P21
    MoveJ P21，v500，fine，tGun \WObj：= wobj1；
   ！运行半圆 P21 →P22 →P23
    MoveC P22，P23，v500，fine，tGun \WObj：= wobj1；
   ！运行半圆 P23 →P24 →P21
  MoveC P24，P21 v500，fine，tGun \WObj：= wobj1；
  ENDPROC
10. 调试运行程序
(1) 调试 3 个轨迹程序的运行是否能够准确行走在轨迹上。
(2) 测试人机对话功能，是否能正确实现图形轨迹程序的选择。
11. 自动运行
(1) 切换机器人到自动状态。
(2) 适当减低机器人的运行速度。
(3) 运行程序。

学习任务 2 工业机器人的搬运编程

一、情景描述

工业机器人的搬运编程是实现工业机器人搬运纸箱、瓶子、袋子等等应用的基础。只要掌握了工业机器人搬运编程的技巧就可以轻松应对搬运纸箱等应用过程的搬运编程需要。

二、控制要求

图 1-8-10、图 1-8-11 所示分别为托盘、物料及机器人搬运夹具。本任务要求通过编写机器人程序和参数调试,使机器人自动运行时将左侧托盘内的物料按照工位号 1→16 的顺序,依次搬运到右侧托盘,每次搬运 2 个,然后再按相同的顺序将物料从右侧托盘搬运到左侧托盘,重复循环。

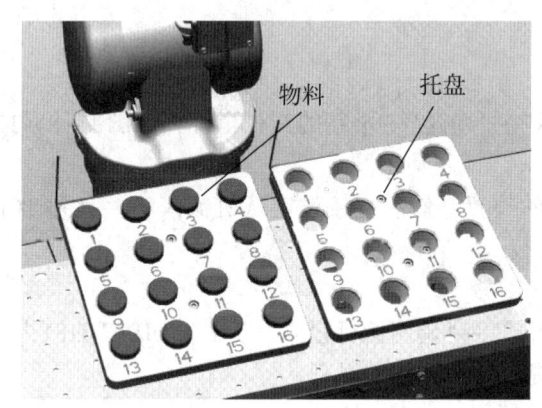

图 1-8-10 托盘及物料

图 1-8-11 机器人搬运夹具

三、设备与器材

①ABB 机器人 IRB120 1 套;②托盘 2 个,物料 16 个;③机器人搬运夹具 1 个;④安装平台 1 个。

四、任务要求

(1)接通电源,等待机器人系统启动完成,并确认状态正常。
(2)掌握工业机器人搬运编程的思路和方法。
(3)掌握工业机器人搬运编程的调试步骤和方法。

五、任务实施

1. 确认机器人机械原点位置

根据操作要求，使用示教器，在手动状态下，使用单轴运动的模式确认机器人 6 个轴的机械原点位置，每一个轴都要对准零刻度位置，如果有偏差，请进行"转数计数器更新"的操作。机器人机械原点姿态如图 1-8-12 所示。

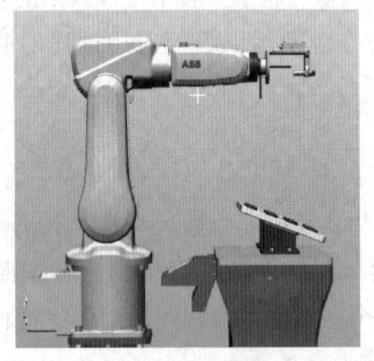

图 1-8-12 机器人机械原点姿态示意图

图 1-8-13 机器人搬运工具示意图

2. 设定机器人工具数据 TOOLDATA

(1) 将机器人切换到手动状态下。

(2) 在手动操纵画面下，点击"工具坐标"—"新建"一个新的工具坐标，如图 1-8-13 所示。

(3) 选定两个吸盘面之间的位置为 TCP 的位置，然后直接设定从机器人法兰盘到 TCP 的偏移数据，再进行工具坐标的设定。

3. 准确设定工具的重量与重心

(1) 示教器中，打开"程序编辑器"—"调试"—"调用例行程序"—"LOADIDENTIFY"。

(2) 执行"LOADIDENTIFY"程序，按照提示完成测定的过程。

(3) 保存测定的结果到指定的 TOOLDATA 中去。

4. 设定托盘的工件坐标系

(1) 将机器人切换到手动状态下。

(2) 在手动操纵画面下，点击"工件坐标"—"新建"一个新的工件坐标。

(3) 进行工件坐标系的设定。

(4) 需要设定两个工件坐标系，分别为取托盘的工件坐标系和放托盘的工件坐标系，如图 1-8-14 所示。

5. 设计机器人运行轨迹

由于搬运夹具为 2 个吸盘，可以一次吸 2 个，因此，托盘上 16 个物料 8 次就可以搬运完成，所以取物料有 8 个点，放物料也有 8 个点，搬运轨迹可参考图 1-8-15。

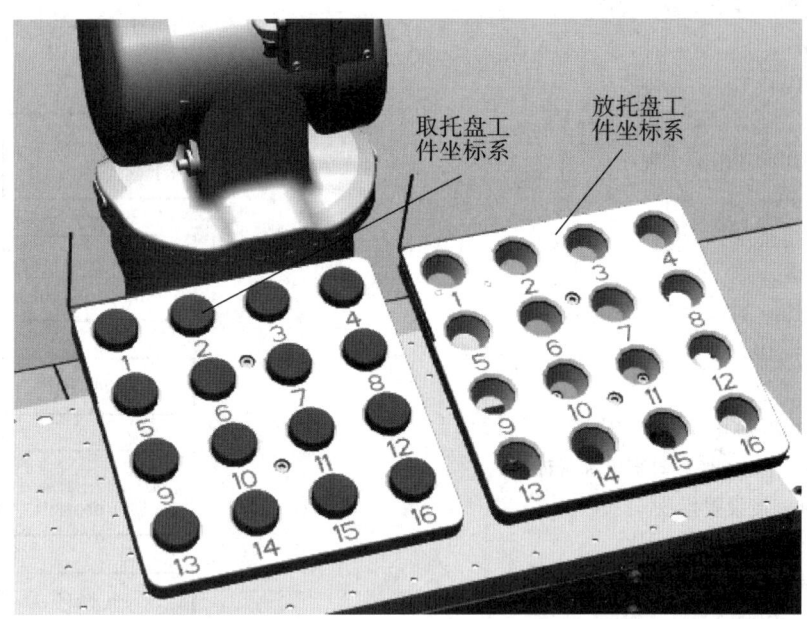

图 1-8-14　工件坐标系示意图

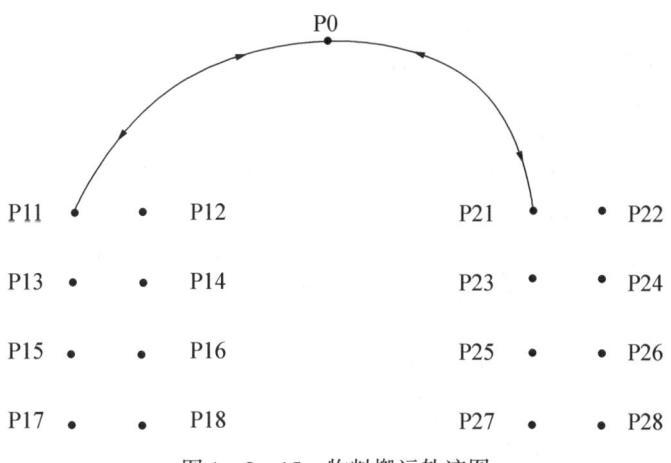

图 1-8-15　物料搬运轨迹图

6. 编写机器人程序

(1) 画出程序流程图,如图 1-8-16 所示。

(2) 编写主程序

　PROC main()　主程序

　　! 调用初始化程序进行相关初始化设置

　　rInitAll;

　　! 正常运行的闭合循环

　　WHILE TRUE DO

　　　! 调用向右搬运子程序

　　　proRight;

! 调用回等待位置子程序
rHome
WaitTime 3；

! 调用向左搬运子程序
proLeft；
! 回等待点
rHome；
WaitTime 3；
ENDWHILE
ENDPROC

(3) 编写初始化子例行程序
  PROC rInitAll( ) 初始化例行程序
  ! 加速度设置指令
  AccSet 100，100；
  ! 复位真空吸盘
  Reset DO00_VaccumON；
  ! 调用回等待位置子程序
  MoveJ p0，v100，fine，tGripper；
  ENDPROC

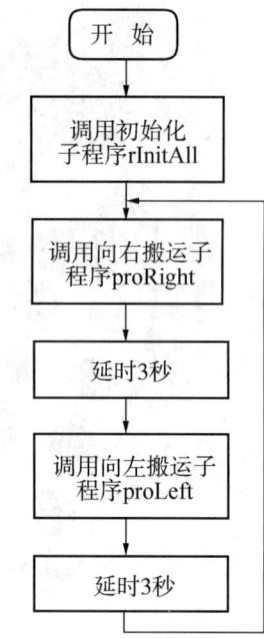

图 1-8-16 机器人搬运主程序流程图

(4) 编写从左侧托盘向右侧托盘搬运子程序
  PROC proRight
  ! 编程之前通过示教器正确选择对应的工具坐标数据 tGripper。
  ! 编程之前通过示教器正确选择对应工件坐标 wobj1。
  ! 运行前先正确选择机器人的指令速度与转变半径。
  ! 运行前通过示教器示教机器人工件上的轨迹点 P11→P18，P21→P28。
  ! ....以下为取 P11，放到 P21 位置的参考程序........
    ! 移动取位置上方偏移 100mm 的位置
  MoveJ Offs(P11，0，0，100)，v500，z50，tGripper \WObj：= wobj1；
    ! 移动取位置上方偏移 50mm 的位置
  MoveL Offs(P11，0，0，50)，v100，z50，tGripper \WObj：= wobj1；
  ! 移动到准确取的位置
  MoveL P11，v50，fine，tGripper \WObj：= wobj1；
  ! 打开真空吸盘，DO00_VaccumON 为真空吸盘电磁阀输出点，由示教器设置
  Set DO00_VaccumON；
  ! 等待吸盘吸紧
  WaitDI DI00_VaccumOk，1；
  ! 指定吸盘上工件重量指令
  GripLoad load1；
  ! 离开取的位置轨迹
  MoveL Offs(P11，0，0，50)，v50，z50，tGripper \WObj：= wobj1；
  MoveL Offs(P11，0，0，100)，v100，z50，tGripper \WObj：= wobj1；
  ! 移动放位置上方偏移 50mm 的位置

MoveL Offs(P21, 0, 0, 100), v500, z50, tGripper \WObj: = wobj1;
MoveL Offs(P21, 0, 0, 50), v100, z50, tGripper \WObj: = wobj1;
! 移动到准确放的位置
MoveL P21, v50, z50, tGripper \WObj: = wobj1;
! 关闭真空吸盘
Reset DO00_VaccumON;
! 等待真空吸盘松开
WaitDI DI00_VaccumOk, 0;
! 指定吸盘上无重量
GripLoad load0;
! 离开放位置的轨迹
MoveL Offs(P21, 0, 0, 50), v100, z50, tGripper \WObj: = wobj1;
MoveL Offs(P21, 0, 0, 100), v100, z50, tGripper \WObj: = wobj1;
MoveJ P0, v500, z50, tGripper \WObj: = wobj1;

! ········以上为取 P11,放到 P21 部分的参考程序,请参考以上程序,分别写出取
! ········ P12,放 P22、取 P13,放 P23···取 P18,放 P28 部分的程序········
…
…
…
ENDPROC

(5)参考从左侧托盘向右侧托盘搬运物料子程序,编写从右侧托盘向左侧托盘搬运物料的子程序 proLeft。

7. 设定机器人的等待位置
(1)建立机器人等待位置的例行程序,以便被其它例行程序进行调用。
(2)示教机器人等待位置(见图 1-8-17)。

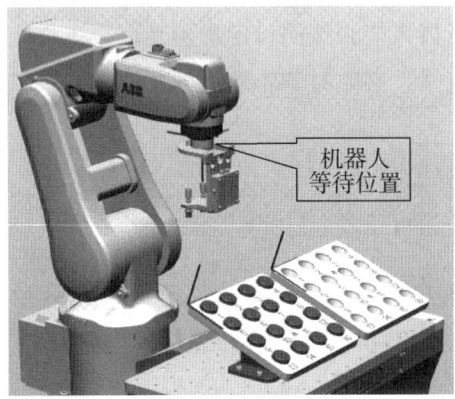

图 1-8-17 机器人等待位置示意图

8. 示教机器人取工件的目标点
(1)手动移动机器人到达第一个取的位置 P11。
(2)适当调整吸盘与工件之间的距离。

(3)保存机器人目标点,如图1-8-18所示。
(4)依此类推示教机器人余下的目标点。
(5)考虑如何使用位置偏移与计算的方法来代替示教机器人的目标点。

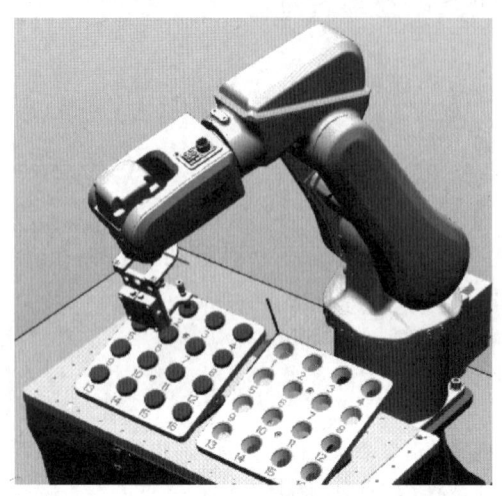 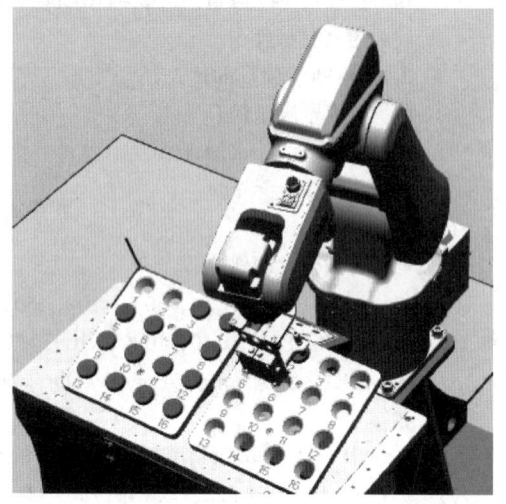

图1-8-18 机器人在取托盘上取工件示意图　　图1-8-19 机器人在放托盘上放工件示意图

9. 示教机器人放工件的目标点
(1)手动移动机器人到达第一个放的位置P21。
(2)适当调整吸盘与工件之间的距离,如图1-8-19所示。
(3)保存机器人目标点。
(4)依此类推示教机器人余下的目标点。
(5)考虑如何使用位置偏移与计算的方法来代替示教机器人的目标点。

10. 调试运行程序
(1)调试程序,观察机器人能否按照设定准确地取放工件,根据实际情况进行调整。
(2)吸盘的动作是否正常,必要时调整取放的位置。

11. 自动运行
(1)切换机器人到自动状态。
(2)适当减低机器人的运行速度。
(3)运行程序。

附件1　学习任务1 轨迹编程任务三菱机器人参考程序

```
Def Inte M1
Def Jnt Safe
'············主程序开始············
Servo On
M1% = 1
```

```
GoSub *MoveOrg    '等待点
While 1
M1% = 0
While M1% < 3    '调用画三角形子程序 3 次
GoSub *proTriangle
M1% = M1% + 1
WEnd
Dly 3    '延时 3 秒
M1% = 0
While M1% < 2    '调用画圆形子程序 2 次
GoSub *proCircular
M1% = M1% + 1
WEnd
GoSub *MoveOrg    '等待点
Dly 3    '延时 3 秒
WEnd
End
*MoveOrg
Ovrd 10
out10 = 1
J1 = J_Curr
J1. J2 = Safe. J2
J1. J3 = Safe. J3
J1. J4 = Safe. J4
J1. J5 = Safe. J5
Mov J1
J1 = Safe
Mov J1
Return
'-----------画三角形子程序-----------
*proTriangle
Mov P11    '运行到顶 P11
Mvs P12    '直线运行到顶 P12
Mvs P13    '直线运行到顶 P13
Mvs P11
Return
'-----------画圆子程序-----------
*proCircular
```

```
Mvs P21                    '运行到顶 P21
Mvr P21,P22,P23            '运行半圆 P21→P22→P23
Mvr P23,P24,P21            '运行半圆 P23→P24→P21
Return
```

附件2 学习任务2 搬运编程三菱机器人参考程序

```
Def Io inHand = Bit,8          '夹爪张开信号输入
Def Io outHand = Bit,10        '夹爪张开控制输出
Def Inte M1
Def Jnt Safe
Def Plt 1,P11,P12,P18,,4,2,2   '定义4行2列矩阵,取位置矩阵
Def Plt 2,P21,P22,P28,,4,2,2   '定义4行2列矩阵,放位置矩阵
'…………主程序开始…………
Servo On
GoSub *MoveOrg     '等待点
While 1
'调用向右搬运子程序
GoSub *proRight
Dly 3      '调用等待位置子程序
GoSub *proLeft    '调用向左搬运子程序
GoSub *MoveOrg    '回等待点
Dly 3     '调用等待位置子程序
WEnd
End
 *MoveOrg
Ovrd 10
out10 = 1
J1 = JCurr
J1.J2 = Safe.J2
J1.J3 = Safe.J3
J1.J4 = Safe.J4
J1.J5 = Safe.J5
Mov J1
J1 = Safe
Mov J1
Return
'----由左向右搬运子程序………
 *proRight
```

M1% = 0

While M1% < 8

'----到取位置……

Ovrd 100   '速度设置为100%

Mov P0

Ovrd 30   '速度降低为30%

P1 = Plt 1,M1%   '左边取位置矩阵的点

Mov P1,100   '移动取位置上方偏移100mm的位置

Mov P1,50   '移动取位置上方偏移50mm的位置

Mvs P1   '移动到准确取的位置

outHand = 1   '打开真空吸盘，outHand为真空吸盘电磁阀输出点,由示教器设置

Wait inHand = 1   '等待吸盘吸紧

'----离开取位置……

Mvs P1, -50   '移动放位置上方偏移50mm的位置

Mvs P1, -100   '移动放位置上方偏移100mm的位置

Ovrd 100

Mov P0

'………到放位置………

P2 = Plt 2,M1%   '右边放位置矩阵的点

Mov P2,100   '移动取位置上方偏移100mm的位置

Mov P2,50   '移动取位置上方偏移50mm的位置

Mvs P2   '移动到准确取的位置

outHand = 0   '关闭真空吸盘

'----离开放位置……

Mov P2,100

Ovrd 100

Mov P0

Wait outHand = 0

M1% = M1% + 1

GoSub * MoveOrg   '回等待位

WEnd

Return

'----由右向左搬运子程序………

 * proLeft

M1% = 0

While M1% < 8

'………到取位置………

Ovrd 100   '速度设置为100%

```
Mov P0
Ovrd 30        '速度降低为 30%
P1 = Plt 2,M1%     '右边,取位置矩阵的点
Mov P1,100    '移动取位置上方偏移 100mm 的位置
Mov P1,50     '移动取位置上方偏移 50mm 的位置
Mvs P1        '移动到准确取的位置
outHand = 1   '打开真空吸盘,outHand 为真空吸盘电磁阀输出点,由示教器设置
Wait inHand = 1    '等待吸盘吸紧
'-----------离开取位置-----------
Mvs P1,-50    '移动放位置上方偏移 50mm 的位置
Mvs P1,-100   '移动放位置上方偏移 100mm 的位置
Ovrd 100
Mov P0
'-----------到放位置-----------
P2 = Plt 1,M1%     '左边放位置矩阵的点
Mov P2,100    '移动取位置上方偏移 100mm 的位置
Mov P2,50     '移动取位置上方偏移 50mm 的位置
Mvs P2        '移动到准确取的位置
outHand = 0   '关闭真空吸盘
'-----------离开放位置-----------
Mov P2,100
Ovrd 100
Mov P0
Wait outHand = 0
M1% = M1% +1
GoSub * MoveOrg    '回等待位
WEnd
Return
```

第二篇 综合技能篇

- 恒压供水系统分析与控制
- 药物封装自动化生产线运行控制

本篇中的恒压供水系统分析与控制和药物封装自动化生产线运行控制都是多项技能的组合体系统，而后者更是含有工业机器人技能的多功能智能化装备，有助于学习者从具体的、单元的岗位技能向组合的、多元的综合技能转变。

恒压供水系统分析与控制

工作项目一 由单泵组成的恒压供水控制系统

一、任务目的

(1) 掌握恒压供水的基本原理和实际使用方法。

(2) 掌握 PLC 的 PID 控制方法。

(3) 掌握 PLC 和变频器结合编程的方法。

二、任务实施的仪器设备

恒压供水装置 1 套。

三、任务内容

(1) 设计以 PLC 为核心的恒压供水控制平台。

(2) 应用 PLC 的 PID 指令实现恒压供水系统的控制。

(3) 应用触摸屏来实现对恒压供水系统的控制、运行参数设定和运行状态检测。

四、任务步骤

(1) 设定复位变频器,设定变频器为外部操作模式。

(2) 设计以 PLC 为核心的恒压供水控制平台。

下面以一台水泵的恒压供水系统(见图 2-1-1)为例,说明其工作原理。FX_{2N} 是主控单元,包括水压设定、PID 运算、变频器的启动和停止。FX_{2N} 通过 FX_{0N}-3A 的 VOUT 控制变频器的 2~5 端,调节电机的运行速度。压力传感器采集实时管网压力,反馈到 FX_{0N}-3A 的 IIN1 端,于是形成闭环系统。

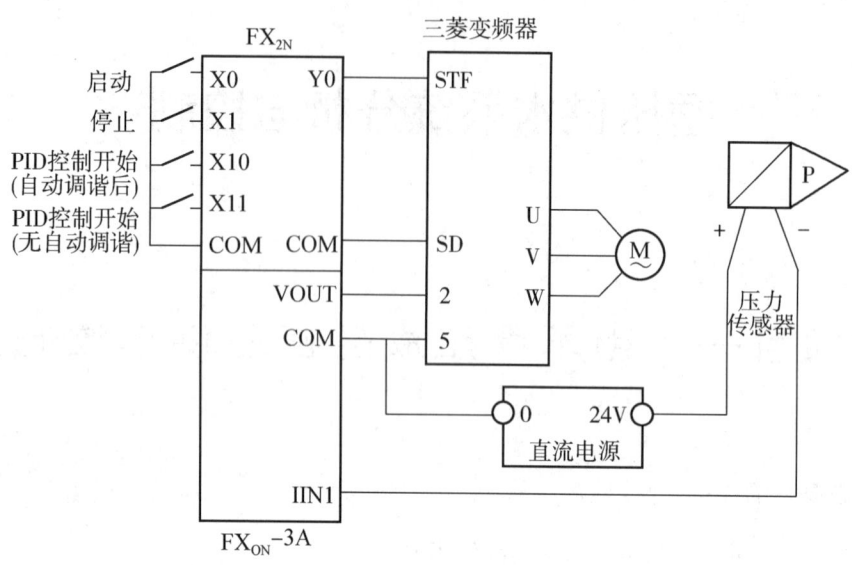

图 2-1-1　一台水泵的恒压供水系统

1. 应用 PLC 的 PID 指令实现恒压供水系统的控制

图 2-1-2 所示为相应的参考程序，程序的具体分析请看程序的注释。需要注意以下问题：

（1）目标值的设定是和实际系统密切相关的，不同的系统对应的目标值是不一样的，必须实际检测相关的参数，校准相关的系统参数（在程序中或外围设备中都可以），使目标值的设定与实际的供水压力一一对应。参考程序中是通过调整压力传感器的参数，使得目标设定值与压力值一一对应。

（2）其它 PID 参数的设定方法请参考相关的书籍。

（3）使用自动调谐功能是为了得到最佳 PID 控制，自动调谐必须在系统处于稳定状态时开始；若在不稳定的状态开始，则不能正确进行自动调谐。

2. 应用触摸屏监控恒压供水系统

通过触摸屏控制 PLC，从而控制恒压供水系统的启动、停止、PID 运行参数等，检测网络的实时压力和实时频率输出值。所需要控制的元件列在表 2-1-1，参考触摸屏画面如图 2-1-3 所示。

第二篇 综合技能篇 165

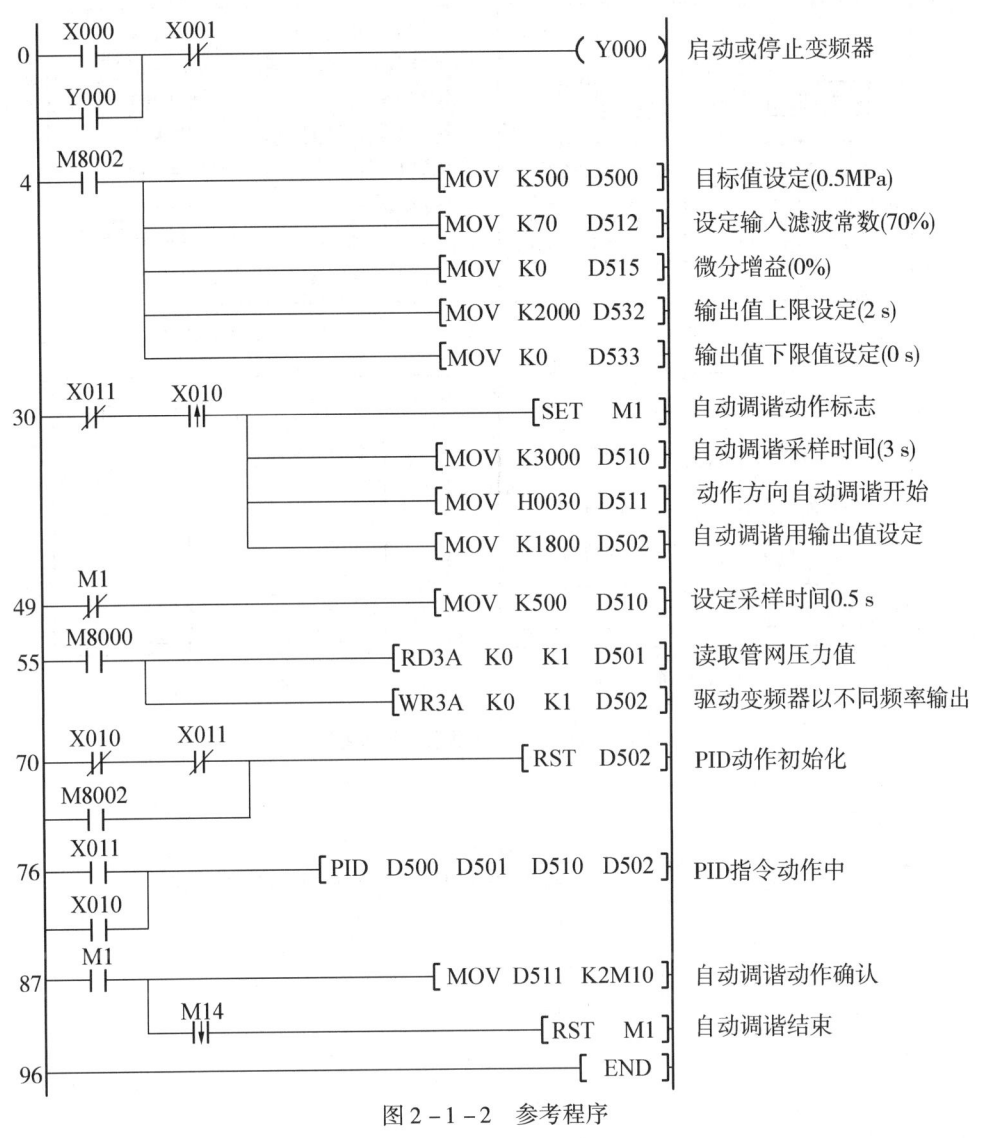

图 2-1-2 参考程序

表 2-1-1 触摸屏所需控制的 PLC 元件

PLC 元件	说　明	PLC 元件	说　明
X0	启动	D502	自动调谐用输出值设定(变频器输出频率)
X1	停止	D510	自动调谐采样时间
X10	PID 控制(自动调谐后)	D511	动作方向自动调谐开始
X11	PID 控制(无自动调谐)	D512	设定输入滤波常数
Y0	变频器启动状态显示	D515	微分增益
M1	自动调谐动作标志	D532	输出值上限值设定
D500	目标值设定	D533	输出值下限值设定
D501	读取管网压力值		

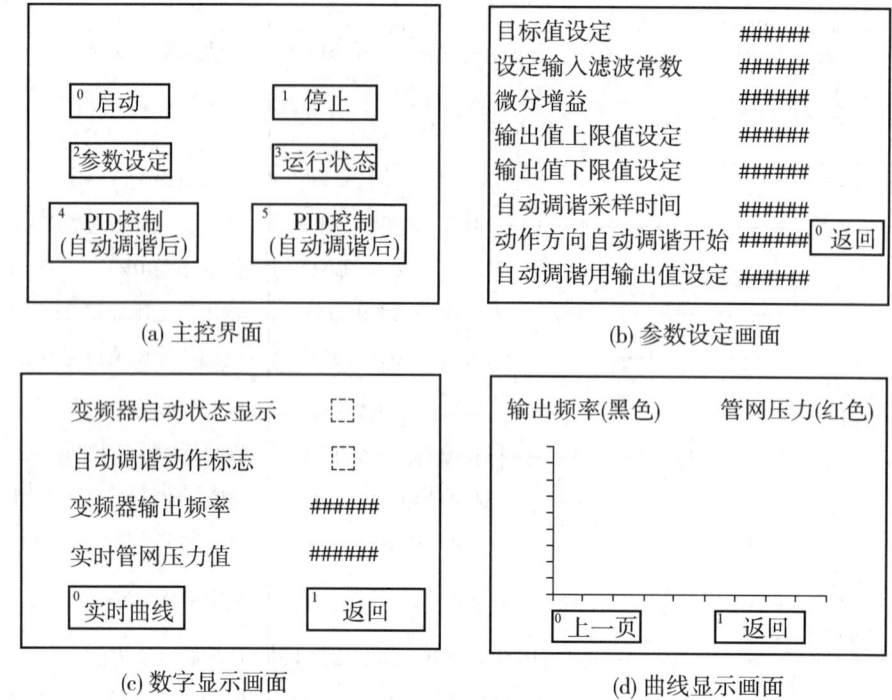

图 2-1-3 恒压供水系统监控

五、思考题

PLC 的 PID 参数设置对恒压供水系统的稳定性、快速性有什么影响？

工作项目二　由多泵组成的恒压供水控制系统

一、任务目的

(1)掌握恒压供水的基本原理和实际的使用方法。
(2)掌握变频器的 PID 控制的方法。
(3)掌握 PLC 和变频器结合编程的方法。
(4)掌握根据实际系统的运行情况判断故障并排除的方法。

二、任务实施的仪器设备(见图 2-2-1)

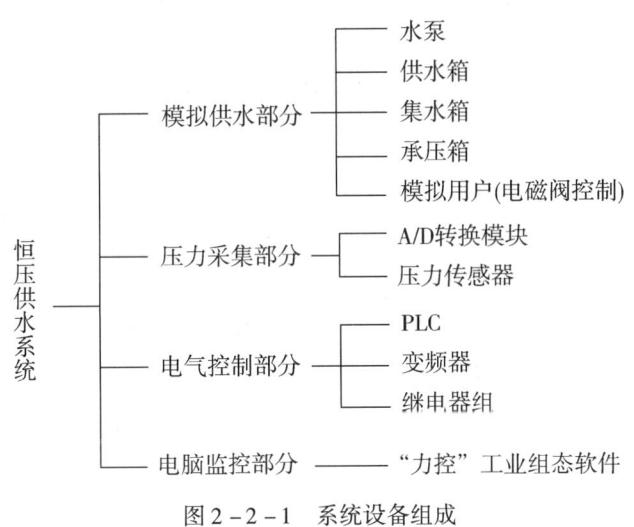

图 2-2-1　系统设备组成

三、任务内容

本任务是利用 PLC 控制继电器组，来达到变频—工频的切换。恒压供水系统为闭环控制系统，其工作原理为：供水的压力通过传感器采集给系统，再通过变频器的 A/D 转换模块将模拟量转换成数字量，同时，变频器的 A/D 将压力设定值转换成数值量，两个数据同时经过 PID 控制模块进行比较，PID 根据变频器的参数设置进行数据处理，并将数据处理的结果以运行频率的形式控制输出。PID 控制模块具有比较和差分的功能，供水的压力低于设定压力，变频器就会将运行频率升高，相反则降低，并且可以根据压力变化的快慢进行差分调节。以负作用为例，如果压力在上升接近设定值的过程中上升速度过快，PID 运算也会自动减少执行量，从而稳定压力(见图 2-2-2)。供水压力经 PID 调节后的输出量，通过交流接触器组进行切换控制水泵的电动机。当水网中的用水量增大时，会出现一台"变频泵"容量不够的情况，这时就需要其它的水泵以工频的形式参与供水，交流接触器组就负责水泵的切换工作，由 PLC 控制各个接触器，是工频供电或者是变频供电，按需要选择水泵的运行情况。

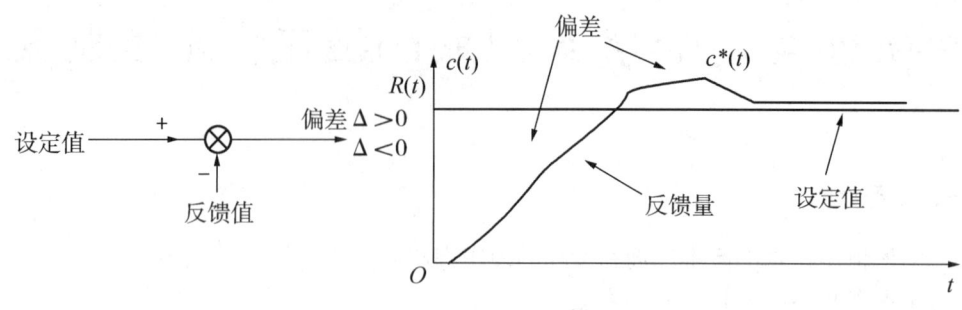

图 2-2-2 PID 控制原理

1. 变频器的 PID 设定

在 PID 控制下，使用一个 4mA 对应 0MPa、20mA 对应 0.5MPa 的传感器调节水泵的供水压力，设定值是通过变频器的 2 和 5 端子(0~5V)给定的。变频器 PID 设置流程图如图 2-2-3 所示。

当需要校准时，用 Pr902~Pr805 校正传感器的输出，并且在变频器停止时，在 PU 模式输入设定值。

表 2-2-1 参数设定

参数号	功能	默认设定	
902	设定 0V 时的偏置频率	0V	0Hz
903	设定相对于 Pr73 设定的频率指令电压的输出频率	5V	50Hz
904	设定 4mA 时的偏置频率	4mA	0Hz
905	设定相对于 20mA 设定的频率指令电流的输出频率	20mA	50Hz

2. PLC 的控制

PLC 在这个实训中的作用是控制交流接触器组进行工频—变频的切换和水泵工作数量的调整。图 2-2-4 所示为电控系统主电路，三台电机分别是 M_1、M_2、M_3；交流接触器组中的 KM_0 和 KM_1 分别控制 1#水泵的变频运行和工频运行，KM_2 和 KM_3 分别控制 2#水泵的变频运行和工频运行，KM_4 和 KM_5 分别控制 3#水泵的变频运行和工频运行；QS_1、QS_2、QS_3、QS_4 分别是变频器和三台泵电动机主电路的隔离开关；VVVF 是通用变频器。

系统启动时，KM_0 闭合，1#水泵以变频方式运行。

当变频器的运行频率超出设定值时输出一个上限信号，PLC 通过这个上限信号后将 1#水泵由变频运行转为工频运行，KM_0 断开 KM_1 吸合，同时 KM_2 吸合变频启动第 2#水泵。

如果再次接收到变频器上限输出信号，则 KM_2 断开 KM_3 吸合，2#水泵由变频转为工频，同时 KM_4 闭合 3#水泵变频运行。如果变频器频率偏低，即压力过高，输出的下限信号使 PLC 关闭 KM_4、KM_3，开启 KM_2，2#水泵变频启动。

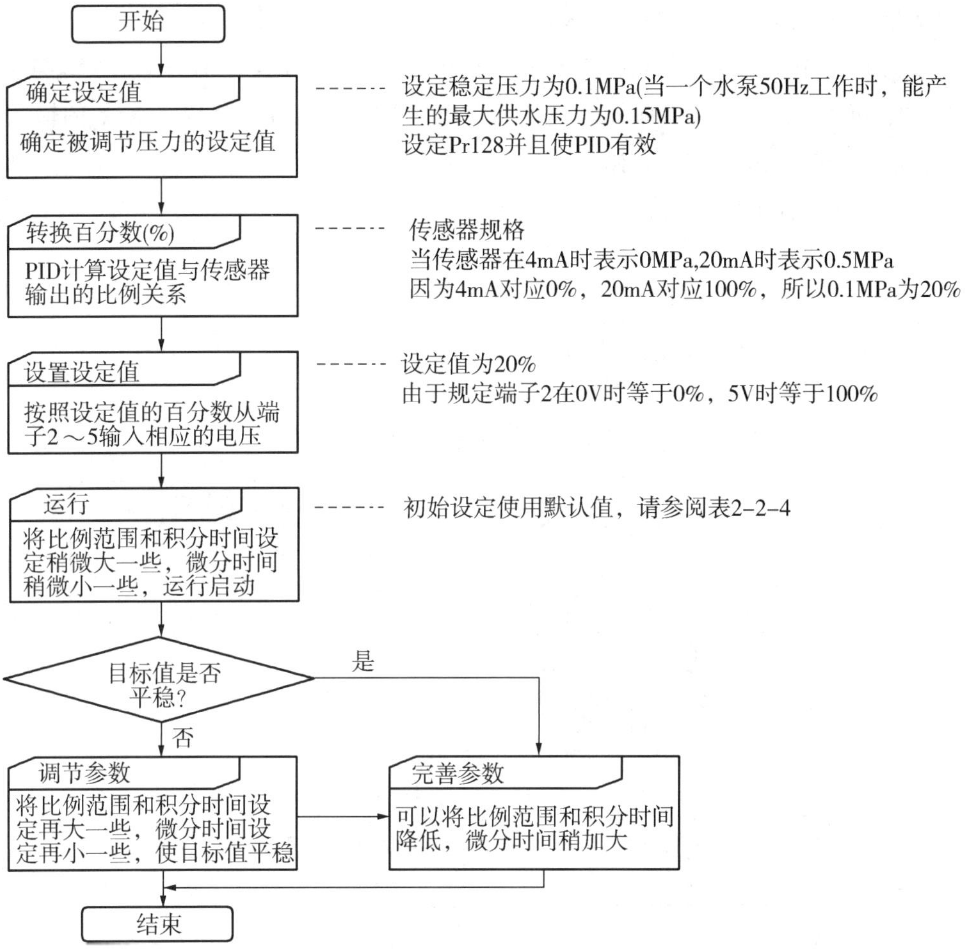

开始
确定设定值
确定被调节压力的设定值
设定稳定压力为0.1MPa(当一个水泵50Hz工作时，能产生的最大供水压力为0.15MPa)
设定Pr128并且使PID有效
转换百分数(%)
PID计算设定值与传感器输出的比例关系
传感器规格
当传感器在4mA时表示0MPa,20mA时表示0.5MPa
因为4mA对应0%，20mA对应100%，所以0.1MPa为20%
设置设定值
按照设定值的百分数从端子2～5输入相应的电压
设定值为20%
由于规定端子2在0V时等于0%，5V时等于100%
运行
将比例范围和积分时间设定稍微大一些，微分时间稍微小一些，运行启动
初始设定使用默认值，请参阅表2-2-4
目标值是否平稳?
是
否
调节参数
将比例范围和积分时间设定再大一些，微分时间设定再小一些，使目标值平稳
完善参数
可以将比例范围和积分时间降低，微分时间稍加大
结束

图 2－2－3　变频器 PID 设置流程图

FU1
N
L1
L2
L3
QS1
QS2
QS3
QS4
VVVF
R S T
U V W
KM1
KM3
KM5
KM0
KM2
KM4
FR1
FR2
FR3
M1 3~
M2 3~
M3 3~

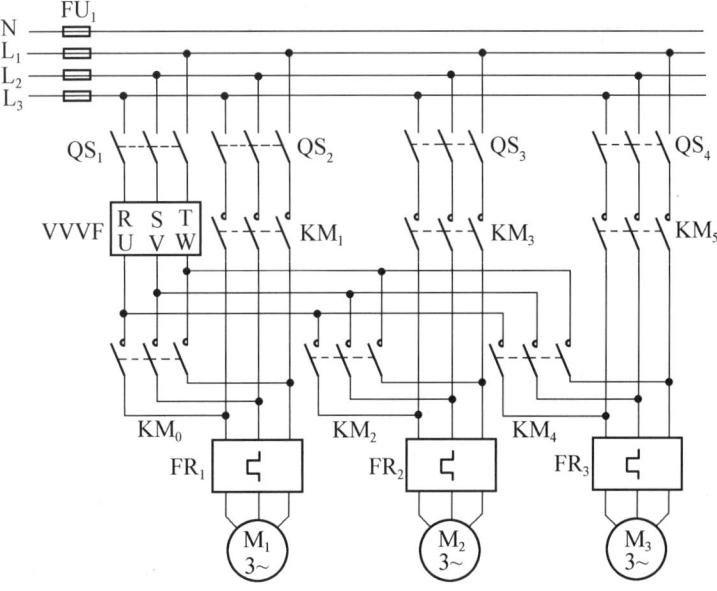

图 2－2－4　电控系统主电路

再次收到下限信号就关闭 KM_2、KM_1，吸合 KM_0，只剩 1#水泵变频工作。

这段 PLC 程序还包含一个软保护程序，防止组态软件由于操作不当，使 KM_0 与 KM_1 或 KM_2 与 KM_3 同时闭合，损坏变频器。模拟用户电磁阀还可以通过 X10～X14 的输入端开启。变频器的运转输出由 Y20 控制。

PLC 参考程序流程图如图 2-2-5 所示。

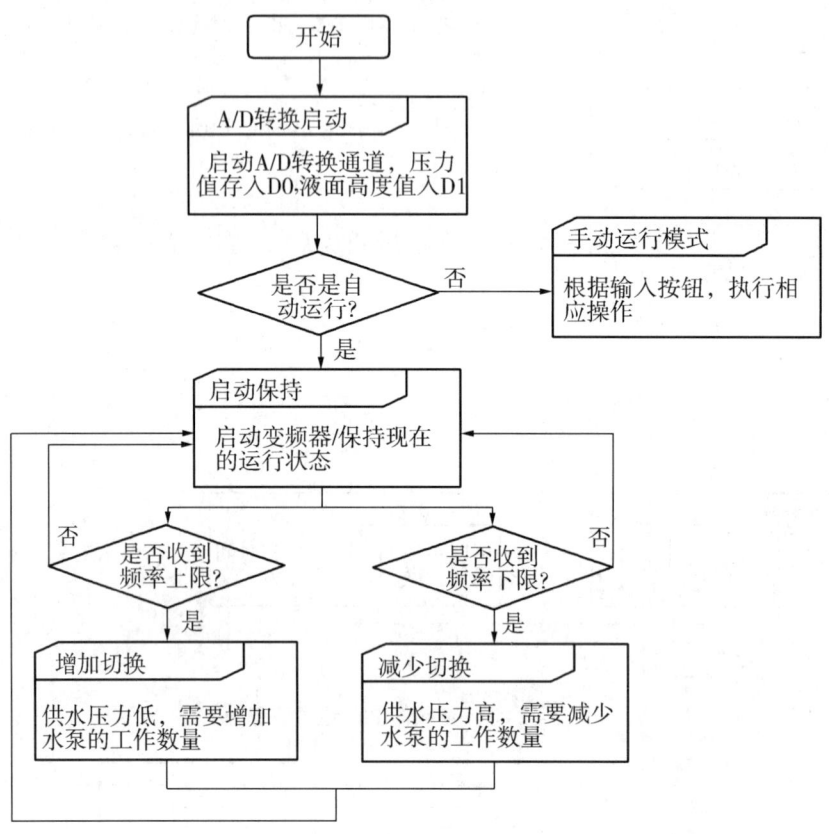

图 2-2-5　PLC 参考程序流程图

四、任务步骤

1. 熟悉设备系统结构

1) 外部输出连接

本套装置通过钥匙开关来控制内部连接的情况。当钥匙开关关闭时，"内部连接"指示灯熄，PLC 及变频器的控制端处于开放状态，即各个控制端（输入端、输出端）与接线面板的相应端子连接。使用者可以利用迭插导线来对设备进行自我开发。但要进行恒压供水任务时，必须将钥匙开关开启，"内部连接"指示灯点亮，因为设备的许多硬件需要和 PLC 的输出点连接才能正常工作。内部连接如表 2-2-2 所示。

表 2-2-2　内部连接

PLC 端口	硬件设备	PLC 端口	硬件设备
COM1	DC24V +	COM3	A540 SD
Y0	故障点 1	Y10	A540 STF
Y1	故障点 2	COM4	AC220V L
Y2	故障点 3	Y14	电磁阀 1
Y3	故障点 4	Y15	电磁阀 2
COM2	DC24V +	Y16	电磁阀 3
Y4	故障点 5	Y17	电磁阀 4
Y5	故障点 6	COM5	AC220V L
Y6	故障点 7	Y20	电磁阀 5
Y7	故障点 8		

2) 进行水泵"上水"即"排空"调试

由于刚开始时承压箱是空的，运行时需要供水系统实现一个自循环，必须将水加满承压箱，并且使每个水泵进行排空。具体步骤如下：

(1) 将 1#水泵直接和变频器的输出端相连，注意相序不要颠倒。两个传感器的输出用导线短路，以便形成电流回路。

(2) 给变频器通电，使其电源处于"ON"，确认操作模式中显示"PU"。(没有显示"PU"时，用[MODE]键设定到操作模式，用[▲/▼]键选择到"PU"模式。)

(3) 将运行频率设为 65Hz。(按[MODE]键切换到频率设定模式，再按[▲/▼]键调节频率到"50.00"，按[SET]键写入运行频率，出现"50.00"与"F"交替即可)。

(4) PLC 参考程序写入 PLC，将 PLC 置 RUN 状态，在控制面板上的"电磁阀控制"任意开启 1～2 个电磁阀。

(5) 按[FWD]键进行启动，1#水泵随之进行运转(顺时针为正转。启动前通过透明玻璃观测水泵的运作情况，可以通过多次启动停止来观测确定)，此时通过观察液位数显表，看显示值是否减小，如果数值减小说明水已经被吸入，等待水从电磁阀流出。如果液面不变化，可以通过几次启动/停止(按[STOP]键)；若再无变化，则水泵需要手工加水进行排空。

(6) 当水从电磁阀流出时，表示承压箱已灌满，还可以观测压力指示看其值是否增大，停止时是否减小。如果压力指示没有变化，请检查传感器回路是否连通。

(7) 2#及 3#水泵的排空调试，可将变频器输出改接到相应水泵输入端，重复上述步骤即可。

3) 任务连线

"上水"调试完成后，断开电源，拆除调试连线，按照任务连线图将各个任务器件连接到位，须按任务控制原理图将主回路插接到位，经确认后方可通电。尤其要注意有关变频器输出端的连线,严禁输出端与电源输入相连,大部分连线已经在挂箱内部连好。

(1) 主电路图连接如图 2-2-6 所示。

(2) 交流接触器控制回路部分连接如图 2-2-6 所示,即 Y21～Y26 分别控制继电器 $KM_0 \sim KM_5$,KM_0 与 KM_1、KM_3 与 KM_2、KM_4 与 KM_5 之间分别互锁,防止它们同时闭合使变频器输出端接入电源输入端。

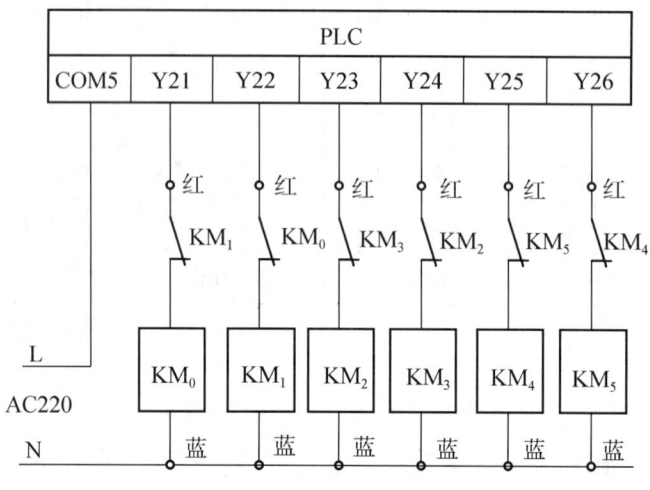

图 2-2-6 交流接触器控制回路

(3) 变频器控制回路部分连接如图 2-2-7 所示。变频器启动靠 PLC 的 Y10 控制,频率检测的上/下限信号分别通过 FU 和 OL 输出至 PLC 的 X3 与 X2 输入端。

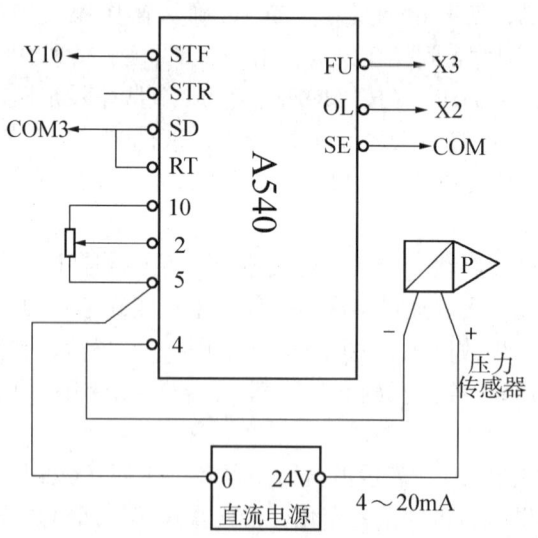

图 2-2-7 变频器控制回路

(4) 供水压力传感器回路线路连接。压力传感器和液面传感器都是通过各自的数显表供电,而且都为电流传感器,压力的不同和液位的不同会影响回路中的电流大小。压力传感器回路原理如图 2-2-8 所示。

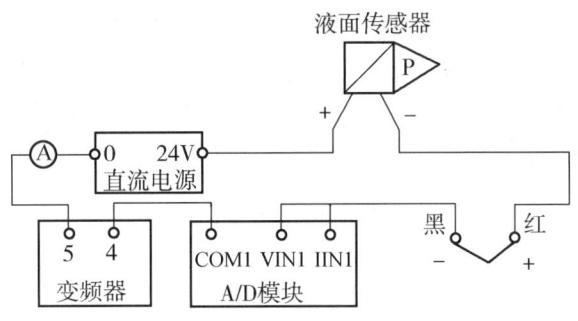

图 2-2-8 供水压力传感器回路线路连接图

(5)面板按键与 PLC 的对应情况。PLC 输入端已经固定与某些按键和元器件连接,连接情况如表 2-2-3 所示。

表 2-2-3 PLC 输入端连接表

器件类	面板元件	PLC 端口	器件类	面板元件	PLC 端口
自动控制 (按键)	启动	X0	电磁阀控制 (按键)	用户 1	X14
	停止	X1		用户 2	X15
手动控制 (按键)	KM_0	X21		用户 3	X16
	KM_1	X22		用户 4	X17
	KM_2	X23		用户 5	X20
	KM_3	X24	热过载 (热过载继电器)	1#号泵热保护	X10
	KM_4	X25		2#泵热保护	X11
	KM_5	X26		3#泵热保护	X12
	变频器启动	X27	相序保护继电器	相序保护	X6
上下限 (变频器输出)	上限	X3	两位开关	手动/自动	X5
	下限	X2			

2. 变频器的 PID 参数设置

(1)确认所有连线正确后,合上空气开关,设备就处于工作状态。观察 4 个数显表是否显示正常:

压力设定表 SV:显示的数值应该随变频器面板上的电位计变化而变化。

供水压力表 PV:初始显示的数值应为 0.00,如果系统运行,应该和机械式压力表的数值一致。

运行频率表 FR:初始显示的数值应为 0.00;当变频器运行时,显示的数值应和变频器运行频率相一致。在步骤 1 上水任务时可以验证。

液面高度表 LV:显示的数值应该与供水箱里的水位的高度相一致。

(2)检查"相序保护指示灯",绿色为正常,红色则需更换工频输入的相序或检查是否有断相。

(3)变频器的参数设置。先将所有参数清除后,设置相关参数如表 2-2-4 所示。按[MODE]键选择"Pr."参数设置模式,再按[SET]键选择所要设定参数号,可以用[▲/▼]键设定,选定参数号后,按[SET]键进入该参数的设置,用[▲/▼]键设定该参数的值,确定时长时间按住[SET]键1.5s,听到一声长响"嘀"即参数已写入变频器。

表2-2-4 变频器的参数设置

参数号	设定值	设定范围	注 解
Pr128	20	10,11,20,21	PID控制为4端输入,起负作用
Pr129	100	0.1~1000	PID比例常数设定为100%
Pr130	0.5	0.1~3600s	PID积分常数设定为0.5s
Pr134	0.5	0.01~10s	PID微分常数设定为0.5s
Pr183	14	0~99,9999	RT端子功能设为"PID控制有效端"
Pr193	4	0~199,9999	OL端子功能设置为"Pr42的频率检测"(下限频率)
Pr194	5	0~199,9999	FU端子功能设置为"Pr50的频率检测"(上限频率)
Pr42	10	0~400Hz	下限标志频率为10Hz
Pr50	50	0~400Hz	上限标志频率为50Hz

(4)开启PLC电源,将参考程序写入PLC。运行FXGP_WIN-C.exe(三菱FX系列PLC编程软件),在界面中单击"打开",随之选中恒压供水参考程序"HSP1.PMW",开启后再单击工具栏中"PLC"→"传送"→"写出"。在弹出的窗口中选择"范围设置",输入程序的步长,单击"确定"即可。(如果选择所有范围,PLC将写满8000步的程序空间,十分浪费时间。)

(5)将PLC置于RUN状态,变频器的操作模式设置成外部操作EXT模式。将系统状态开关置于"自动"状态,按下启动,系统就会自动运行,自动调节水泵的工作状态。如果将系统状态开关置于"手动",则可以通过"$KM_0 \sim KM_5$"和变频器[启动]按键对系统进行手动调节控制。运行计算机监控考核软件。

五、注意事项

(1)线路必须检查清楚才能上电。
(2)要有准确的任务记录,包括变频器PID参数及其对应的系统峰值时间和稳定时间。
(3)对任务中出现的故障现象准确地描述分析。
(4)注意不能使变频器的输出电压和工频电压同时加于同一电机,否则会损坏变频器。

六、思考题

编写PLC程序,使之满足恒压供水,要求如下:
(1)当单电机在其满负荷运行内仍然可以满足当前用户水量时,1#泵、2#泵每15s轮流切换变频PID运行;
(2)当单电机已经处于满负荷运行时,仍不能满足当前用户水量时,1#泵工频运行,2#泵变频运行;
(3)当单电机在其满负荷运行内仍然可以满足当前用户水量,而1#泵处于工频运行,2#泵处于变频运行,且变频器到了设定的下限频率时,1#泵、2#泵每15s轮流切换变频运行;
(4)要有梯形图和语句表,并上机验证。

药物封装自动化生产线运行控制

药物封装工业自动生产线控制系统包括对物料进行上料装瓶、加盖拧盖、检测、工业机器人包装和入库五个阶段。本系统应用 PLC 作为控制系统的控制器,完成系统各站流程控制,达到 PLC 的综合应用设计目的。应用工业机器人对物料包装和包装盒上贴标,学习工业机器人常用的编程和操作方法。药物封装自动化生产线是多技能的智能化系统,通过学习使学生掌握绘制控制系统的电气接线图,并进行电气连接,学会编写和调试控制系统程序。本系统既可实现单个工作站的运行要求,也可实现联机综合运行。

工作项目三 上料工作站的控制

本工作项目由 3 个学习任务组成:上料工作站的电气连接和操作控制、上料工作站控制程序设计和上料工作站程序调试运行与优化。

学习任务1 上料工作站的电气连接和操作控制

一、学习任务目的与要求

(1)掌握上料工作站控制系统的硬件结构组成。
(2)熟练绘制和连接上料工作站的 PLC 电气接线图。
(3)熟练掌握变频器的使用方法。
(4)熟练掌握执行器件(气缸、变频电机)的使用方法。
(5)掌握光电传感器的使用方法。

二、学习任务工作过程描述

上料工作站是分拣、封装等生产流水线控制系统的第一个环节,其结构如图 2-3-1 所示。

空瓶被人工摆放在上料皮带(短皮带)上,启动运行后,瓶子被逐个运送到填装输送皮带(长皮带);物料分拣机构开始工作,推料气缸将 2 个小料筒内的物料推送到分拣皮带上,分拣机构筛选出白色小料块,然后输送到出料位;当瓶子输送到填装位后,填装机构吸取出料位的物料,然后填装到瓶子里;瓶子里装到 3 个物料后即被输送到加盖、拧盖工作站。其工艺流程图如图 2-3-2 所示。

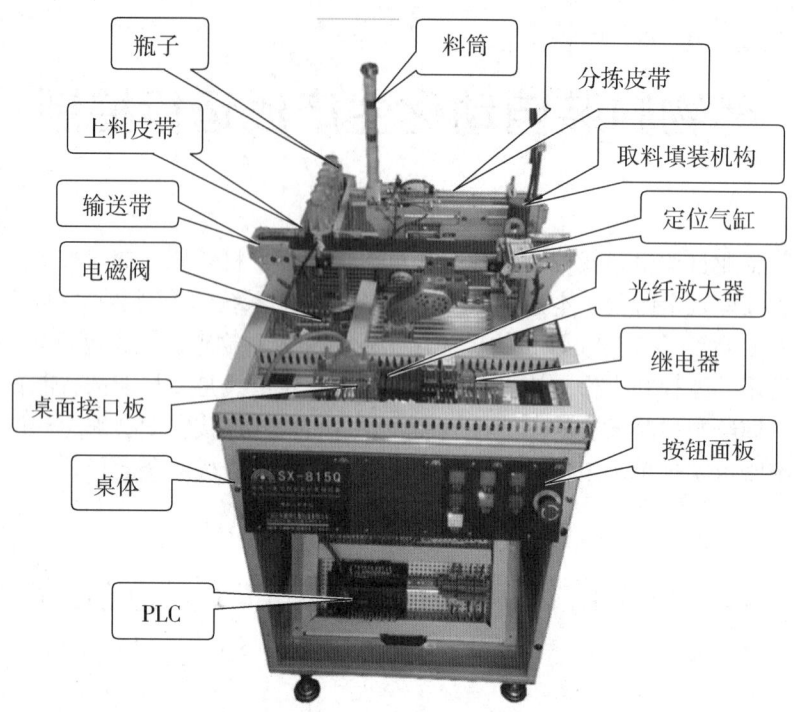

图 2-3-1 上料工作站结构图

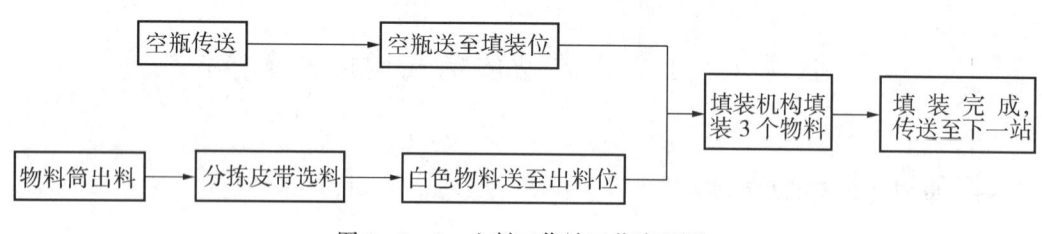

图 2-3-2 上料工作站工艺流程图

三、学习任务准备

1. 知识技能准备

1)传感器介绍

本工作站用到了多种类型传感器,它们的原理和应用有所不同。一种是欧姆龙 NPN 型 E32-ZD11 光纤传感器,另一种是 NPN 型的磁性开关。

(1)光纤传感器

光纤传感器的基本工作原理是将来自光源的光经过光纤送入调制器,使待测物料与进入调制器光相互作用后,导致光的光学性质(如光的强度、波长、频率、相位、偏振态等)发生变化,称为被调制的信号光,再经过光纤送入光探测器,经解调后,获得被测参数。

光纤传感器结构紧凑,不受电磁场干扰,传输信号安全,可实现非接触测量,具有高灵敏度、高精度、高速度、高密度、适应各种恶劣环境下使用以及非破坏性和使用简便等优点。光纤传感器由光纤单元和放大器单元两部分组成,可以根据实际不同需求进行组合。在本工作站所用的 E32-ZD200 和 E32-ZD200E 两种光纤单元，其中E32-ZD200外观如图2-3-3所示。

放大器单元为 E32-ZD11，如图2-3-4所示。

光纤单元和放大器单元连接时，应先打开放大器的保护罩，再打开锁定拨杆，然后将光纤插入放大器单元插入口并确保插到底，最后将锁定拨杆拨回原来位置固定住光纤。光纤传感器安装示意图如图2-3-5所示，光纤传感器组合图如图2-3-6所示。

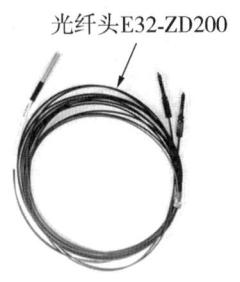

图2-3-3 E32-ZD200光纤单元

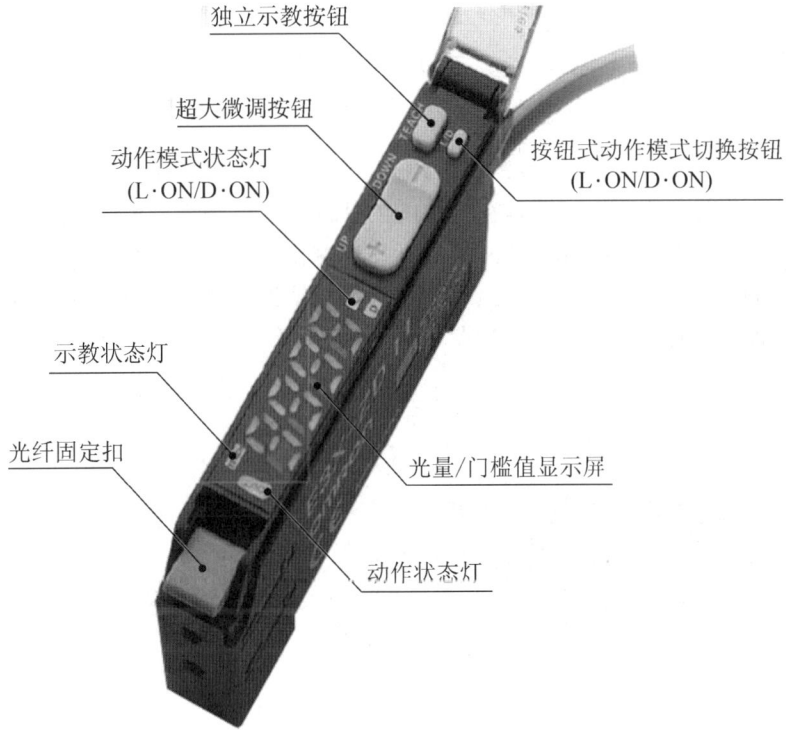

图2-3-4 光纤放大器单元

光纤传感器安装时可以用固定螺母固定在传感器安装座上，也可以直接安装在零件上

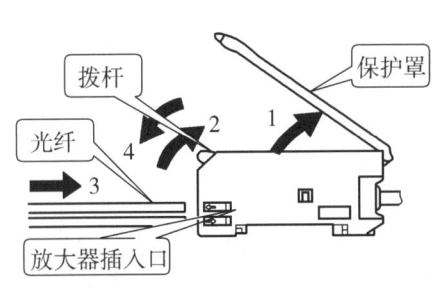

图2-3-5 光纤传感器安装示意图

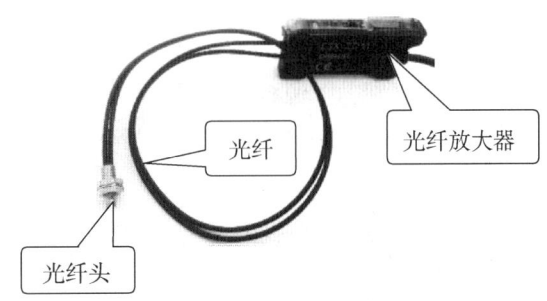

图2-3-6 光纤传感器组合图

并用螺母锁紧，如图2-3-7所示。光纤在使用时严禁大幅度弯折到底部，严禁向光纤施加拉伸、压缩等蛮力。

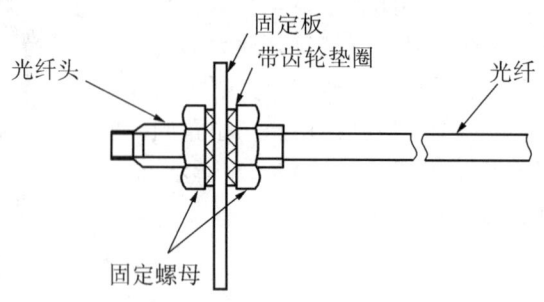

图2-3-7 光纤传感器安装图

(2)磁性开关

本站所用的磁性开关为NPN型，这种传感器安装在执行气缸上，主要用于检测气缸活动限位。磁性开关主要工作原理是在气缸的内部推杆上一端固定有一磁环，当气缸的推杆移动靠近感应开关时，感应开关的两根磁簧片被磁化而使触点闭合，产生电信号；当磁环离开感应开关后，舌簧片失磁，触点断开，电信号消失。磁性开关可以检测到气缸的活塞位置从而控制相应的电磁阀动作，如图2-3-8所示。

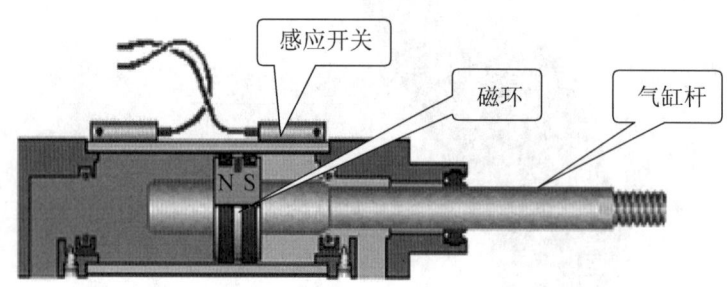

图2-3-8 磁性开关结构图

2)变频器

变频器是可调速驱动系统的一种执行器，是应用变频驱动技术改变交流电动机工作电压的频率和幅度，实现控制交流电动机速度及转矩。变频器最常见的是输入及输出都是交流电，采用的是交流/交流转换技术。物料上料单元的筛选机构应用了一套变频控制系统，其变频电机和变频器的型号为Z2D1024GN-18S/2GN100K、FR-D720S-0.4K-CHT。该型号为单相220V级别，电源接线如图2-3-9所示。

有关变频器的使用方法请参阅"基本技能篇"相关部分。

3)手持测试器

(1)功能描述

手持测试器是为了检测设备的接线安装完成后、运行前控制电路的接线情况及控制器件的好坏而开发的。其优点是方便、快捷、直观、安全等。手动测试可以非常快速和直观地检测模型上的传感器、继电器和电磁阀等电器的动作及对应的I/O点的顺序，并判断接线是否正确，避免因接线错误而损坏设备。手持测试器电源端和按键指示区都带有反向二极管保护，如图2－3－10所示。

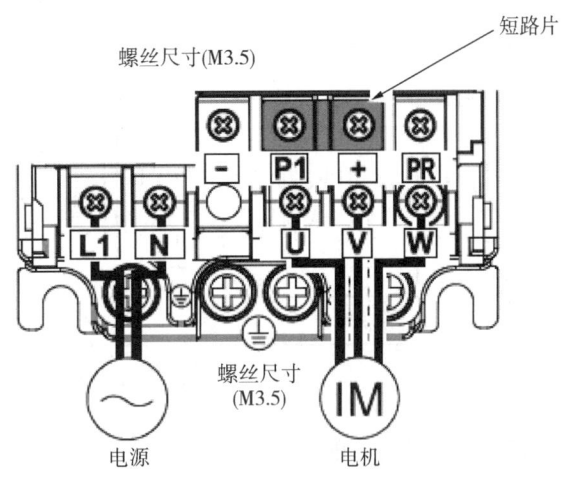

图2－3－9　变频器外观及接线图

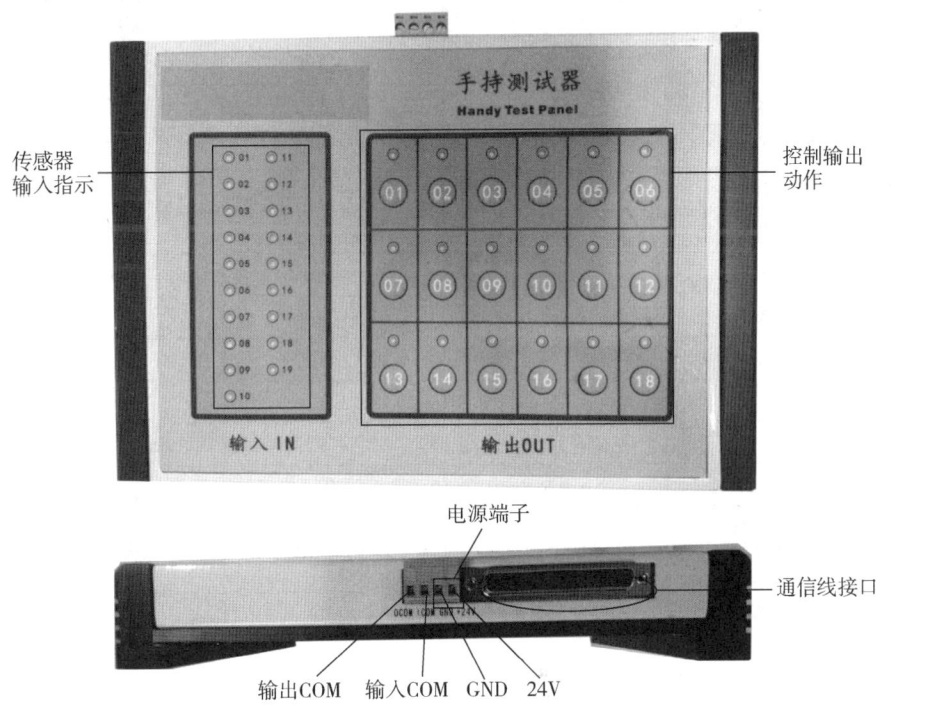

图2－3－10　手持测试器面板

(2)手持测试器的使用

按要求接好电源线、输入和输出的公共端及对应PLC的公共端接线,并口通信线的一端接在手持测试器的通信线接口上,另一端接在桌面板上。其桌面器件安装布局图如图2-3-11所示。

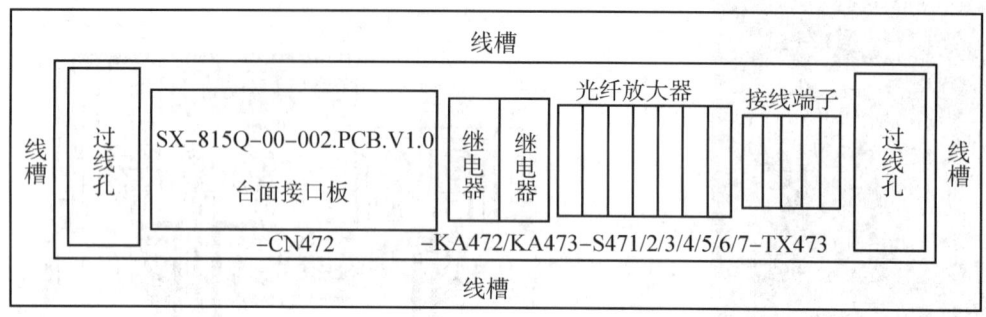

图2-3-11 桌面器件安装布局图

桌面接口板的地址和测试器上的顺序是一一对应的,不能改变。手持测试器的输入、输出相对应的并口针脚的顺序如表2-3-1所示。

表2-3-1 输入输出对应顺序

输入地址	测试盒输入指示	输出地址	测试盒输出指示
01 - X00	01	20 - Y00	01
02 - X02	02	21 - Y01	02
03 - X03	03	22 - Y02	03
04 - X04	04	23 - Y03	04
05 - X05	05	24 - Y04	05
06 - X06	06	25 - Y05	06
07 - X07	07	26 - Y06	07
08 - X14	08	27 - Y07	08
09 - X15	09	28 - Y26	09
10 - X16	10	29 - Y27	10
11 - X17	11	30	11
12 - X20	12	31	12
13 - X21	13	32	13
14 - X22	14	33	14
15 - X23	15	34	15
16 - X24	16	35	16
17 - X25	17	36	17
18 - X26	18	37	18
19 - X27	19		

手持测试器上的输入区，指的是传感器的信号输入，只有指示作用。手持测试器上的输出区，指的是手动控制输出一个信号给执行元件，使执行元件得电动作，并且按键的上方有一指示灯指示。

例如，01-X00端口接的是物料瓶上料检测传感器，22-Y02端口接的是旋转气缸电磁阀。当传感器感应到有物料瓶时，就会有信号输出，对应手持测试器的01号指示灯也会亮，否则不亮；当手动动作手持测试器的03号按键时，会输出一个信号给旋转气缸电磁阀，使其得电动作，并且按键上方的指示灯亮。

4) 上料工作站气动回路

上料工作站气动控制总回路如图2-3-12所示。

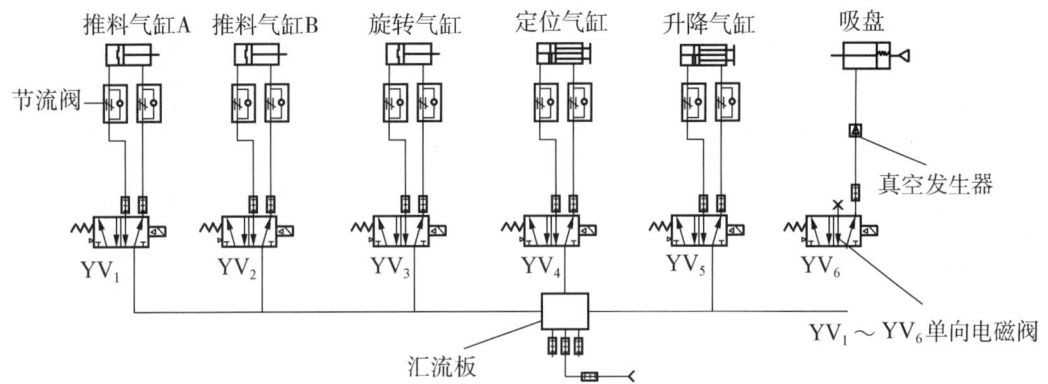

图2-3-12 上料工作站气动控制总回路图

上料工作站共有6个简单的气动控制回路，在气缸的两端设有可调的节流阀，可以调节气流量和压力。$YV_1 \sim YV_6$为单向电磁阀。工作站通过一根进气管将气源引到汇流板中，经过汇流板分流，分别送到单个气动回路中，再由单向电磁阀的得电与失电来控制气缸的动作。例如，吸盘吸料回路应先打开气阀，气流经汇流板进入到吸盘支路中，此时，气流只能在电磁阀进气端，进入不了真空发生器，真空发生器不工作。当PLC或手动发出一个控制信号给电磁阀YV_6，电磁阀得电吸合换向，气流经过电磁阀进入到真空发生器，真空发生器得气工作，产生真空，吸盘贴合吸取物料。

2. 器材、设备准备

①颗粒上料工作站1台(见图2-3-1)；②工具：一字螺丝刀、十字螺丝刀；③测试仪器：万用表、手持测试器。

四、学习任务实施

1. 根据上料工作站部分电气连接图(图2-3-13)进行电气连接。
2. 参照图2-3-14所示的I/O接线图进行电气连接。

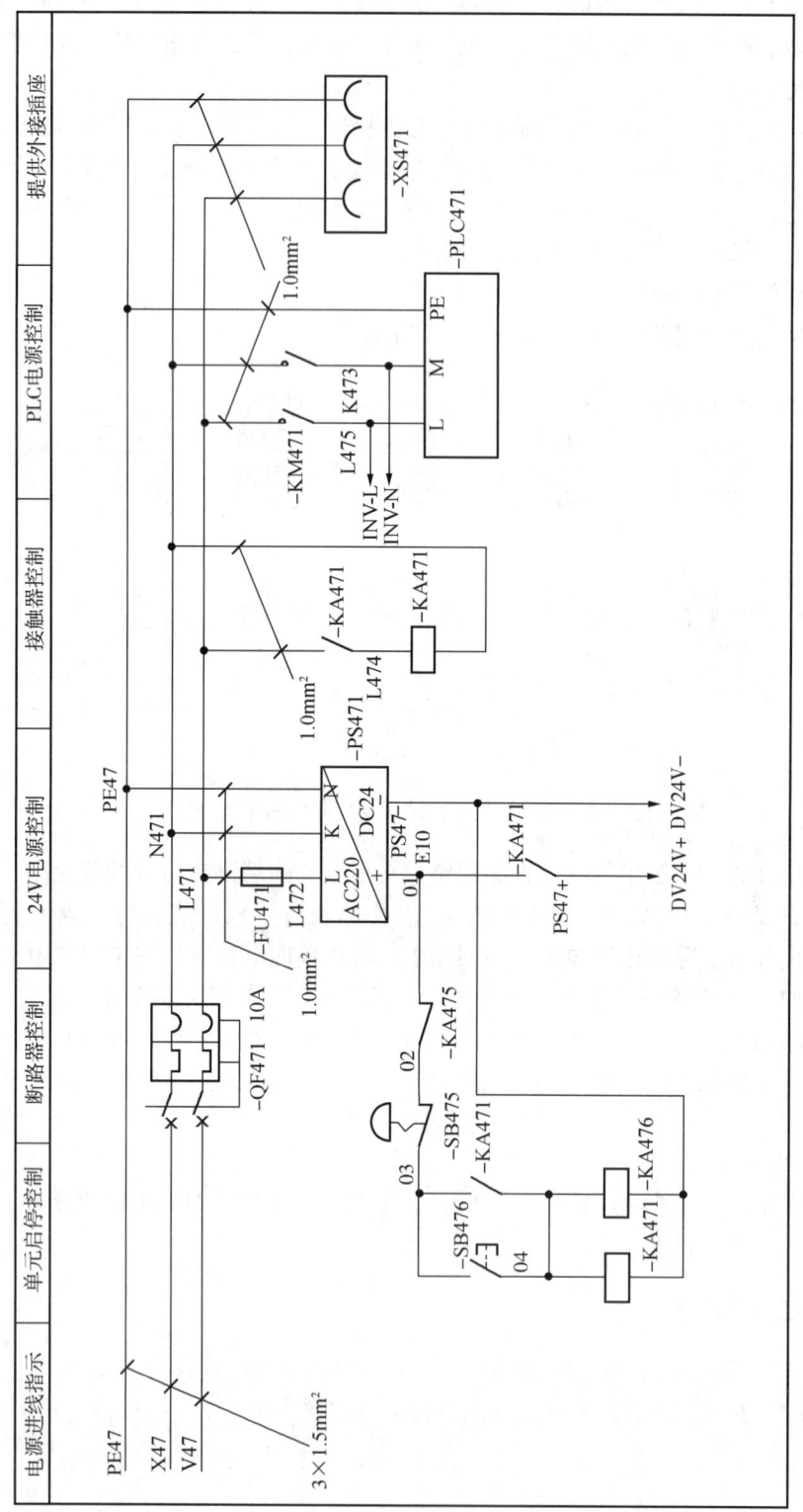

图2-3-13 上料工作站部分电气连接图
(a)

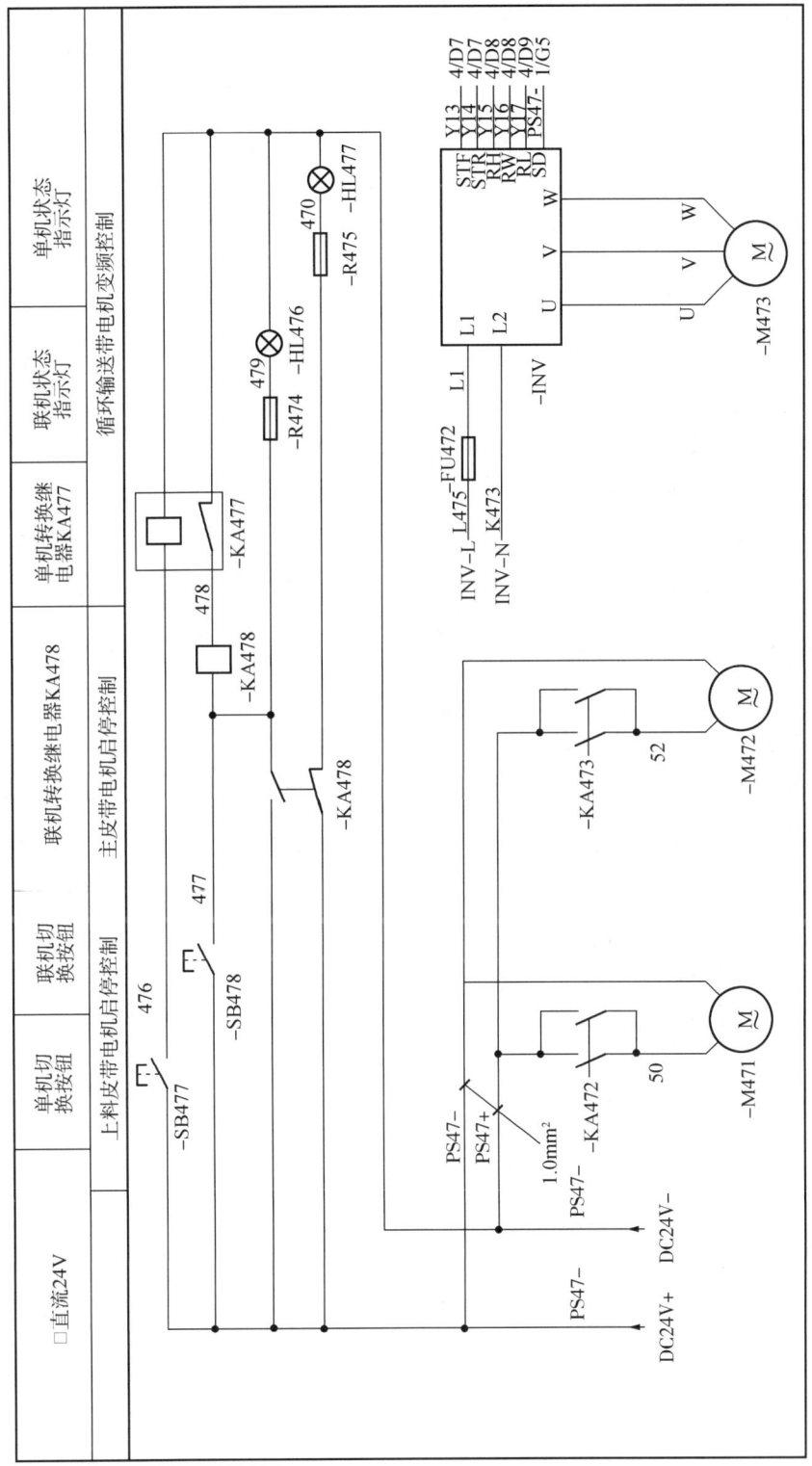

续图2-3-13 上料工作站部分电气连接图

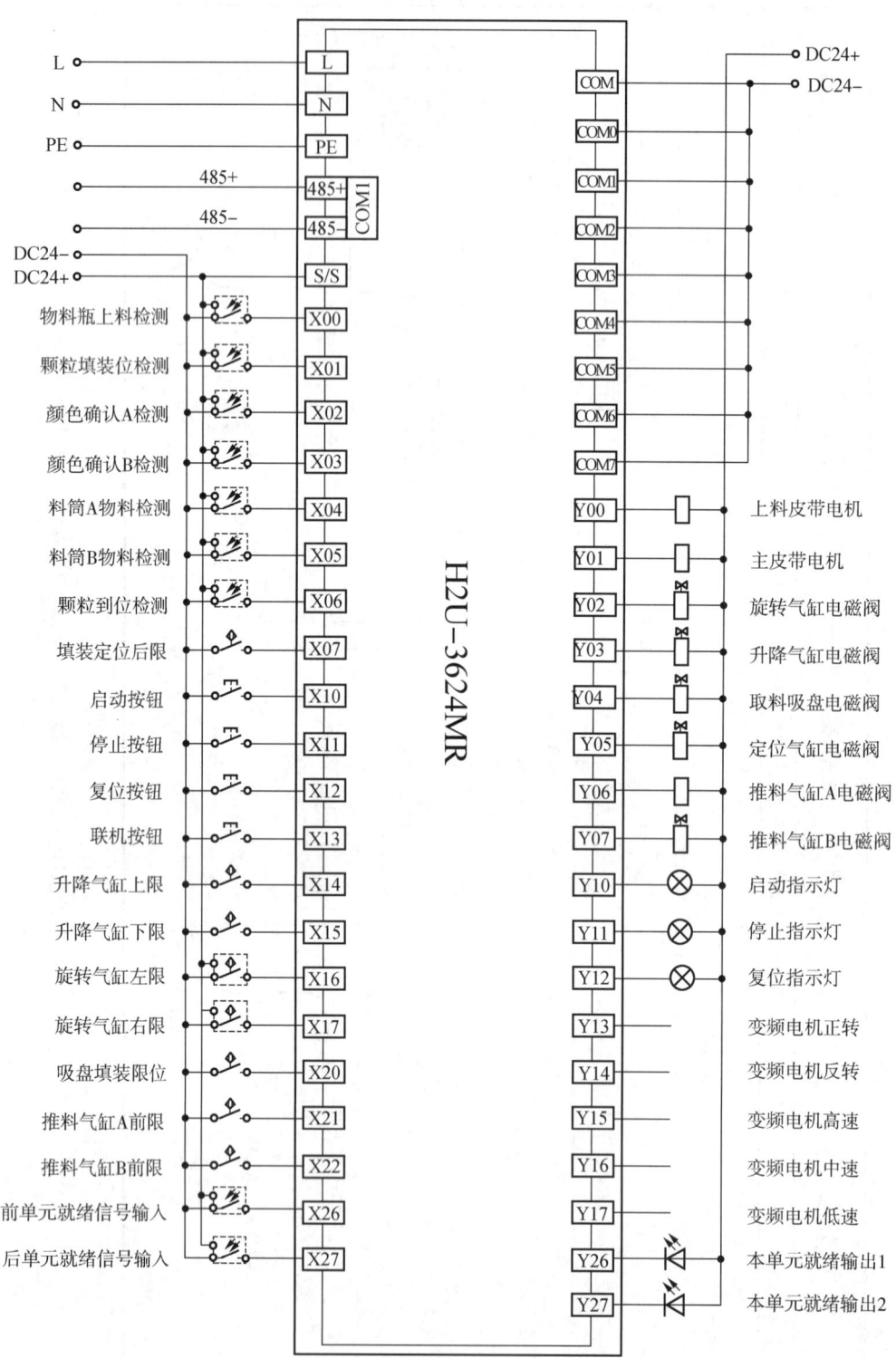

图 2-3-14 PLC I/O 接线图

3. 设备操作与调试

1)上电前检查

(1)观察机构上各元件外表是否有明显移位、松动或损坏等现象,如果存在以上现象,应及时调整、紧固或更换元件。

(2)对照端子分配表或接线图检查接线是否正确,尤其要检查24V电源、电气元件电源线等线路是否有短路、断路现象。

2)设备上电与接通气源

(1)在确保接线无误后,松开控制面板上的[急停]按钮,按下[开]按钮,设备上电,绿色指示灯亮。当设备运行过程中遇到紧急状况时,请迅速按下[急停]按钮,给设备断电。

(2)接通气路,打开气源,调节好气压(气压>0.4MPa),手动控制电磁阀,确认各气缸及传感器的原始状态。

3)传感器初步调试

(1)将光纤放大器调到L·ON动作模式状态,并设定一个初始门槛值。

(2)将磁性开关安装在靠近气缸两端的位置。

4)手持测试器检测电路

根据手持测试器的使用方法正确连接好电路,并按接线板的顺序对应手持测试器的序号顺序,测试传感器和电磁阀等用电器的接线是否正确,观察器件动作是否正常并做好记录。

五、学习任务拓展

如果选用西门子S7-200 PLC,请自行设计本工作站的I/O电气接线图。

学习任务2 上料工作站控制程序设计

一、学习任务目的与要求

掌握上料工作站控制系统的 PLC 软件组成模块及编程思想。

二、学习任务描述

根据上料工作站的控制要求进行 PLC 编程。

三、学习任务准备

1. 知识技能准备

1) 程序流程图

上料工作站的工艺流程是由 PLC 控制的,所以应绘制 PLC 的流程图,再根据流程图编写 PLC 控制程序,以提高编程效率。本工作站控制系统程序流程图如图 2-3-15 所示。

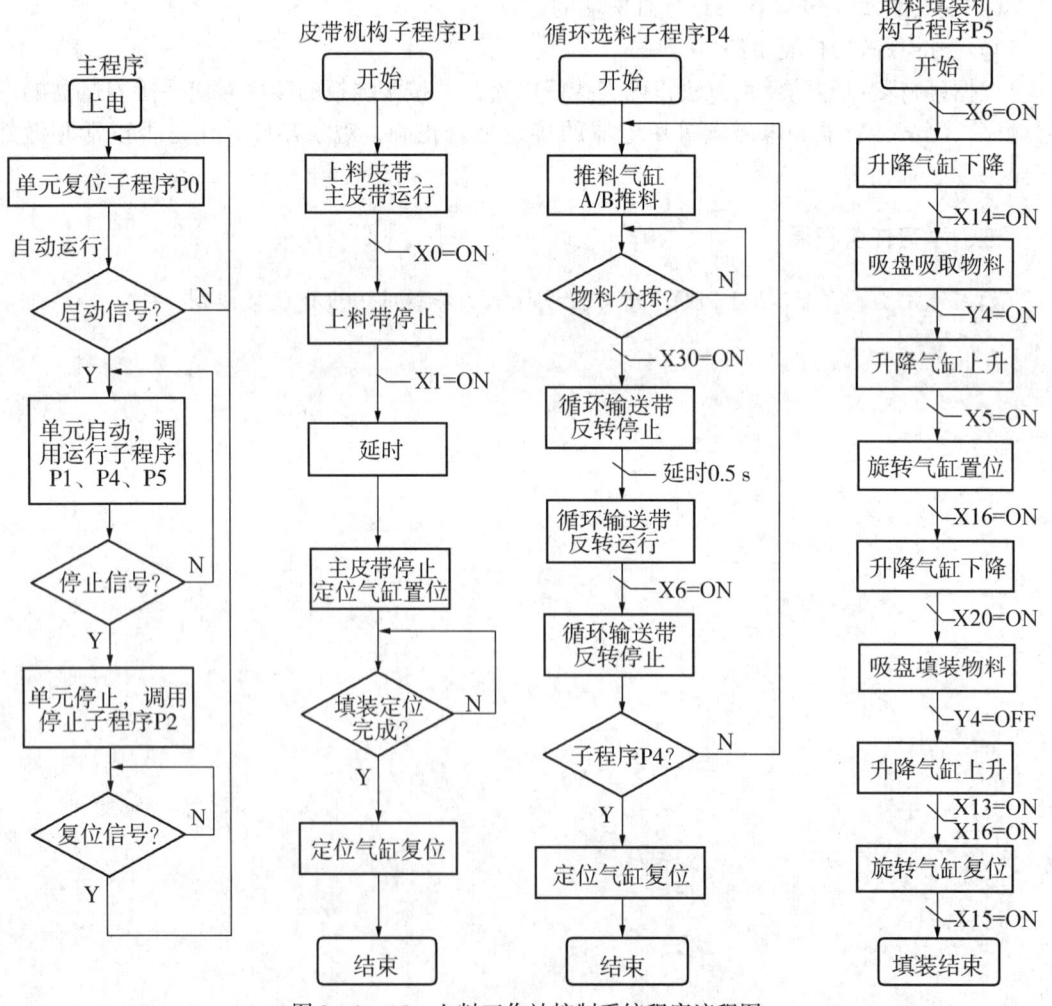

图 2-3-15 上料工作站控制系统程序流程图

2)编程指令介绍

本站所用的区间复位指令 ZRST。

传送指令 MOV 和调用子程序 CALL 等请参考《工业控制新技术教程》的相关内容。

2. 器材、设备准备

①PLC 1 台,上料工作站(见图 2-3-1);②PC 1 台及 GX Developer 软件 1 套。

四、学习任务实施

1. 编写复位控制和启动控制部分主程序、单元复位子程序 P0

根据程序流程图 2-3-15 编写复位控制主程序、单元复位子程序 P0、启动控制主程序,参考程序如图 2-3-16、图 2-3-17 和图 2-3-18 所示,理解编程思路和编程方法。

1)复位控制主程序

本程序是复位控制主程序,其中包含上电、面板复位按钮和联机复位三部分。当设备上电,M8002 给一个初始脉冲,M0 置位,系统进入到复位状态,在复位过程时,指示灯以闪烁指示;当复位完成后,M1 置位,指示灯 Y012 常亮,然后通过调用子程序指令 CALL,调用复位子程序 P0 完成复位,如图 2-3-16 所示。

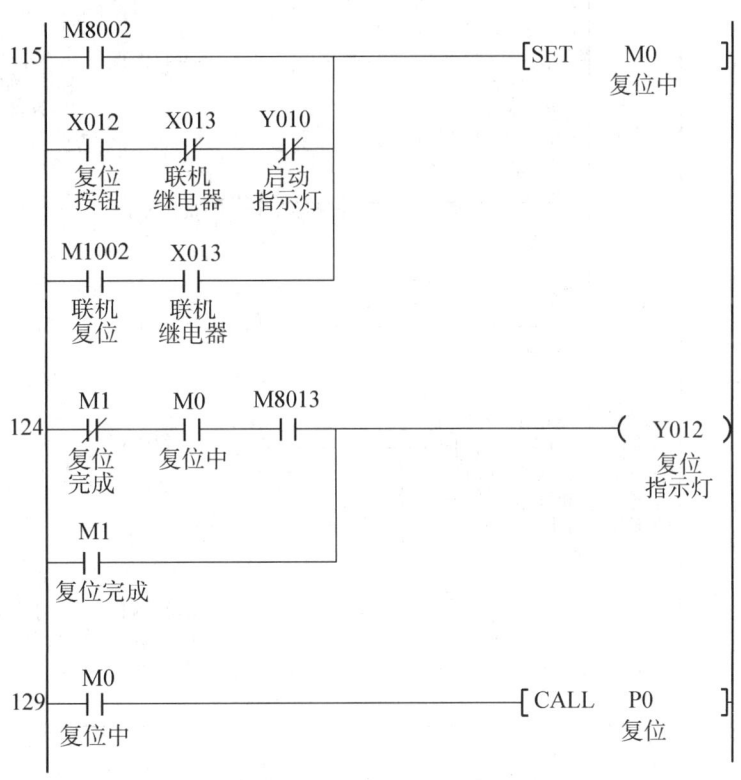

图 2-3-16 复位控制主程序

2)单元复位子程序 P0

系统各个地址和数据是通过该程序段来实现初始化的,在此程序中用到了 ZRST 指令。由于在复位时,需对 PLC 端口和 PLC 内部数据复位,使用 ZRST 指令可以很方便对某个区域段的地址(如复位定时器 T0～T30 区域的数据)进行复位。当所有的数据复位后,执行器回到初始位置,相应的传感器 X07、X14、X17 接通,复位完成,M1 置位,如图 2－3－17 所示。

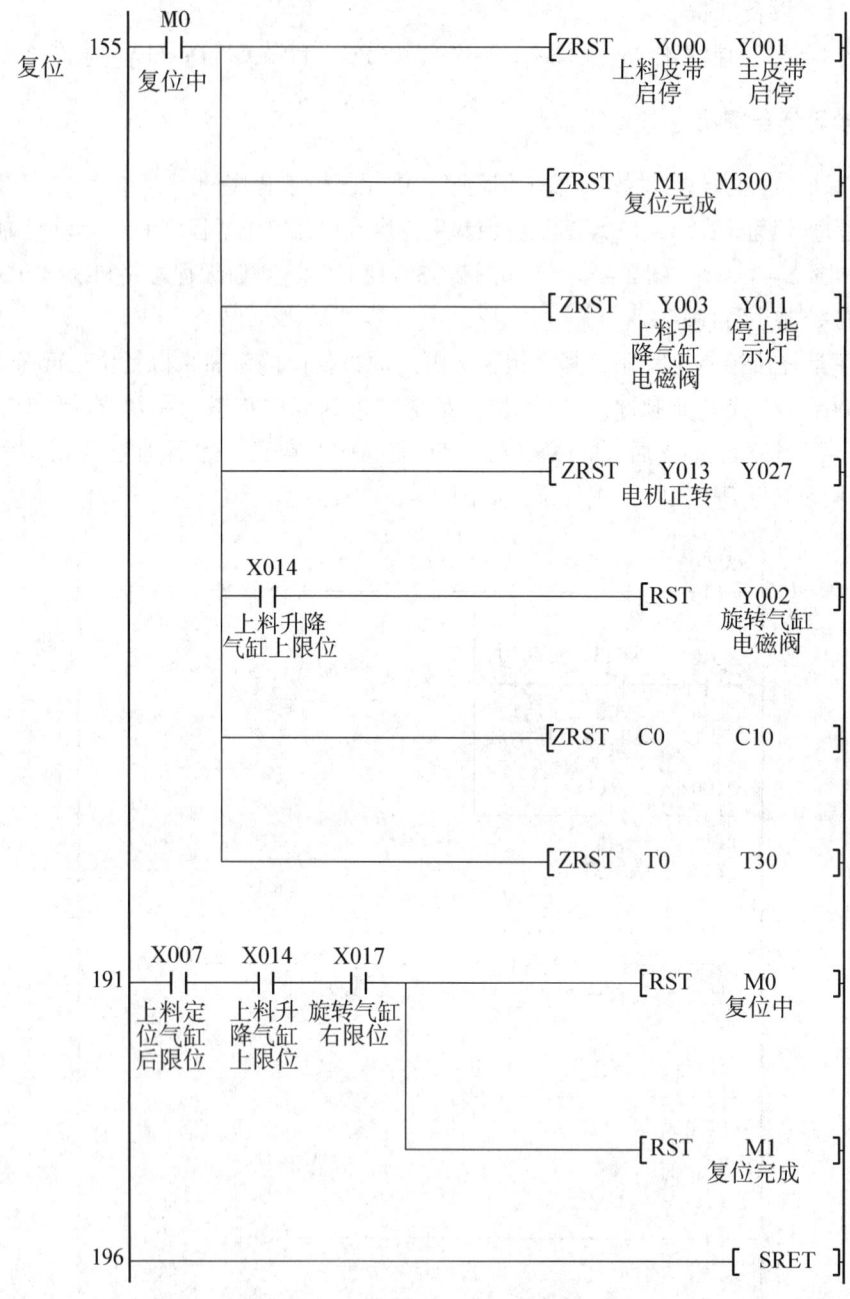

图 2－3－17 单元复位子程序 P0

3) 启动控制主程序

当系统复位完成后,通过面板启动按钮或联机启动按钮来启动系统。系统启动后,复位指示灯灭,启动指示灯亮。启动控制主程序如图 2－3－18 所示。

第二篇　综合技能篇　189

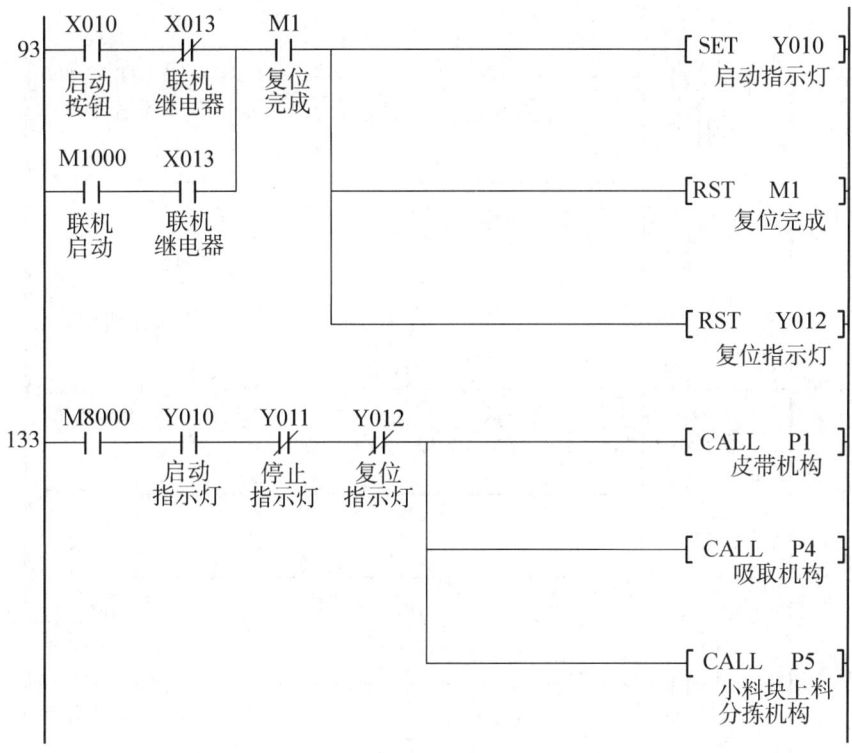

图 2-3-18　启动控制主程序

2. 参考程序流程图(图 2-3-15)编写皮带机构子程序 P1

系统启动后,开始运行子程序 P1,上料皮带(Y00)和主皮带(Y01)运行,当上料传感器(X00)检测到瓶子,上料皮带停止;瓶子继续在主皮带上输送,当填装位传感器感应到瓶子,旋转气缸复位延时,主皮带停止,且定位气缸电磁阀置位,填装定位完成。皮带机构子程序 P1 参考程序如图 2-3-19 所示。

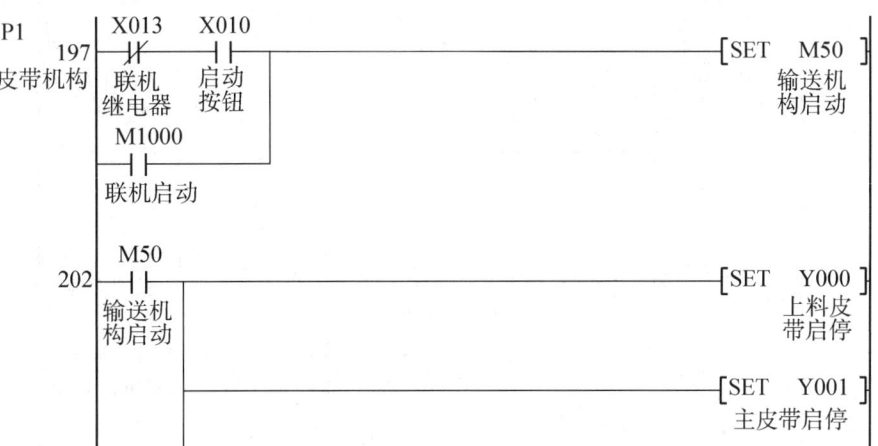

图 2-3-19　皮带机构子程序 P1

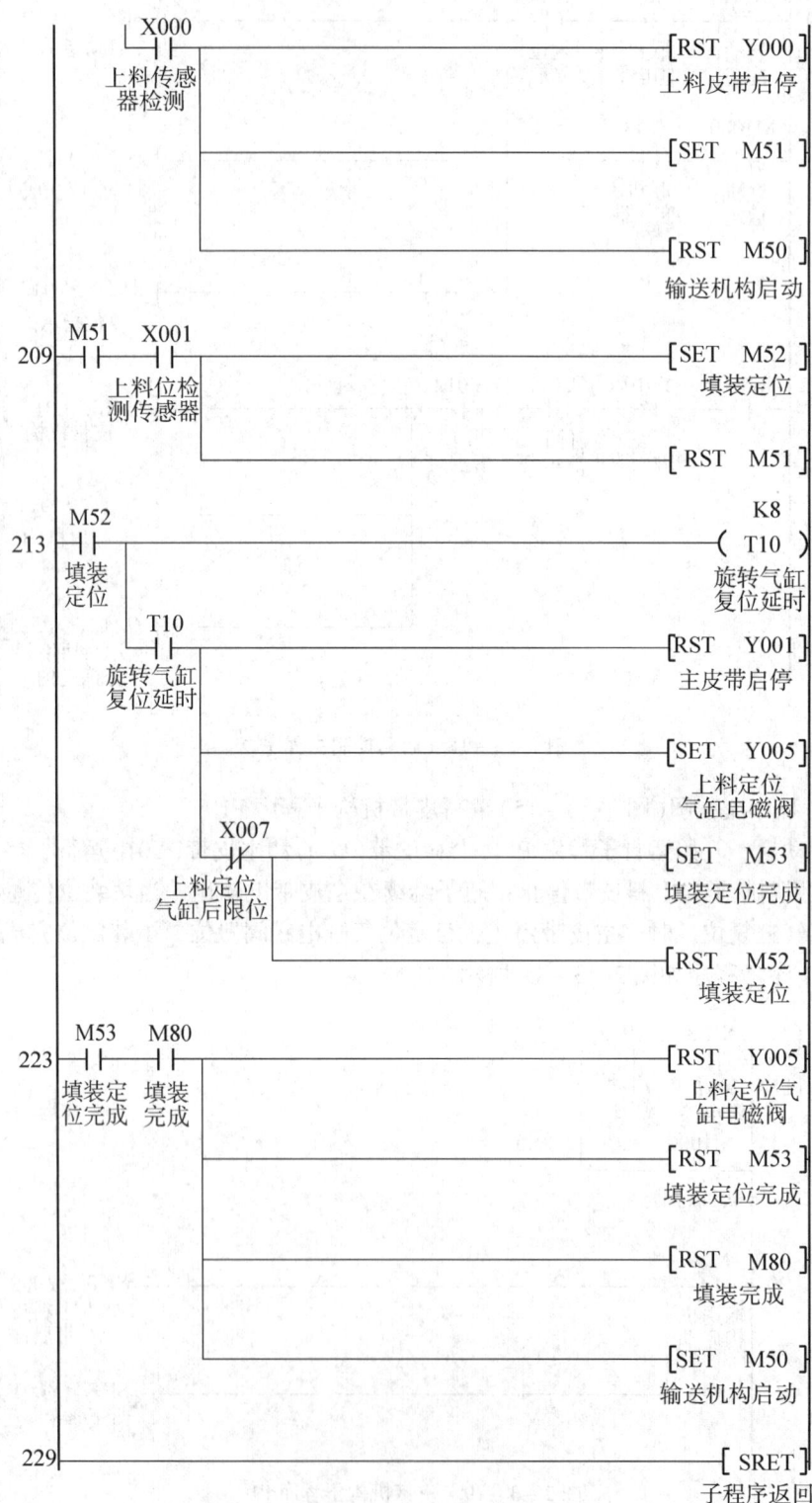

续图 2-3-19 皮带机构子程序 P1

五、学习任务拓展

(1) 根据上料工作站的控制系统程序流程图编写取料填装机构子程序 P5。

(2) 如果每个瓶子填装 4 个蓝色物料，工艺流程如图 2-3-20 所示，其程序应如何编写？

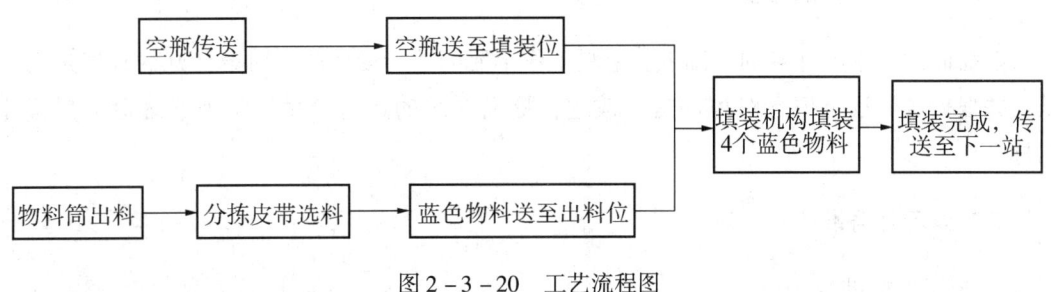

图 2-3-20　工艺流程图

(3) 根据程序流程图(图 2-3-15)并参考图 2-3-19 皮带机构子程序 P1，编写循环送料子程序 P4。

学习任务3　上料工作站程序调试运行与优化

一、学习任务目的与要求

在前面两个学习任务的基础上,上料工作单元的功能设计要求对设计好的程序进行调试,并根据实际运行情况对程序进行改进,提高系统的运行效率,实现系统运行最优化目标。

二、学习任务准备

1. 知识技能准备

1) GX Developer 软件的程序下载

GX Developer 是三菱公司推出的简单易操作的 PLC 编程软件,这款软件能够对三菱 FX 系列、Q 系列所有 PLC 进行程序编辑、下载、在线监控与调试等。请参阅基本技能篇的"可编程序控制器编程软件的使用"中的相关内容。

2) GX Developer 软件的监视功能

(1)程序下载完成后,将 PLC 的运行开关拨到"运行"状态。

(2)点动菜单"在线"→"监视"→"监视模式"或按"F3"快捷键,软件进入监视模式。图 2 – 3 – 21 所示为监视模式下梯形图的显示实例,通过此模式,调试人员可以实时监视程序每个软元件的数据状态,M8013 蓝色表示 M8013 为闭合状态,否则表示 M8013 为断开状态。

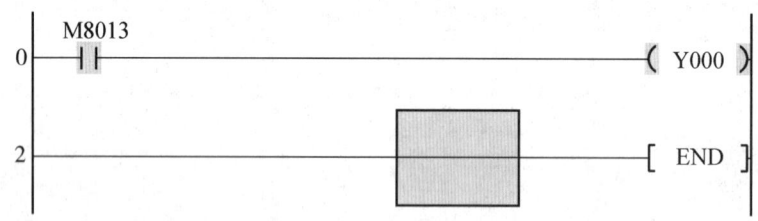

图 2 – 3 – 21　监视模下梯形图

(3)在监视模式下,调试人员还可以通过"软元件测试"功能强制软件断开或闭合,也可以强制将数值写入到数据寄存器、计数器等字数据元件中。"软元件测试"功能窗口可以通过快捷键"Alt + 1"来打开,如图 2 – 3 – 22 所示。

3) 三菱变频器的参数设置方法与主要参数

(1)请参阅基本技能篇"通用变频器的基本运行方式"等有关通用变频器使用的相关内容。

(2)设定 Pr.1 上限频率为 50Hz,手动设置变频器参数的步骤如图 2 – 3 – 23 所示。

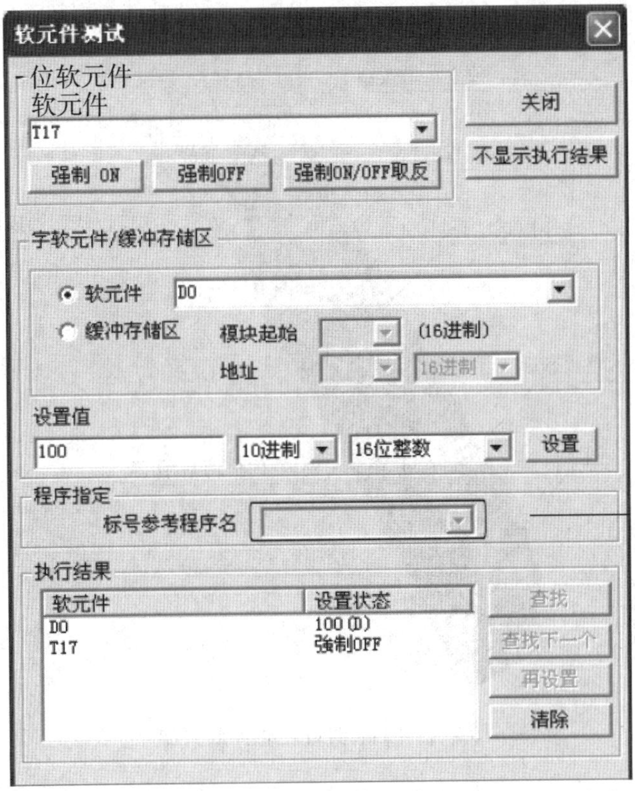

第二篇 综合技能篇　　193

图 2-3-22　软元件测试窗口

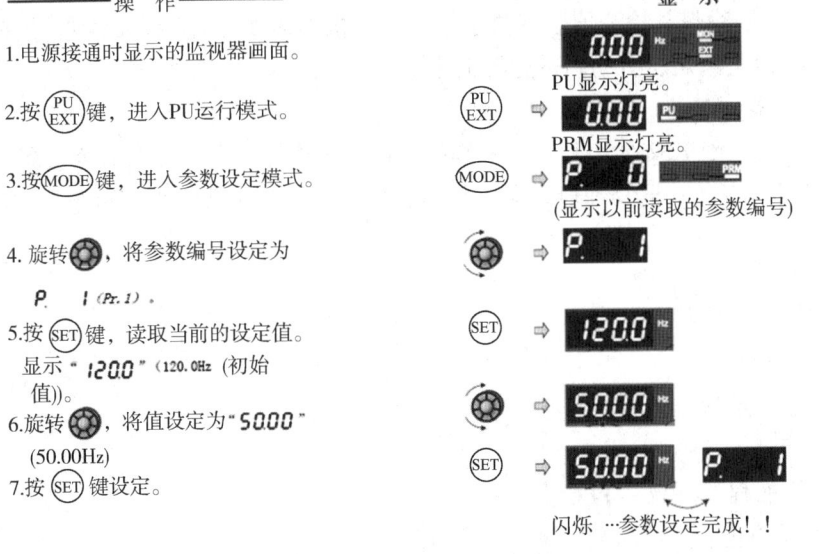

图 2-3-23　FR-D720 变频器参数设置步骤

4）光纤传感器的调试方法

在学习任务1中已经介绍了两种类型光纤传感器的基本组成、应用原理和接线方法，这里介绍光纤传感器的参数设置与调节方法。光纤传感器放大器如图2-3-24所示。

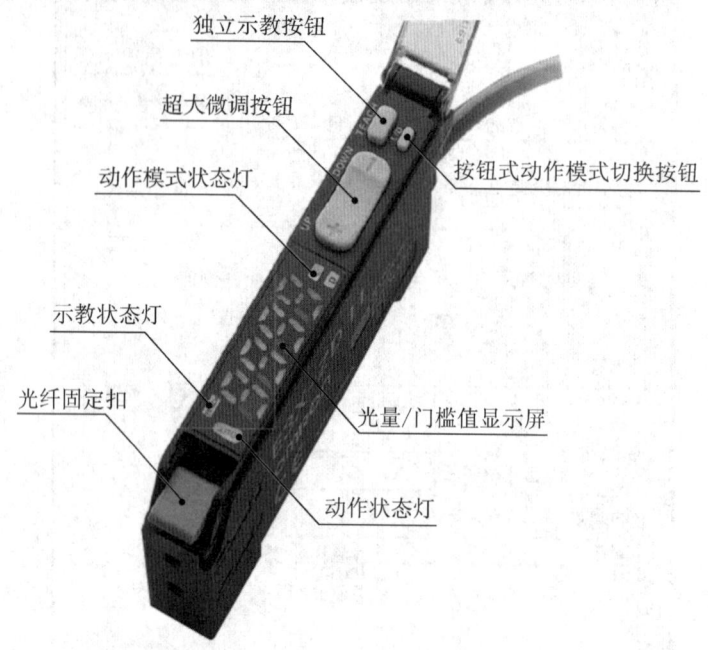

图2-3-24　光纤传感器放大器

（1）将被测物料置于检测工位上，放置位置与方式必须与实际运行检测时一致。

（2）长按［独立示教］按钮直到显示屏上显示的数值闪亮为止，此时显示的数值即为检测传感器输出信号的门槛值。当检测值大于此值时，传感器就会输出。

（3）由于不同物料其检测值会有微小差异，可根据需要通过［超大微调］按钮调整门槛值，以使参数设定满足所有物料的检测需求。

2. 设备与器件准备

①电脑1台，附RS232串口和GX Developer8.0软件，上料工作站（见图2-3-1）；②SC-09通信线1条；③物料瓶5套，包括瓶身和瓶盖；④蓝色小物料5个，白色小物料15个。

三、学习任务实施

1. 设备上电通气

与本工作项目学习任务1的上电通气步骤相同。

2. 程序下载

将设计好的程序下载到PLC中。

3. 启动、停止、复位功能调试

1）设备复位功能调试

设备上电时，"单机"指示灯常亮，"停止"指示灯亮；按［复位］按钮，设备开始复位，

"复位"指示灯闪亮；设备各器件回到初始状态后，"复位"指示灯常亮，"停止"指示灯灭，复位完成。

2) 设备启动与停止功能调试

在单机状态下，设备复位完成，进入就绪状态后，按[启动]按钮，设备开始运行，"运行"指示灯亮；进入运行状态后，按[停止]按钮，设备立即停止运行，"停止"指示灯亮。

4. 皮带机构调试

1) 上料皮带启动与停止

(1) 设备进入运行状态后，上料皮带启动运行，同时主皮带启动运行。

(2) 将瓶子放入到上料皮带，当瓶子运行到主皮带上时，物料瓶上料检测传感器检测到瓶子，上料皮带停止。此时可能出现的故障现象及排除方法如表2-3-2所示。

表2-3-2 上料工作站故障排查表

序号	故障现象	故障原因	故障排查方法
1	上料皮带不启动运行	PLC输出点Y0到皮带电机之间存在故障	1. 检测Y00到上料皮带电机控制继电器KA472之间回路是否存在断路现象 2. 检测继电器KA472与电机接线是否正确，继电器24V电源是否正常
2	主皮带不启动运行	PLC输出点Y01到皮带电机之间存在故障	1. 检测Y01到上料皮带电机控制继电器KA473之间回路是否存在断路现象 2. 检测继电器KA473与电机接线是否正确，继电器24V电源是否正常
3	上料传感器感应不到瓶子，上料皮带不停止	上料检测传感器线路故障	1. 检查上料检测传感器到PLC输入点X00之间的线路是否存在断电现象 2. 减小上料检测传感器的门槛值，使物料瓶底大半面积在上料主皮带时，传感器刚好检测到物料瓶
4	上料皮带停止时，物料瓶仍停留在上料皮带上，无法进入主皮带	上料检测传感器门槛值太低，过早检测到物料瓶	1. 减小上料检测传感器的检测门槛值 2. 调整门槛值无法满足要求时，再调整传感器的位置与方向

(3) 物料瓶在主皮带上运行，当瓶子到达填装位置时，填装定位气缸推出，将瓶子固定。

5. 循环选料机构调试

1) 变频器参数设置

皮带机构调试完成后，开始调试循环选料机构(图2-3-25为循环选料机构效果图)，首先进行变频器参数设置。依据表2-3-3中所列参数完成设置，其它参数都可以用默认值。

2) 皮带机构故障的排除

工作站启动时，循环选料机构马上开始工作，循环皮带启动，机构顺时针运行，皮带机构如出现故障，可参阅表2-3-4进行分析排除。

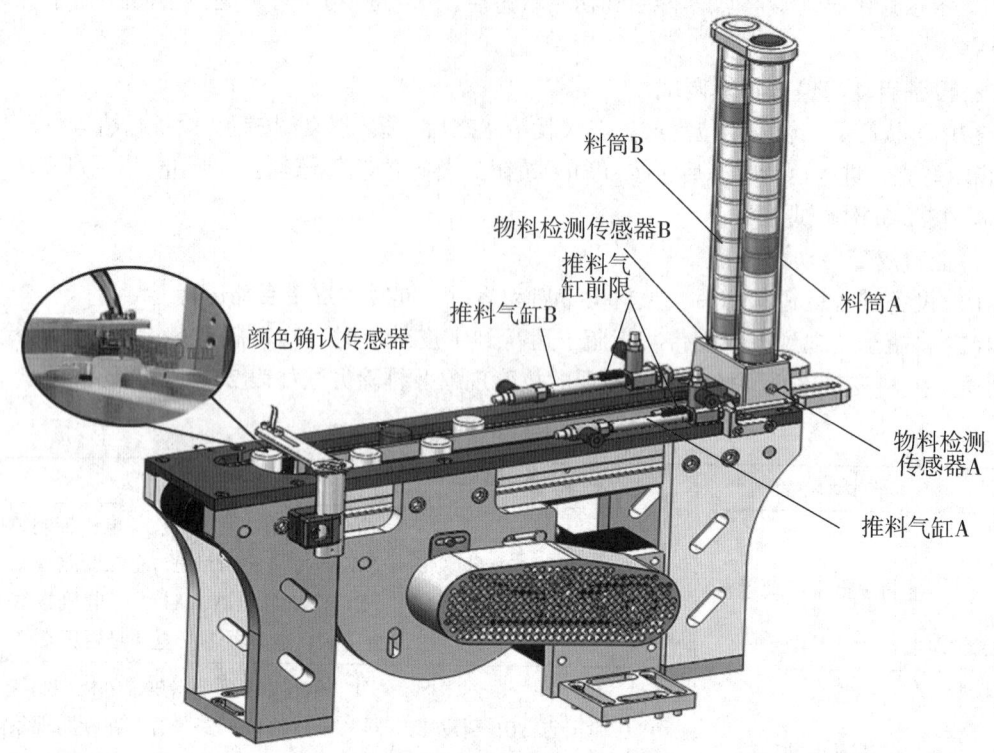

图 2-3-25 循环选料机构效果图

表 2-3-3 上料工作站变频器参数设置表

参数	名 称	设置值
Pr. 4	多段速设定（高速）	30
Pr. 5	多段速设定（中速）	20
Pr. 6	多段速设定（低速）	10
Pr. 7	加速时间	1.5s
Pr. 8	减速时间	0.3s
Pr. 79	运行模式选择	4

表 2-3-4 上料工作站循环皮带故障排查表

序号	故障现象	故障原因	故障排查方法
1	循环皮带不启动运行	变频器控制模式错误	改变 Pr.79 参数
2		PLC Y13 到变频器正转启动 STF 线路故障	检查 Y13 到 STF 线路是否断路
3	循环皮带运行方向错误	变频器方向控制输入 STF 和 STR 接反	对调 STF 和 STR 接线

3) 料筒推料功能调试

循环皮带启动后，两个小物料筒开始分别推出小物料块到循环皮带上。调节物料筒 A 检测传感器和物料筒 B 检测传感器的检测门槛值，使这两个传感器能够准确指示物料筒内物料有无情况。上料机构如出现故障可参阅表 2-3-5 予以排除。

表 2-3-5 上料工作站循环皮带故障排查表

序号	故障现象	故障原因	故障排查方法
1	料筒内有物料，但推料气缸不推物料	PLC 输出线路 Y06、Y07 故障	1. 检查 Y06 到推料气缸 A 电磁阀的线路 2. 检查 Y07 到推料气缸 B 电磁阀的线路
2		推料气缸 A 和推料气缸 B 的前限磁性开关安装位置发生偏移	调节图 2-3-25 中推料气缸 A 和 B 的前限磁性开关的位置
3	料筒内无物料，但推料气缸 A 或 B 不停止，仍然间隔性地推出	物料检测传感器 A 或 B 检测门槛值太低	增加物料检测传感器 A 或 B 的门槛值

4) 颜色分拣功能调试

当物料到达颜色传感器下方时，白色物料由皮带反转送到取料位，蓝色物料则不作处理。分别设置颜色确认传感器 A 和 B 的检测门槛值，白色物料通过时，PLC 的 X2 和 X3 都有输出；而当蓝色物料通过时，只有 X3 有输出。

5) 取料填装机构调试

白色物料到取料位后，取料填装机构开始工作，从取料位吸取物料到填装位，将物料装到瓶子里。

吸盘在取料时应对准取料位的物料，在放料时应对准填装位瓶口，如图 2-3-26 所示。调整取料填装机构的两个调节螺母能够微调吸盘前后位置关系，如图 2-3-27 所示，当微调无法达到要求时，需要调整取料填装机构在桌面的整体位置。

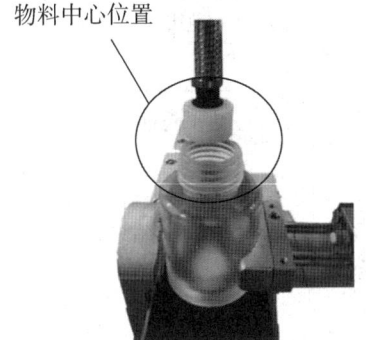

图 2-3-26 物料瓶填装位

图 2-3-27 取料旋转机构

四、学习任务拓展

如果本工作站复位失误，原因何在？硬件和程序应如何改变？

工作项目四 加盖工作站的控制

本项目由3个学习任务组成：加盖工作站的电气连接与操作控制、加盖工作站控制程序设计和加盖工作站程序运行调试与优化。

学习任务1 加盖工作站的电气连接与操作控制

一、学习任务目的与要求

(1)掌握加盖工作站控制系统的硬件组成结构图。
(2)熟练绘制加盖工作站的 PLC 电气接线图，并进行电气连接。
(3)掌握加盖与拧盖装置的操作控制。

二、学习任务描述

加盖工作站的任务是实现对物料瓶的加盖、拧盖，工作完成后输送到下一站。当加满物料的瓶子被输送到加盖机构后，加盖机构启动加盖流程，将盖子加到瓶子上；加上盖子的瓶子继续被送往拧盖机构，当瓶子到了拧盖机构下方后，拧盖机构启动，将瓶盖拧紧。加盖拧盖工作站结构如图 2-4-1 所示，其工艺流程图如图 2-4-2 所示。

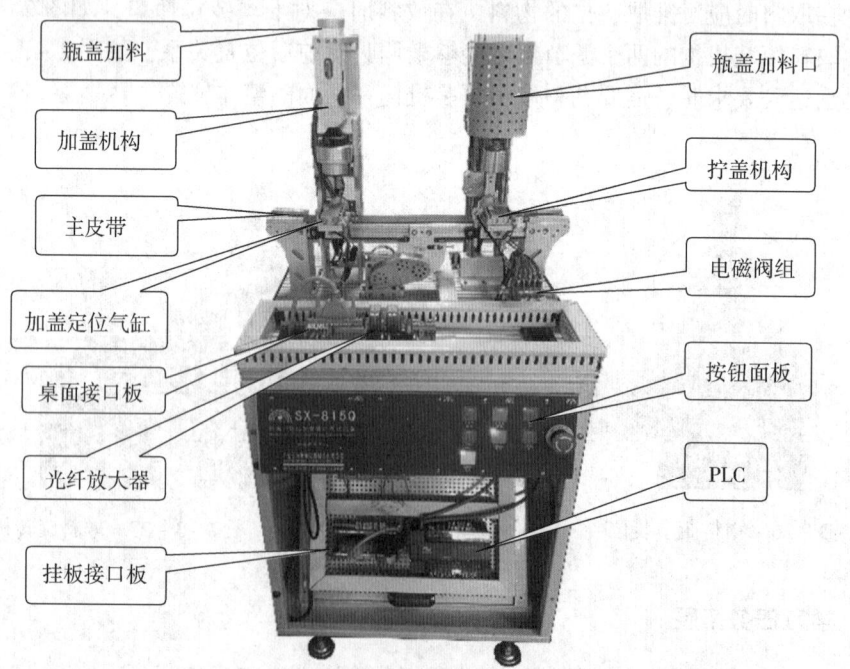

图 2-4-1 加盖拧盖工作站结构示意图

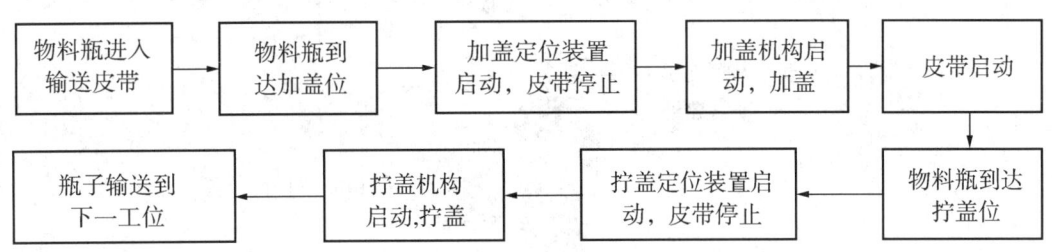

图 2-4-2 加盖拧盖工作站工艺流程图

三、学习任务准备

1. 知识技能准备

1) 气缸介绍

本工作站用到的气动元件有双轴气缸、笔形气缸、电磁阀和节流阀等。

(1) 双轴气缸为执行元件，它的功能是将气体压力能转换成机械能并完成做功动作。其结构外形如图 2-4-3 所示，其中，磁性开关用来控制气缸伸出或缩回限位。在本系统中这两种型号的气缸主要用来对物料瓶的定位、瓶盖的推送等。

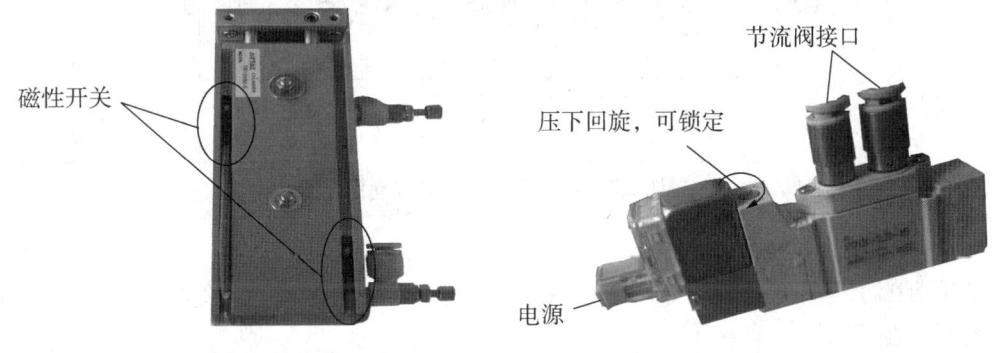

图 2-4-3 双轴气缸结构外形图　　　图 2-4-4 电磁阀外形结构图

(2) 电磁阀为控制元件，在控制系统中可调整气压的方向、流量和其它参数。电磁阀要配合不同的电路来实现预期控制。其结构外形如图 2-4-4 所示。在本系统中电磁阀主要用来控制气流的流动方向，并与 PLC、传感器等配合控制气缸伸出和缩回。

(3) 节流阀为控制元件，它的工作原理是通过改变节流截面或节流长度以控制气体流量。其结构外形如图 2-4-5 所示。它在本系统中主要的作用是控制每个气缸气体流量，以调节气缸伸出和缩回的速度。本系统中所有气缸上的节流阀都需要调节，若运动过快，则要顺时针旋转节流阀调节旋钮并锁紧防止松动；反之，则需要逆时针旋转节流阀调节旋钮，以达到合适的速度后再锁紧。

2) 加盖工作站气动回路图

加盖工作站气动回路图由 5 个简单的气动回路组成，如图 2-4-6 所示。气源通过进气管引进汇流板中，经过汇流板分流，分别送进各气动回路，再根据单向电磁阀 YV_1 ~ YV_5 得电或失电分别控制各气缸的动作。

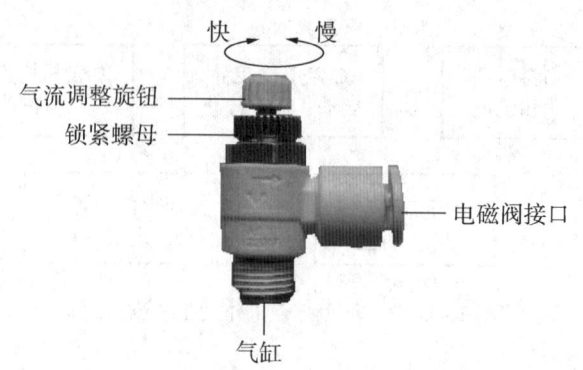

图 2-4-5 节流阀外形结构图

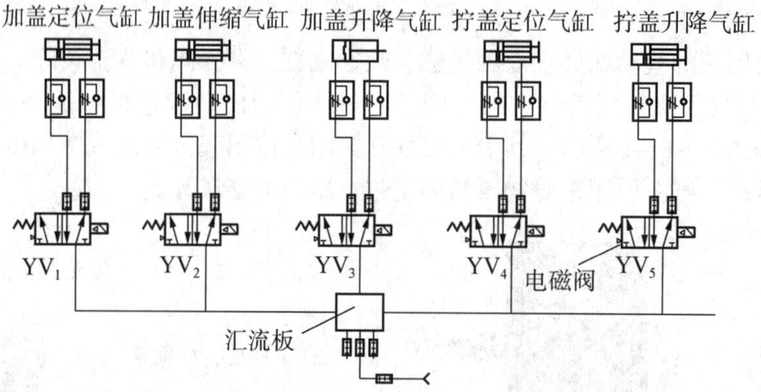

图 2-4-6 加盖工作站气动回路图

2. 器材、设备准备

① 加盖拧盖单元 1 台；② 工具：一字螺丝刀、十字螺丝刀；③ 测试仪器：万用表、手持测试器。

四、学习任务实施

1. 电气连接

根据加盖工作站的 PLC I/O 接线图（图 2-4-7）进行电气连接。

2. 设备操作与调试

1）上电通气检查

请参阅工作项目三学习任务 1 的上电通气过程。

2）传感器部分的调试

传感器部分的调试请参照物料上料站相关部分。

3）加盖装置的调试

将一个无盖的物料瓶放在加盖位，如图 2-4-8 所示，锁住加盖定位气缸电磁阀，调整加盖伸缩与升降气缸安装位置，保证瓶盖垂直压在物料瓶正中心。调整各个气缸磁性开关的位置，加盖装置调试完成。

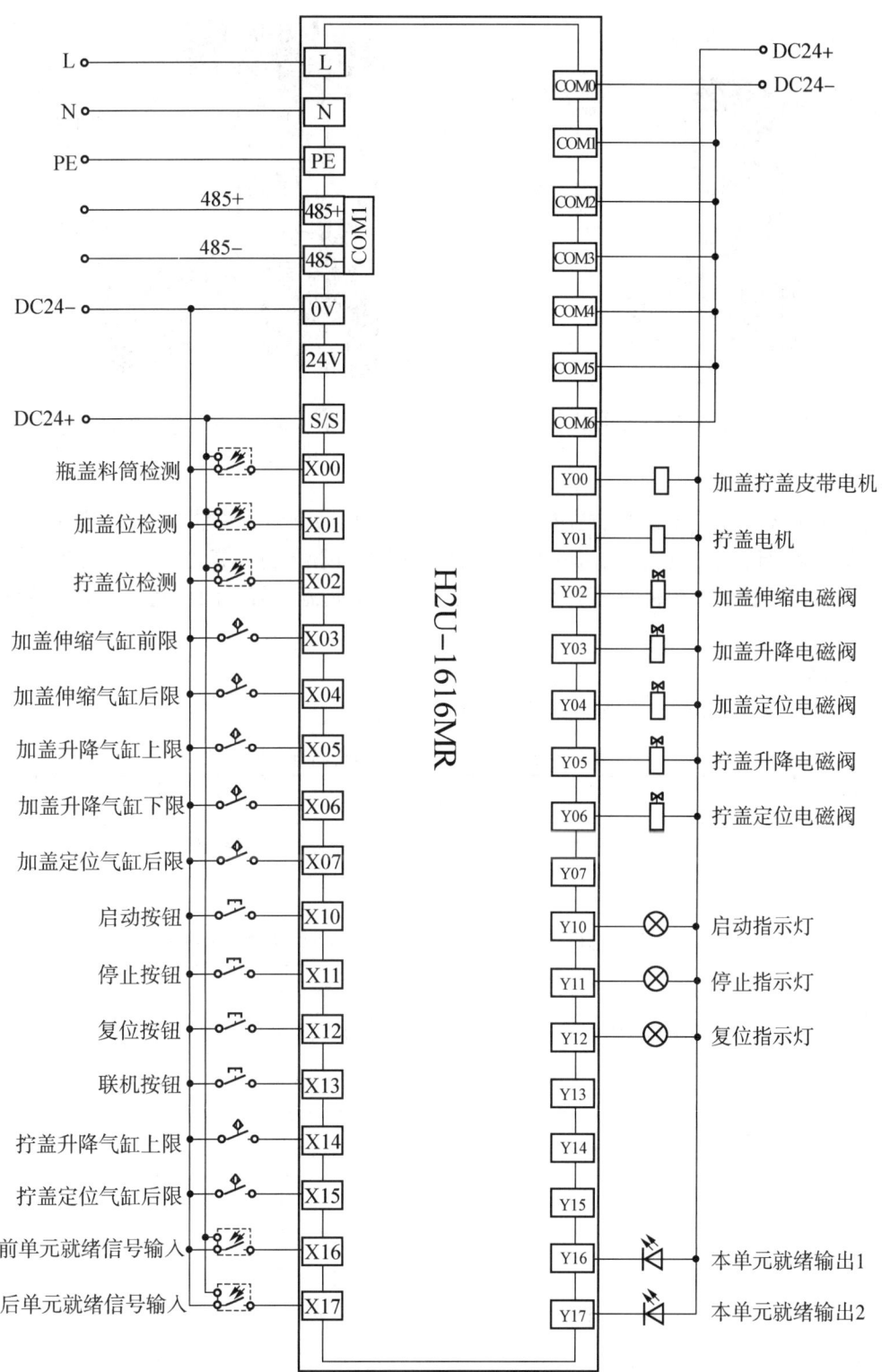

图 2-4-7 加盖拧盖单元 PLC I/O 接线图

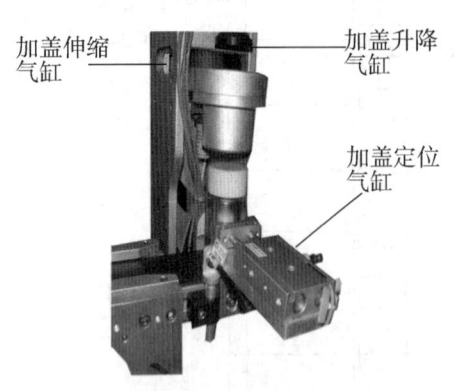 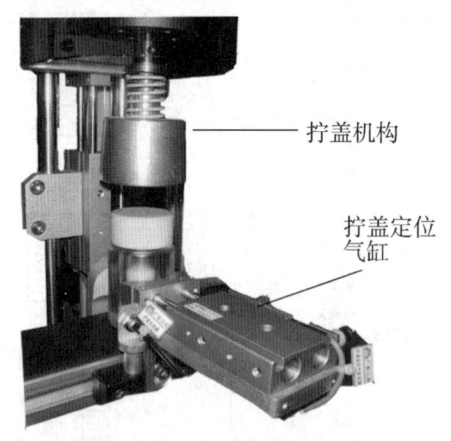

图 2-4-8 加盖装置调试示意图　　图 2-4-9 拧盖装置调试示意图

4）拧盖装置的调试

将一个加盖完成的物料瓶放在拧盖位，如图 2-4-9 所示，锁住拧盖定位气缸电磁阀，调整拧盖升降气缸的高度，保证气缸能在有效的行程内拧紧瓶盖。手动启动拧盖电机，根据电机的转速与物料瓶螺纹的高度，估算出拧紧瓶盖所需要的时间，拧盖装置调试完成。

5）故障排除

调试过程中出现故障，可参阅表 2-4-1 进行排除。

表 2-4-1　加盖拧盖工作站故障分析与排除

故 障 现 象	故 障 原 因	解 决 方 法
皮带不转	线路故障	检查线路排除故障
	电气元件损坏	更换
	机械卡死或电机坏	调整结构或更换电机
皮带反转	电机正负极接反	调整接线极性
气缸不动作	传感器没有检测到物料	调整传感器
	定位气缸极限位丢失	调整定位气缸极限位置
	接线错误	检查线路，重新接线
	PLC 输出点损坏	更换输出点
	开关电源坏	更换开关电源
	电磁阀坏	更换电磁阀
	气源没有打开	打开气源
	气缸节流阀锁死	松开节流阀
	机械结构卡死	调整结构件
气缸不能准确定位	传感器安装的位置有误	调整传感器位置

(续表 2-4-1)

故 障 现 象	故 障 原 因	解 决 方 法
按钮板指示灯不亮	接线错误	检查电路并重新接线
	程序错误	修改程序
	相应线路板损坏	更换线路板
瓶盖无法推出	机械结构卡死	调整结构位置
	瓶盖料筒传感器未检测到瓶盖	调节瓶盖料筒传感器
拧盖装置无法拧紧瓶盖	拧盖电机反转	调换电机电源线极性
	气缸安装位置不正确	调整气缸位置

五、学习任务拓展

(1) 改变 PLC 与传感器的接线端口，进一步熟悉 PLC 的接线方法。

(2) 如果瓶盖放置不定位，瓶盖不能拧紧，参阅表 2-4-1 应如何排除？

学习任务2 加盖工作站控制程序设计

一、学习任务目的与要求

掌握加盖工作站控制系统的 PLC 软件组成模块及编程思想。

二、学习任务描述

根据加盖工作站的控制要求进行 PLC 软件编程。

三、学习任务准备

1. 知识技能准备

编写程序流程图：根据学习任务 1 图 2-4-2 所示工艺流程要求，理解图 2-4-10～图 2-4-14 所示 PLC 流程图的要求，以提高编程效率。

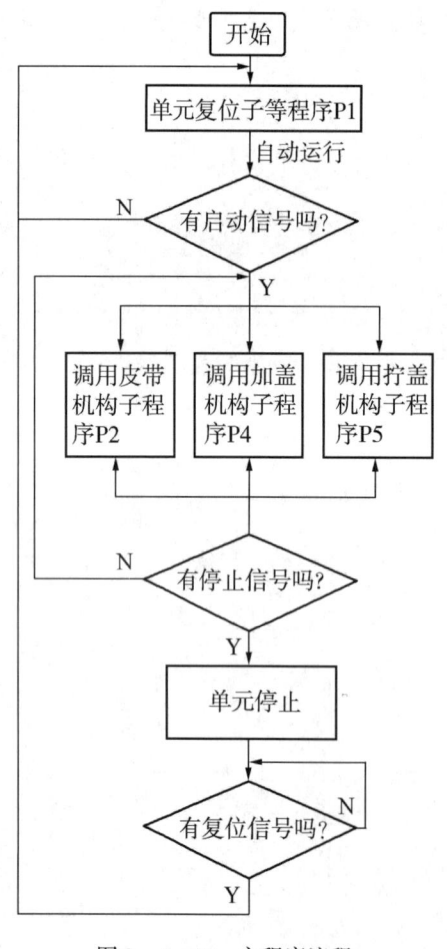

图 2-4-10 主程序流程

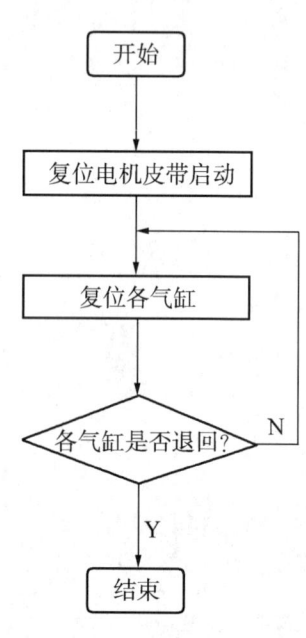

图 2-4-11 复位子程序流程

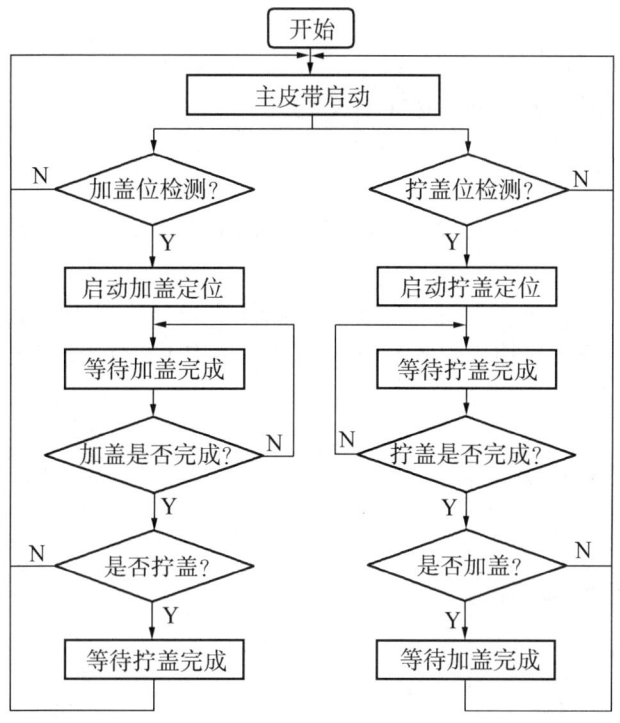

图 2-4-12 皮带机构子程序流程

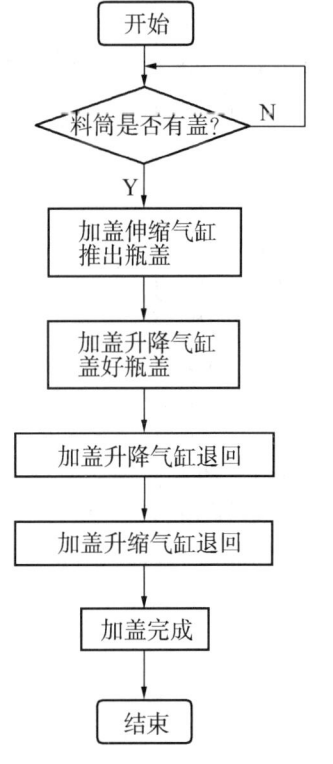

图 2-4-13 加盖机构子程序流程

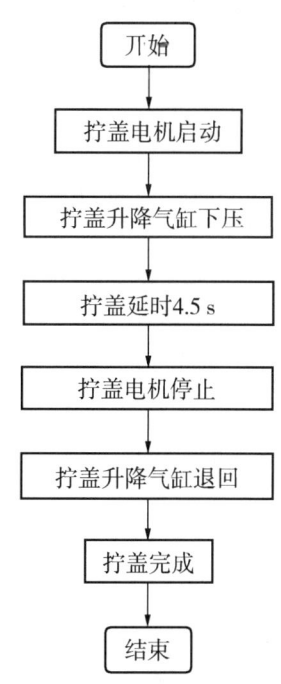

图 2-4-14 拧盖机构子程序流程

2. 器材、设备准备

①加盖工作单元,如学习任务1;
②PC 机 1 台并附 GX Developer 软件 1 套。

四、学习任务实施

(1)根据 PLC 流程图 2-4-12,编写皮带机构子程序 P2,参考程序如图 2-4-15 所示。

(2)根据图 2-4-13 加盖机构子程序流程图和图 2-4-14 拧盖机构子程序流程图,并参照图 2-4-15 的皮带机构子程序 P2,编写加盖机构子程序 P4 和拧盖机构子程序 P5。

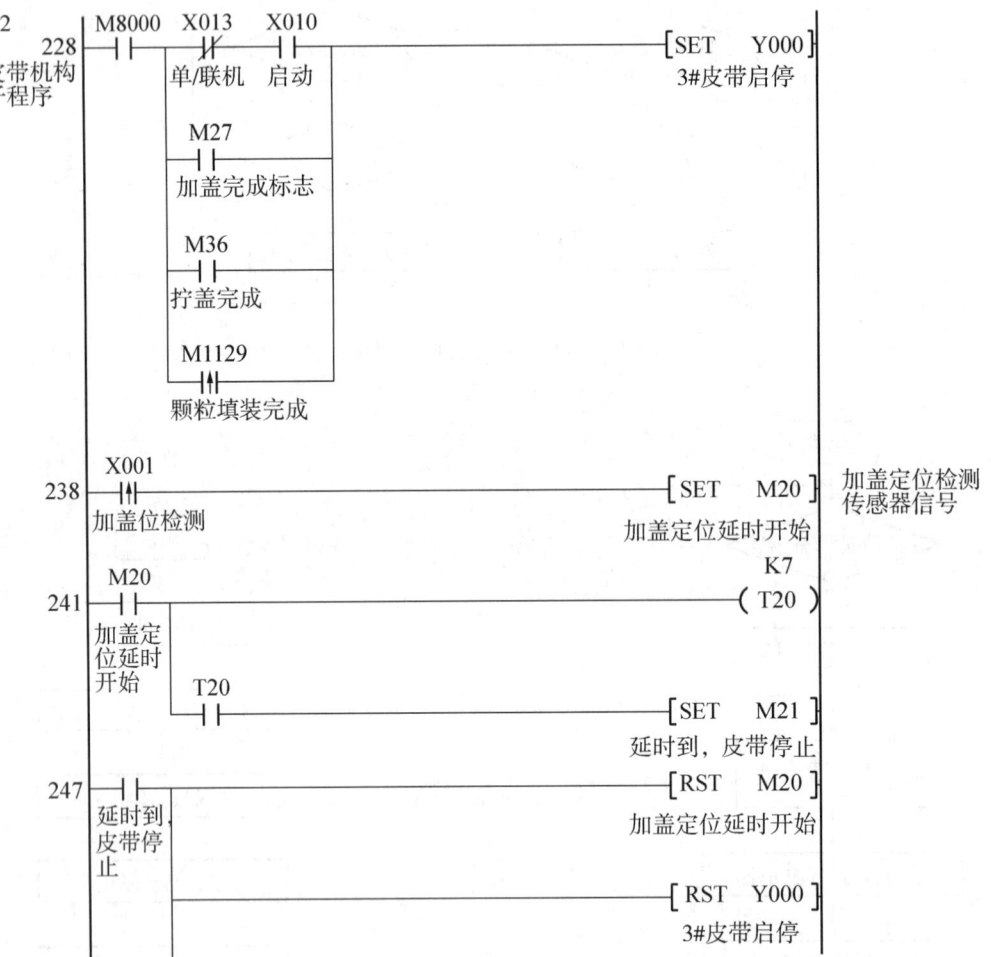

图 2-4-15 皮带机构子程序 P2

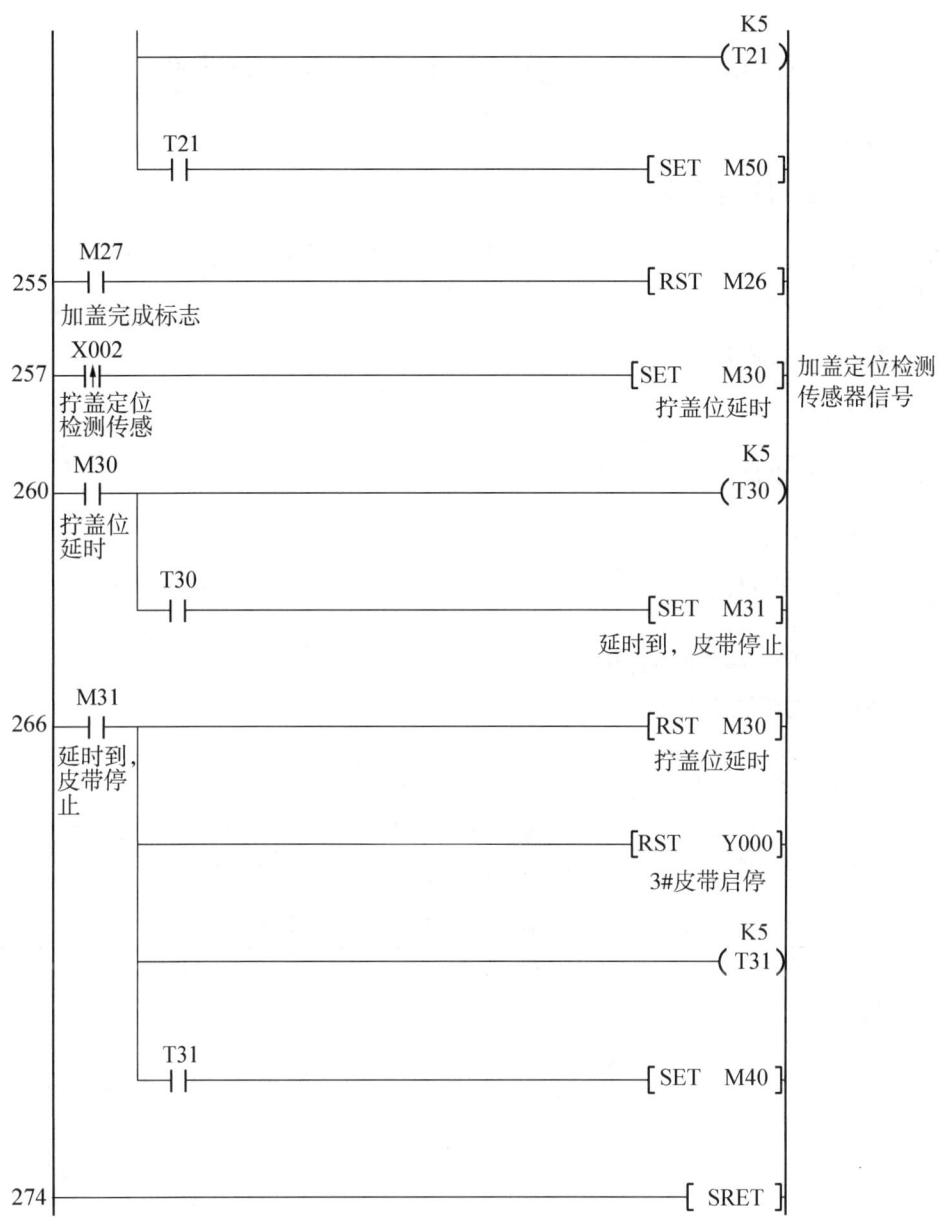

续图 2-4-15 皮带机构子程序 P2

五、学习任务拓展

（1）如何提高加盖动作准确性和快速性，优化加盖拧盖程序，提高效率？

（2）根据三菱 SFC 编程模式，编写本单元加盖、拧盖控制程序，实现本单元工艺流程。

学习任务 3　加盖工作站程序运行与优化

一、学习任务目的与要求

调试运行程序，观察加盖工作站控制系统运行情况，并根据实际运行情况对程序进行改进，提高系统的运行效率，达到节能、安全的目的。

二、器材、设备准备

与学习任务 2 相同。

三、学习任务实施

1. 设备上电通气

与学习任务 1 相同。

2. 程序下载

将设计好的程序下载到 PLC 中。

3. 程序和功能调试步骤

1) 设备复位调试

设备上电时，"单机"指示灯常亮，"停止"指示灯亮，按[复位]按钮，设备开始复位，"复位"指示灯闪亮，设备各器件回到初始状态后，"复位"指示灯常亮，"停止"指示灯灭，复位完成。如果设备不能完成复位，故障原因及排查方法如表 2-4-2 所示。

表 2-4-2　上料单元无法复位故障排查表

序号	故障现象	故障原因	故障排查方法
1	复位指示灯不闪亮，也不常亮，设备无任何反应	"复位"输入按钮触点到 PLC 输入点 X12 之间线路存在断路故障	1. 检查端子"G"与 PLC 的 X12 是否连通 2. 按下[复位]按钮时，检查端子"B"与"G"是否连通。
2	"复位"指示灯闪亮，但无法进入常亮状态	气动回路存在故障	1. 检查设备气源是否打开 2. 对没回到初始状态的气缸电磁阀进行手动开关控制，检查气缸回路是否正常
3		磁性开关到 PLC 输入接口回路存在故障	检查各初始状态机构的气缸对应磁性开关指示灯和对应 PLC 输入点是否亮，各输入点可查看加盖工作站 PLC 端口分配表
4		PLC 输出回路存在故障	检查 PLC 对气缸控制的输出回路线路是否连通，各输出点可查看加盖工作站 PLC 端口分配表

2）皮带机构调试

（1）启动后，皮带开始运行，当瓶子运行到加盖位时，皮带停止，加盖定位气缸伸出，将瓶固定到加盖位，并将加盖信号传送给加盖机构。

（2）加盖完成后（如加盖未完成，调试时可以通过调试软件强制输出一个加盖完成模拟信号实现），加盖定位气缸缩回，皮带再次启动；当瓶子运行到拧盖位后，拧盖定位气缸伸出，将瓶子固定到拧盖位，并将拧盖信号传送给拧盖机构。

（3）拧盖完成后（如拧盖未完成，调试时可以通过调试软件强制输出一个拧盖完成模拟信号实现），拧盖定位气缸缩回，皮带启动，将瓶子输送到下一个工位。

3）加盖机构调试

给予皮带机构加盖信号后，若料筒内有料，则加盖伸缩气缸将瓶盖推出到落料口，加盖升降气缸将瓶盖压下，要注意加盖伸缩气缸先缩回，然后加盖升降气缸再缩回。

4）拧盖机构调试

给予皮带机构拧盖信号后，拧盖升降气缸下降，同时拧盖电机启动运行，拧盖时间默认为3s，实际调试时根据拧盖结果可适当缩短或延长，拧盖完成后拧盖气缸上升，拧盖电机停止。

四、学习任务拓展

通过什么措施可提升加盖、拧盖工作站的运行效率，达到节能安全目的？

工作项目五　分拣工作站的控制

该项目由3个学习任务组成：分拣工作站的电气连接与操作控制、分拣工作站控制程序设计和分拣工作站程序运行与优化。

学习任务1　分拣工作站的电气连接与操作控制

一、学习任务目的与要求

(1) 掌握分拣工作站控制系统的硬件组成结构图。
(2) 熟练绘制分拣工作站的电气接线图，并进行电气连接。
(3) 掌握红外传感器和光纤传感器的性能和使用方法。
(4) 掌握分拣工作站检测方法。

二、学习任务描述

拧盖后的瓶子经过此工作站进行检测，检测内容为：①回归反射传感器检测瓶盖是否拧紧；②龙门机构检测瓶子内部物料是否符合要求；③对拧盖与物料数量均合格的瓶子进行瓶盖颜色判别区分。不合格的瓶子被分拣机构推送到废品皮带上（短皮带）；合格的瓶子被输送到皮带末端，等待机器人搬运。该单元的结构如图2-5-1所示。

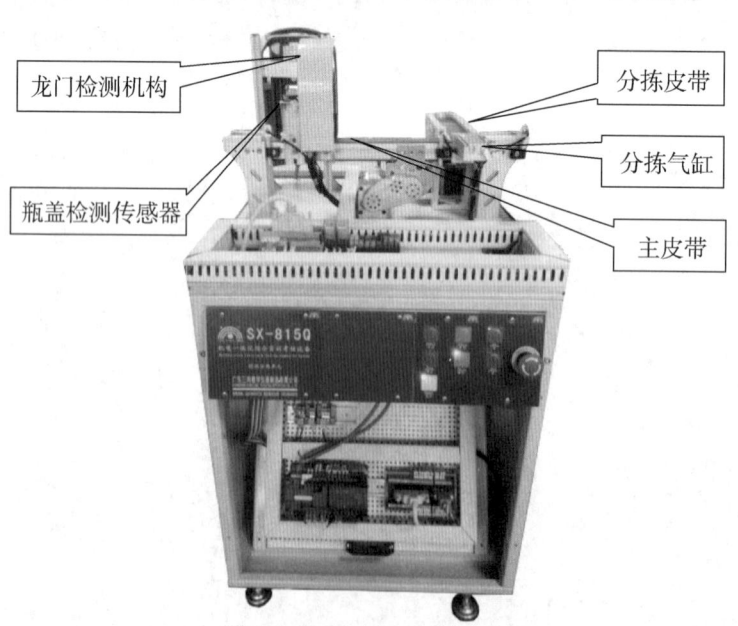

图2-5-1　检测分拣单元结构示意图

三、学习任务准备

1. 知识技能准备

（1）本站所应有的检测龙门桥包括光纤 A、B、瓶盖颜色检测装置、状态灯带。当物料瓶经过龙门桥时即对其物料数量和瓶盖颜色进行检测。

（2）检测分拣工作站的气动回路如图 2-5-2 所示。

2. 器材、设备准备

① 检测分拣工作站；② 工具：一字螺丝刀、十字螺丝刀；③ 测试仪器：万用表、手持测试器。

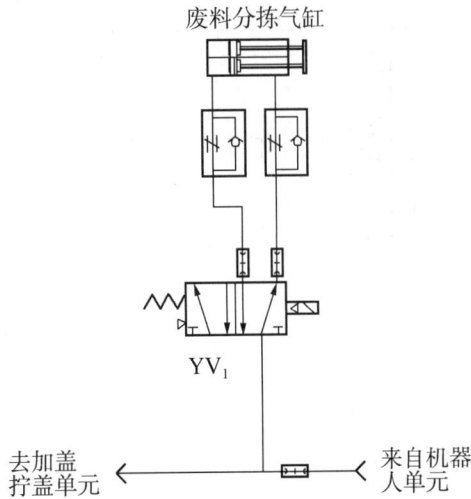

图 2-5-2 检测分拣工作站气动回路

四、学习任务实施

（1）分析图 2-5-3 所示的分拣工作站部分电气接线图的工作原理并进行电气连接。

（2）根据 PLC I/O 分配表（见表 2-5-1），绘制 I/O 电气连接图并进行电气连接。

表 2-5-1 分拣工作站 PLC I/O 分配表

序号	名称	功能描述	备注
1	X00	进料检测传感器感应到物料，X00 闭合	
2	X01	旋紧检测传感器感应到瓶盖，X01 闭合	
3	X03	瓶盖颜色传感器感应到蓝色，X03 闭合	
4	X04	瓶盖颜色传感器感应到白色，X04 闭合	
5	X05	不合格到位传感器感应到物料，X05 闭合	
6	X06	出料检测传感器感应到物料，X06 闭合	
7	X07	分拣气缸后限位感应，X07 闭合	
8	X10	按下[启动]按钮，X10 闭合	
9	X11	按下[停止]按钮，X11 闭合	
10	X12	按下[复位]按钮，X12 闭合	
11	X13	按下联机按钮，X13 闭合	
12	X14	合格检测 1	
13	X15	合格检测 2	
14	X17	前站就绪完成，X17 闭合	
15	Y00	Y00 闭合，主皮带运行	
16	Y01	Y01 闭合，辅皮带运行	
17	Y02	Y02 闭合，龙门灯带绿灯点亮	
18	Y03	Y03 闭合，龙门灯带红灯点亮	
19	Y04	Y04 闭合，龙门灯带蓝灯点亮	
20	Y05	Y05 闭合，分拣气缸伸出	
21	Y10	Y10 闭合，启动指示灯亮	
22	Y11	Y11 闭合，停止指示灯亮	
23	Y12	Y12 闭合，复位指示灯亮	
24	Y17	Y17 闭合，就绪信号输出	

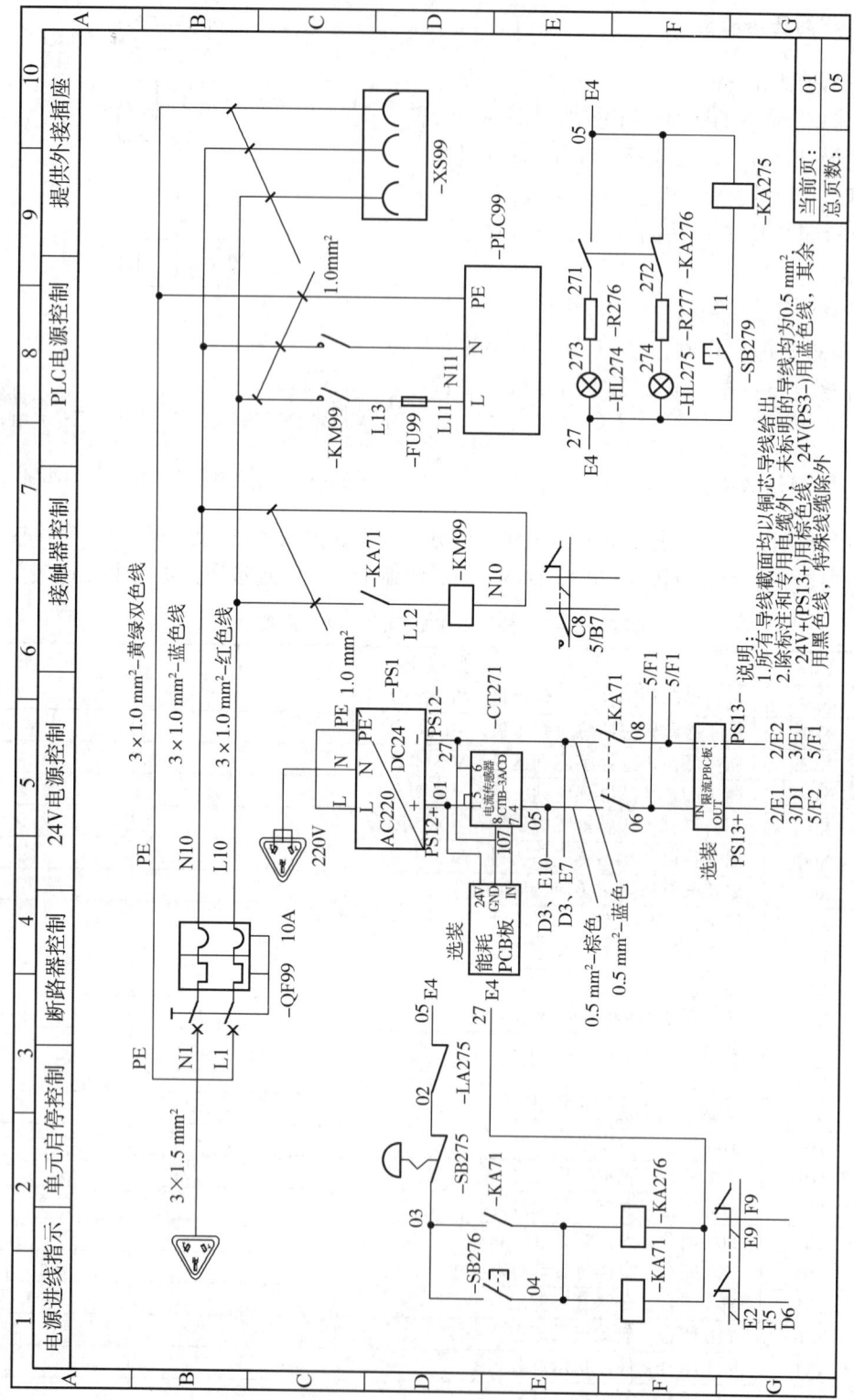

图2-5-3 分拣工作站部分电气接线图

3. 调试步骤和方法

1) 上电通气

可参照本篇工作项目三的学习任务 1 相关部分进行调试。

2) 传感器部分的调试

(1) 参照上料单元学习任务 3 有关光纤传感器调试方法调整传感器极性和门阈值,以符合检测物料要求。

(2) 本站所用的 E3Z - R61 型红外传感器可作为瓶盖拧紧检测之用,使用小号一字螺丝刀可以调整传感器极性和敏感度,本站的极性为 D,强度根据实际情况调节。调节传感器上下位置,该位置比正常拧紧的物料瓶高 1mm 左右,确保当拧紧瓶盖的物料瓶通过时未遮挡光路;未拧紧瓶盖的瓶子通过时能够遮挡传感器的反射光路时准确无误动作,并输出信号,如图 2 - 5 - 4 所示。

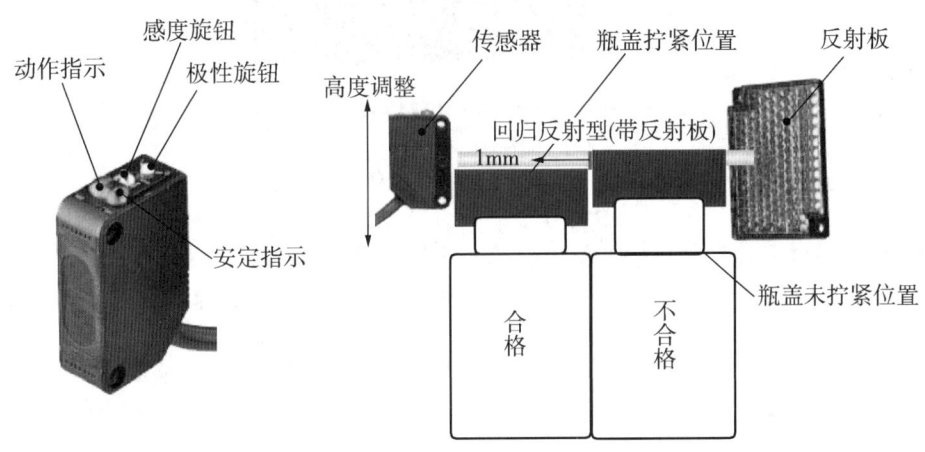

图 2 - 5 - 4　E3Z - R61 传感器检测瓶盖

(3) 气缸配套磁性开关。磁性开关安装于分拣气缸的后限位,调节后限位的位置,确保前后限位在气缸收回时能够准确反映,并输出信号。

(4) 调节节流阀。控制进出气大小,调节气缸至最佳运动状态,如图 2 - 5 - 5 所示。

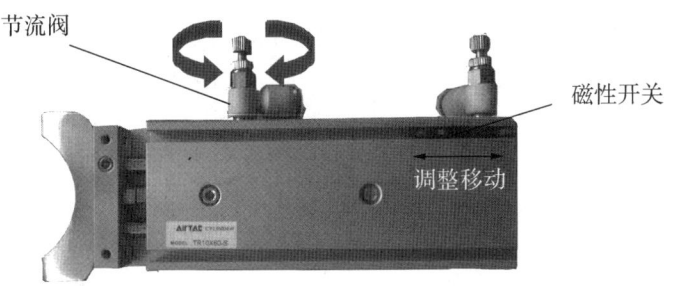

图 2 - 5 - 5　节流阀调节示意图

3) 检测龙门桥的调试

当物料瓶经过龙门桥时对其物料数量和瓶盖颜色进行检测,判断结果输给 PLC 进行处理并由状态指示灯根据处理结果显示不同颜色。光纤 A、B 是两对对射式光纤,检测瓶子里物料的数量,安装时应保证在同一水平上,不能有错位。如果检测有失误请根据情况调整相应的传感器,如图2-5-6所示。

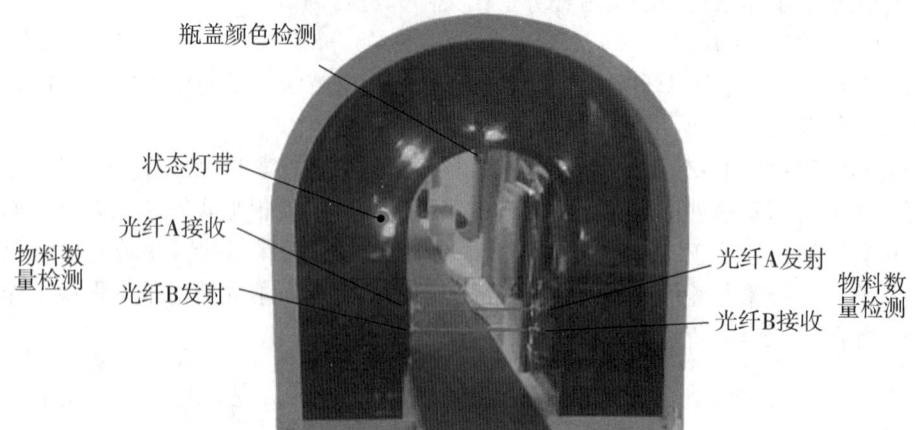

图2-5-6 龙门桥调试示意图

五、学习任务拓展

(1)改变PLC与传感器的接线端口,进一步熟悉PLC的接线方法。

(2)当检测龙门桥不能检测物料数量时,请分析原因,排除故障。

学习任务2 分拣工作站控制程序设计

一、学习任务目的与要求

掌握分拣工作站控制系统的 PLC 软件组成模块及编程思想。

二、学习任务描述

根据分拣工作站的控制任务进行 PLC 软件编程，并调试。

三、学习任务准备

器材、设备准备：
①分拣工作单元；②PC 机 1 台并附 GX Developer 软件 1 套。

四、学习任务实施

根据分拣工作站系统控制要求和程序流程图 2-5-7 编写调用检测子程序 P2 的程序。

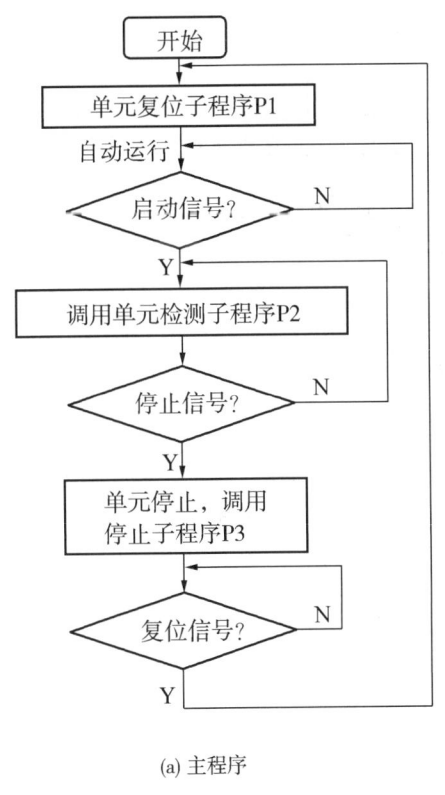
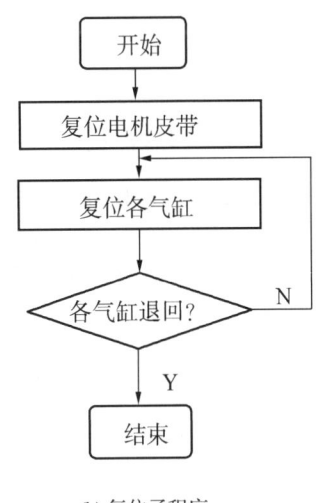

图 2-5-7 分拣工作站程序流程图

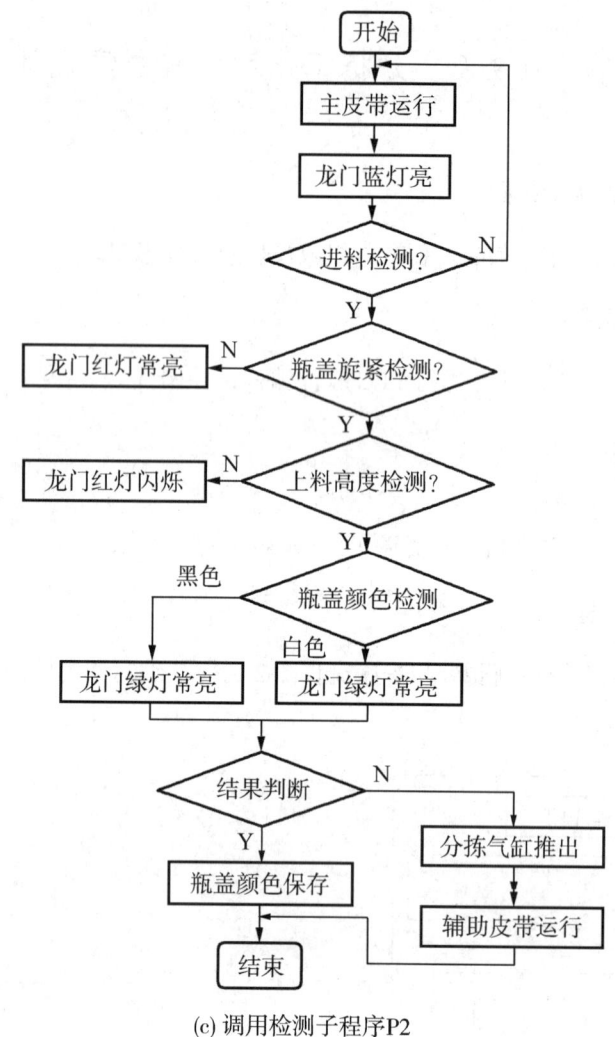

(c) 调用检测子程序P2

续图 2-5-7 分拣工作站程序流程图

五、学习任务拓展

如何调节龙门架和传感器位置提高分拣动作准确性和快速性,提高效率?

学习任务3 分拣工作站程序运行与优化

一、学习任务目的与要求

调试运行程序,观察分拣工作站控制系统运行情况,并根据实际运行情况对程序进行改进,提高系统的运行效率,达到节能、安全的目的。

二、学习任务准备

与学习任务2相同。

三、学习任务实施

1. 设备上电通气

参考学习任务2,对设备上电通气。

2. 程序下载

将设计好的程序下载到PLC中。

3. 程序和功能调试步骤

1) 设备复位调试

设备上电后或按[复位]按钮,分拣气缸缩回初始状态,主皮带与分拣皮带运行停止,龙门指示灯灭,"复位"指示灯常亮,"停止"指示灯灭,复位完成。复位时常见故障原因及排查方法如表2-5-2所示。

表2-5-2 检测分拣单元复位时常见故障表

序号	故障现象	故障原因	故障排查方法
1	"复位"指示灯不闪亮,也不常亮,设备无任何反应	"复位"输入按钮触点到PLC输入点X12之间线路存在断路故障	1. 检查挂板接口板的端子"G"与PLC的X12是否连通 2. 按下[复位]按钮时,检查端子"B"与"G"是否连通
2	"复位"指示灯闪亮,但无法进入常亮状态	气动回路存在故障	1. 检查设备气源是否打开 2. 对没回到初始状态的气缸电磁阀进行手动开关控制,检查气缸回路是否正常
3		分拣气缸退回限位位置,磁性开关到PLC输入接口回路存在故障	检查各分拣气缸对应磁性开关指示灯和对应PLC输入点是否亮
4		PLC输出回路存在故障	检查PLC对分拣气缸控制的输出回路线路是否连通

2) 检测功能调试

(1) "单机"工作状态下按[启动]按钮,或"联机"状态下给出"启动"信号后,系统进入运行状态,"启动"指示灯亮,主皮带运行;当物料瓶随皮带运行至龙门检测时,红外传感器对瓶盖是否拧紧进行检测;当物料瓶盖拧紧检测为不合格产品时,龙门检测指示灯红灯常亮;对射光纤传感器对物料数量进行检测,如果不合格龙门检测指示灯红灯闪烁;本单元物料瓶盖为白色且全部判断合格时,龙门检测指示灯绿灯闪烁;当物料瓶盖为黑色且全部判断合格时,龙门检测指示灯绿灯常亮;如果检测功能出现故障,可参阅表2-5-3所示进行排除。

表2-5-3 检测功能故障分析与排除

序号	故障现象	故障原因	故障排查方法
1	拧盖结果检测错误	拧盖检测传感器输出极性设置错误	将拧盖检测传感器输出极性旋钮旋到"D"侧(见学习任务1中图2-5-4),即遮光时动作
		拧盖检测传感器高度位置不正确	将瓶子放到拧盖传感器与反射板之间的皮带上,调整拧盖传感器与反射板的高度,使之达到"瓶盖未拧紧时传感器动作,而瓶盖拧紧时传感器不动作"状态
2	瓶盖颜色检测错误	颜色传感器检测A、B(分别对应PLC输入X3和X4)线路故障	检查传感器线路
		颜色传感器检测阈值设置错误	将瓶子放置在检测龙门正下方,调整传感器检测阈值,达到"白色瓶盖时,X3与X4均有输入;蓝色瓶盖时,X3有输入、X4无输入"的状态
3	物料数量检测错误	物料数量检测传感器A、B(分别对应PLC输入X14和X15)线路故障	检查传感器线路
		物料数量检测传感器检测阈值设置错误	将装好3颗物料的瓶子放置在检测龙门正下方,调整数量检测传感器检测阈值,达到"有瓶子时,X14与X15均有输入;取走瓶子时,X14、X15均无输入"的状态

3)分拣功能调试

当物料瓶运行至龙门桥时,龙门检测机构对结果进行判断,分拣气缸将不合格的物料推向废料区,将合格的物料瓶送到皮带末端。

三、学习任务拓展

(1)为了提高功效,应如何对检测分拣时间进行优化?

(2)如果要求物料瓶装满4颗物料,瓶子才算合格,本工作站的程序应如何修改和调试?

工作项目六 机器人包装工作站的控制

本工作项目由3个学习任务组成：机器人包装工作站的电气连接与操作控制、机器人包装工作站控制程序设计和机器人包装工作站程序调试与维护。

学习任务1 机器人包装工作站的电气连接与操作控制

一、学习任务目的与要求

(1) 熟练掌握工业机器人的结构组成。
(2) 掌握机器人包装工作站控制系统的硬件结构组成。
(3) 熟练绘制机器人包装工作站的电气接线图。
(4) 熟练掌握工业机器人包装工作站的机械安装与电气线路连接技能。
(5) 掌握步进电机及驱动器的应用。

二、学习任务工作过程描述

机器人包装工作站的主要任务是物料瓶的搬运、包装和贴标签。具体工作过程是当工作站得到"启动"信号后，挡料气缸伸出，同时推料气缸 A 将物料盒推出到装箱台上；机器人开始从检测分拣工作站的出料位将物料瓶搬运到物料盒中；物料盒中装满 4 个瓶子后，机器人再用吸盘将物料盒盖吸取并盖到物料盒上；机器人最后根据装入物料盒内 4 个物料瓶盖颜色的顺序，依次将与物料瓶盖颜色相同的标签贴到盒盖的标签位上，贴完 4 个标签后等待成品入库。6 轴机器人工作站结构如图 2-6-1 所示，部件明细如表 2-6-1 所示。

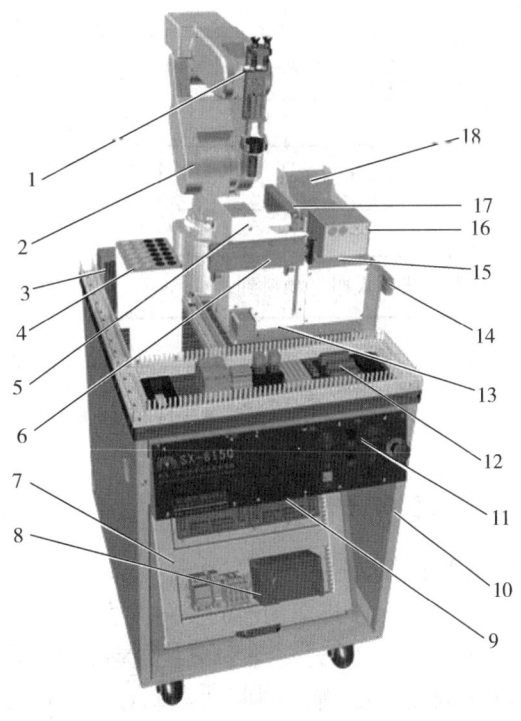

图 2-6-1 6 轴机器人包装工作站结构图

表 2-6-1 6 轴机器人包装工作站部件明细表

序号	部件	序号	部件	序号	部件
1	机器人夹具	7	网孔挂板	13	步进电机
2	6轴机器人	8	PLC	14	挡料机构
3	步进驱动器	9	挂板接口板	15	出料台
4	标签料台	10	桌体	16	物料盒
5	升降台A	11	按钮面板	17	推料气缸B
6	推料气缸A	12	台面接口板	18	升降台B

本工作站工艺流程如图 2-6-2 所示。

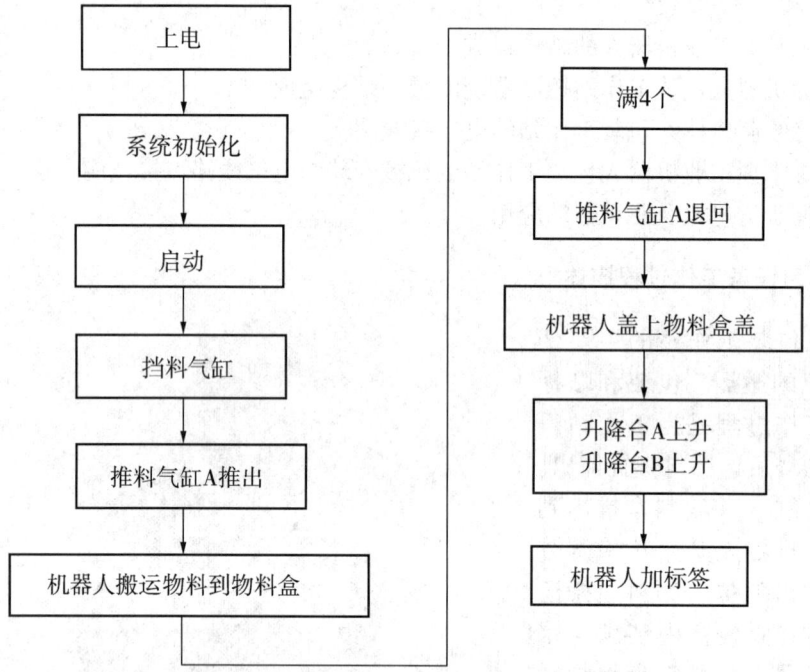

图 2-6-2 机器人包装工作站工艺流程图

三、学习任务准备

1. 知识技能准备

1) 步进电机及步进驱动器的使用方法

(1) 本工作站的步进驱动系统主要是控制升降台 A 或 B 的升降。应用的步进电机型号为 XY42STH48，与之配套的驱动器型号为 XY2404M。此步进电机为 2 相 4 线步进电机，其步距角为 0.9°。图 2-6-3 为步进电机控制原理图，图 2-6-4 为步进驱动器外观及接口示意图。表 2-6-2 为驱动器的接口功能明细表。

第二篇 综合技能篇 221

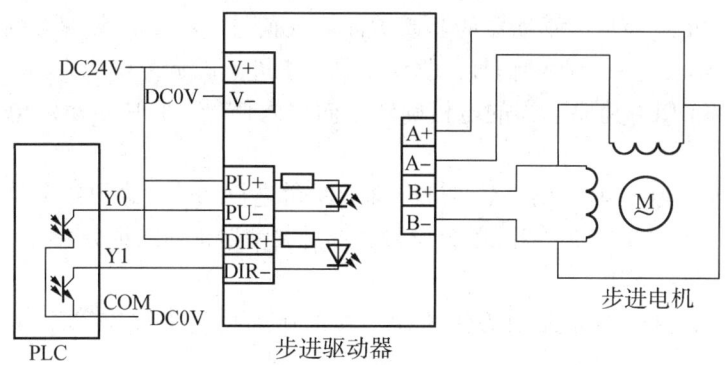

图 2-6-3 步进电机控制原理图

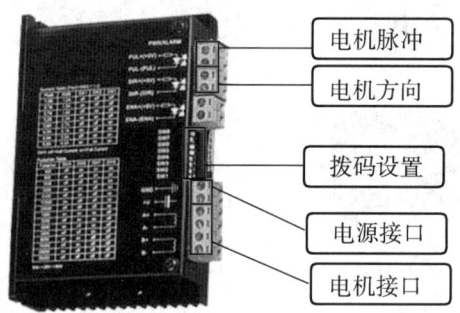

图 2-6-4 步进驱动器外观及接口示意图

表 2-6-2 驱动器接口功能明细表

标记符号	功 能	注 释
POWER/ALARM	电源、报警指示灯	绿色：电源指示灯；红色：报警指示灯
PU	步进脉冲信号	下降沿有效，每当脉冲由高到低变化时，电机走一步
DIR	步进方向信号	用于改变电机转向
MF	电机释放信号	低电平时，关断电机线圈电流，驱动器停止工作
+V	电源正极	DC 12～40V
-V	电源负极	
+A	电机接线	红色
-A		绿色
+B		蓝色
-B		黄色
SW1～SW3	电机电流设置拨码	ON：1
		OFF：0
SW4～SW8	电机细分数设置拨码	ON：1
		OFF：0

(2) PU+和PU-为步进驱动器的驱动脉冲输入信号,在不设置细分的情况下,外部控制器每向驱动器发送一个脉冲信号,驱动器驱动步进电机旋转0.9°。

(3) DIR+和DIR-为驱动器的电机旋转方向输入信号,它决定驱动电机是正转还是反转。

(4) 细分拨码开关,其作用是对步进电机步距角进行细分,通过细分拨码可以把电机步距角细分为0.45°、0.225°等等(细分设置表详见驱动器正面的细分表)。

2) 传感器原理及应用

本单元使用了两种不同类型的传感器,其工作原理请参照本篇工作项目三的相关内容。

3) 工业机器人 RV-2SD 的组成结构

本站所用 RV-2SD 型工业机器人是一款额定负载2kg、6个自由度的小型工业机器人,它由机器人本体、控制器、示教器等组成,如图2-6-5所示。

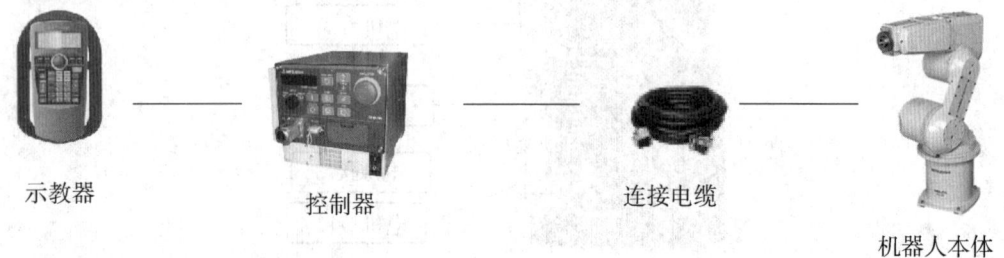

图2-6-5 机器人部件组成示意图

4) 机器人包装工作站气动回路

本工作站包含5个基本气动控制回路,如图2-6-6所示。

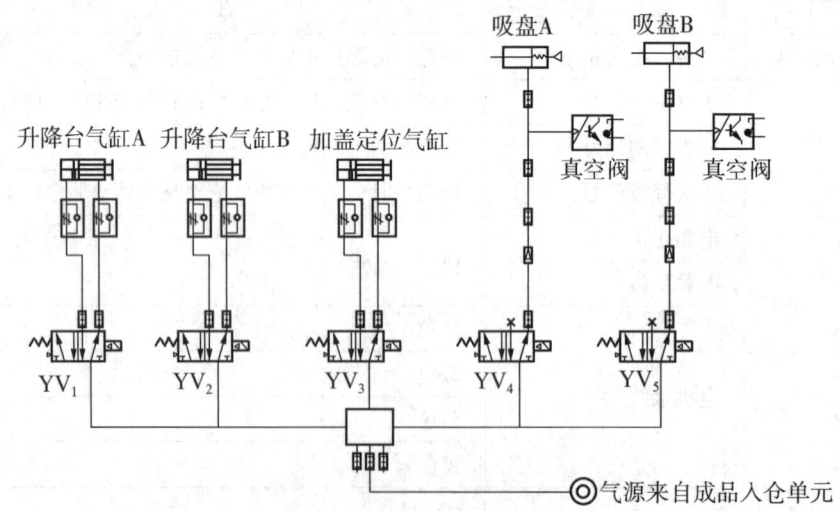

图2-6-6 机器人包装工作站气动回路

5) 机器人包装工作站部分电气接线图

机器人包装工作站部分电气接线图如图2-6-7所示。

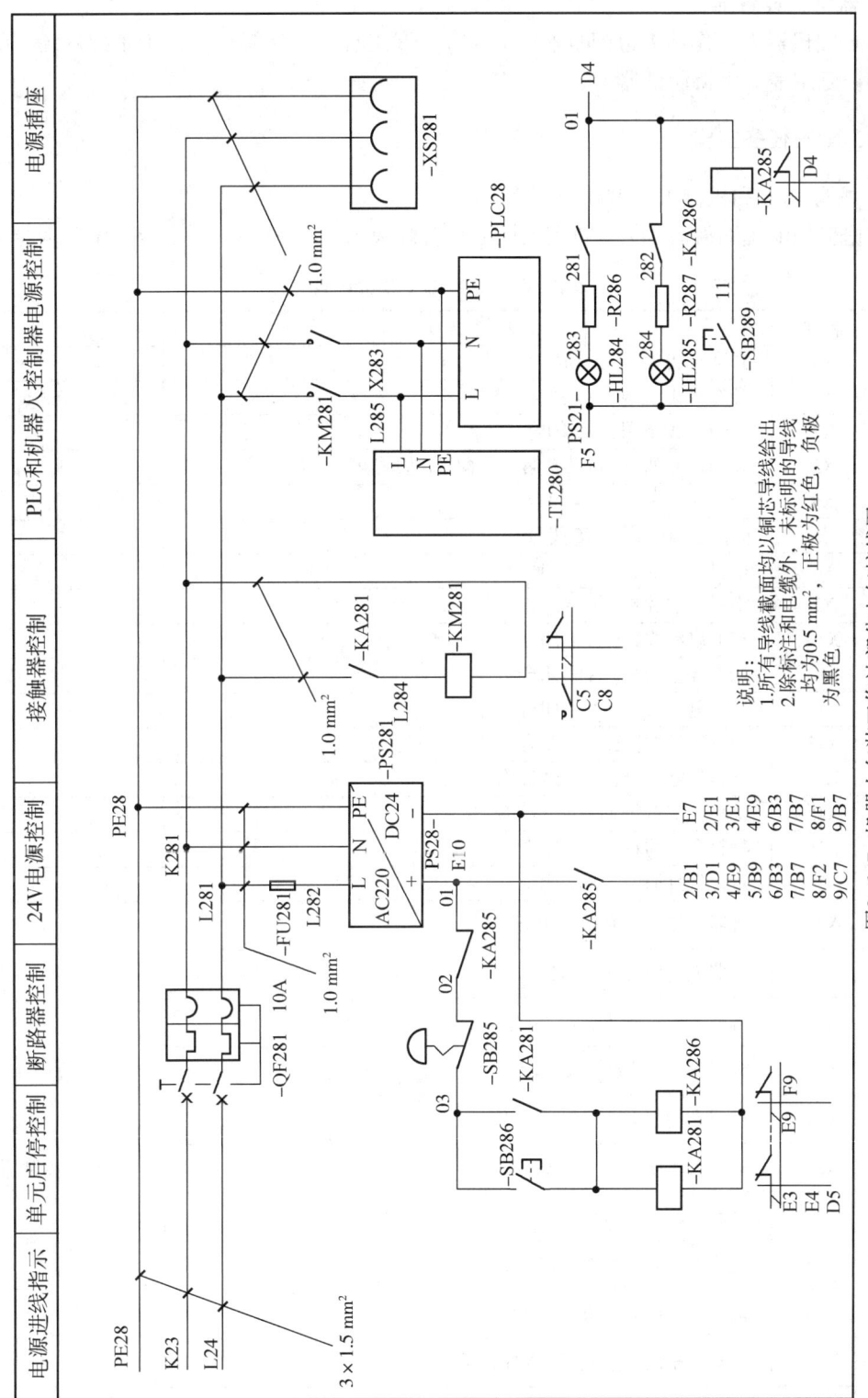

图2-6-7 机器人包装工作站部分电气接线图

2. 器材、设备准备

①6轴机器人工作站1台(见图2-6-1)；②工具：一字螺丝刀、十字螺丝刀；③测试仪器：万用表、手持测试器。

四、学习任务实施

1. 编写 PLC 和机器人的 I/O 分配表

根据工艺流程图编写 PLC、机器人的 I/O 分配表(表2-6-3、表2-6-4可供参考)。

表2-6-3　PLC I/O 分配表

序号	名称	功能描述	备注
1	X0	升降台 A 原点(运动到第一个盒子出盒高度)，X0 闭合	
2	X1	升降台 A 上限，X1 闭合	
3	X2	升降台 A 下限，X2 闭合	
4	X3	升降台 B 原点(运动到第一个盒子出盒高度)，X3 闭合	
5	X4	升降台 B 上限，X4 闭合	
6	X5	升降台 B 下限，X5 闭合	
7	X6	推料气缸 A 伸出，X6 闭合	
8	X7	推料气缸 A 缩回，X7 闭合	
9	X10	按下启动按钮，X10 闭合	
10	X11	按下停止按钮，X11 闭合	
11	X12	按下复位按钮，X12 闭合	
12	X13	按下联机按钮，X13 闭合	
13	X14	推料气缸 B 伸出，X14 闭合	
14	X15	推料气缸 B 缩回，X15 闭合	
15	X16	物料台有物料，X16 闭合	
16	X17	定位气缸缩回，X17 闭合	
17	X20	机器人操作权有效 X20 闭合	机器人控制器
18	X21	机器人伺服 OFF，X21 闭合	
19	X22	机器人程序停止，X22 闭合	
20	X23	机器人异常发生，X23 闭合	
21	X24	机器人伺服 ON，X24 闭合	
22	X25	机器人程序运行中，X25 闭合	
23	X26	机器人原点，X26 闭合	
24	X27	机器人搬运瓶完成，X27 闭合	
25	X30	机器人搬运盒完成，X30 闭合	
26	X31	机器人搬运标签完成，X31 闭合	
27	X32	机器人搬运中，X32 闭合	
28	X34	前单元就绪信号输入，X34 闭合	

(续表 2-6-3)

序号	名称	功能描述	备注
29	X35	吸盘 A 有效,X35 闭合	
30	X36	吸盘 B 有效,X36 闭合	
31	X37	后单元就绪输入,X37 闭合	
32	Y0	Y0 闭合,给升降台 A 发脉冲	
33	Y1	Y1 闭合,给升降台 B 发脉冲	
34	Y2	Y2 闭合,改变升降台 A 方向	
35	Y3	Y3 闭合,改变升降台 B 方向	
36	Y4	Y4 闭合,升降台气缸 A 伸出	
37	Y5	Y5 闭合,升降台气缸 B 伸出	
38	Y6	Y6 闭合,加盖定位气缸伸出	
39	Y10	Y10 闭合,启动指示灯亮	
40	Y11	Y11 闭合,停止指示灯亮	
41	Y12	Y12 闭合,复位指示灯亮	
42	Y20	Y20 闭合,程序停止	
43	Y21	Y21 闭合,操作权申请	
44	Y22	Y22 闭合,伺服 ON	
45	Y23	Y23 闭合,程序开始	
46	Y24	Y24 闭合,出错复位	
47	Y25	Y25 闭合,伺服 OFF	
48	Y26	Y26 闭合,程序复位	
49	Y27	Y27 闭合,回原点	机器人控制器
50	Y30	Y30 闭合,机器人开始搬运	
51	Y31	Y31 闭合,机器人搬运瓶子	
52	Y32	Y32 闭合,机器人搬运盒盖	
53	Y33	Y33 闭合,机器人搬运标签	
54	Y34	Y34 闭合,标签选取白色	
55	Y36	Y36 闭合,本单元就绪输出 1	
56	Y37	Y37 闭合,本单元就绪输出 2	

表2-6-4 机器人控制器 I/O 分配表

序号	输 入		序号	输 出	
	A端(机器人端)	B端(PLC端)		A端(机器人端)	B端(PLC端)
1	IN0	Y20	1	OUT0	X20
2	IN1	Y21	2	OUT1	X21
3	IN2	Y22	3	OUT2	X22
4	IN3	Y23	4	OUT3	X23
5	IN4	Y24	5	OUT4	X24
6	IN5	Y25	6	OUT5	X25
7	IN6	Y26	7	OUT6	X26
8	IN7	Y27	8	OUT7	X27
9	IN8	Y30	9	OUT8	X30
10	IN9	Y31	10	OUT9	X31
11	IN10	Y32	11	OUT10	X32
12	IN11	Y33	12	OUT11	X33
13	IN12	Y34	13	OUT12	X34
14	IN13		14	OUT13	气抓
15	IN14		15	OUT14	吸盘A
16	IN15		16	OUT15	吸盘B

2. 绘制PLC、机器人输入/输出设备接线图,并进行线路连接

根据机器人包装工作站I/O分配表绘制机器人包装工作站I/O接线图(图2-6-8可供参考),然后进行线路安装与连接。

3. 设备操作与调试

1)设备通电通气

参阅本篇工作项目三相关内容。

2)气动调试

气动回路主要由两位五通电磁阀控制双轴气缸和吸盘,气动件的调试参照颗粒上料项目相关内容进行。

3)步进系统的调试

该驱动部分需要利用PLC和计算机进行电路测试,主要测试线路连接I/O的正确与否及步进电动机等执行机构的手动工作情况,从而设置合适的参数。

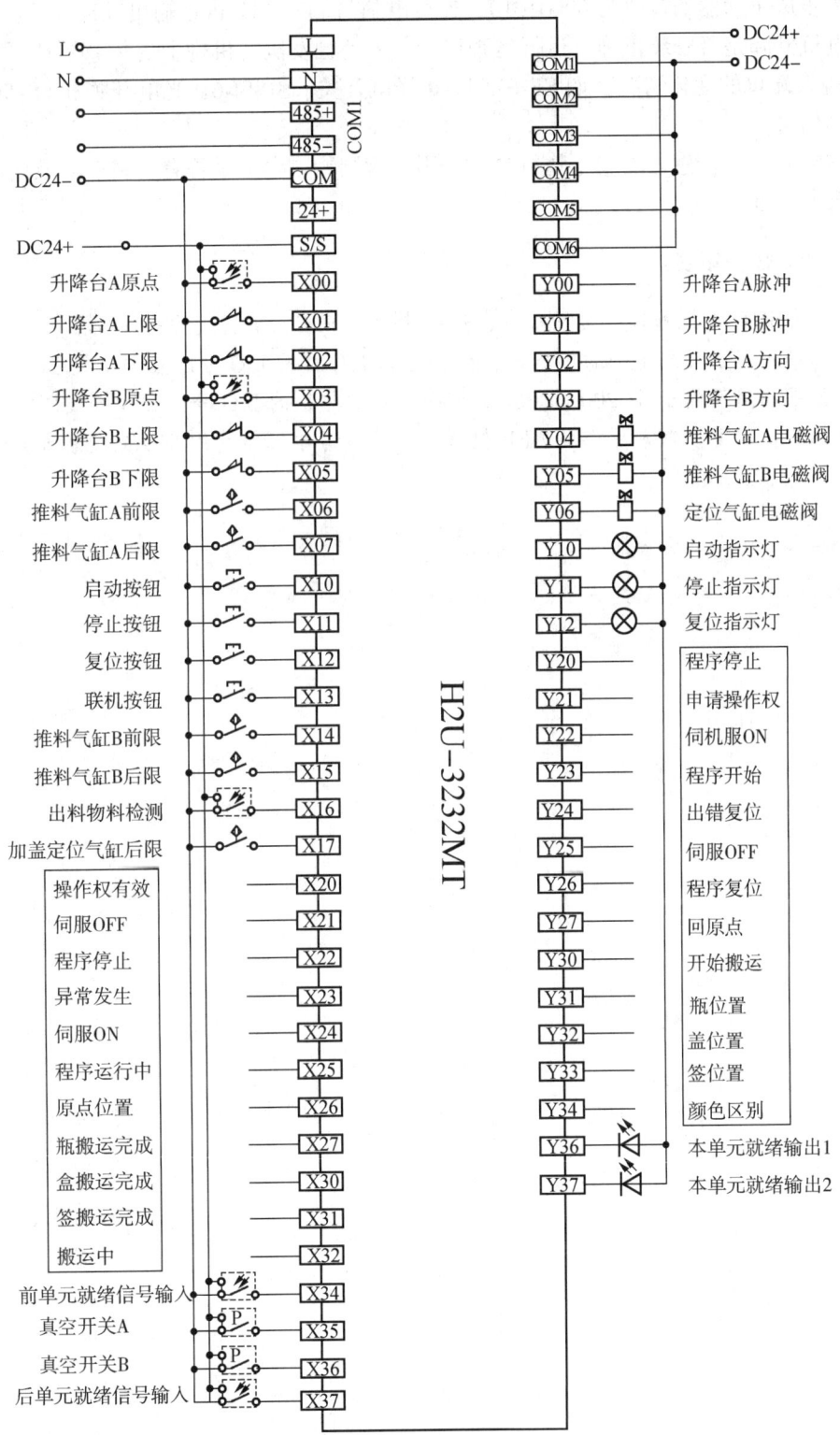

图 2-6-8 机器人包装工作站 PLC I/O 接线

设置步进驱动器的拨码为00001010,连接电脑与PLC,使PLC输出脉冲Y_0与Y_1,测试步进电机升降是否安装正确,运行是否正常。手动触发执行机构上的传感器或开关,观察PLC输入端口的变化情况,如EE-SX911-R光电开关、S18SN6D光电开关和SS-5GL2微动开关等信号。

S18SN6D光电传感器安装于物料台上,用于检测物料台上是否有物料。安装时不要超过物料台的高度。

五、学习任务拓展

(1) 改变PLC与机器人的接线端口,进一步熟悉PLC、机器人的接线方法。
(2) 如果选用2轴或4轴的机器人,请编写本工作站的I/O分配表和接线图。
(3) 如果选用西门子S7-200的PLC,请编写本工作站的I/O分配表和接线图。
(4) 如果把三菱机器人更换成ABB机器人,请编写本工作站的I/O分配表和接线图。

学习任务 2 机器人包装工作站控制程序设计

一、学习任务目的与要求

(1) 掌握机器人包装工作站控制系统的 PLC 程序设计。
(2) 掌握工业机器人示教器的使用方法。
(3) 掌握机器人包装工作站控制系统中的工业机器人的参数定义与程序编写。

二、学习任务描述

根据机器人包装工作站的控制要求进行 PLC 编程、机器人编程及数据设定。

三、学习任务准备

1. 知识技能准备

(1) PLC 基本指令与功能指令的运用。
(2) GX Developer V8 及 RT ToolBox2 软件的使用。
(3) 工业机器人示教器的使用方法。
(4) 工业机器人程序指令的应用。

三菱工业机器人的程序指令有很多种,本学习任务主要应用到动作控制指令、速度控制指令、条件逻辑判断指令、插入定义指令、码垛指令、子程序调用指令和 I/O 控制指令等,其中部分指令格式和说明如表 2-6-5 所示,其余指令的说明和应用例子请参阅《工业控制新技术教程》相关内容。

表 2-6-5 所示 三菱工业机器人基本指令表

指令代码	指令名称	应用格式	动作说明
Select Case End Select	选择指令	Select M1 Case 10 … Break Case IS < 5 … Break Case 6 TO 9 … Break Default … Break End Select	根据 M1 的值,选择到适当的 Case 若值为 10,则只在 Case 10 和下一个的 Case IS < 5 之间执行 若值小于 5,则只在 Case IS < 5 和下一个的 Case 6 TO 9 之间执行 若值为 6~9,则只在 Case 6 TO 9 和下一个的 Default 之间执行 若值皆不符合上列任一个,则只在 Default 和下一个的 End Select 之间执行 选择结束(Break 可以省略)

(续表 2 - 6 - 5)

指令代码	指令名称	应用格式	动 作 说 明
Dly	定时器指令	Dly 0.5	机器人停止等待 0.5s
Hit	停止指令	Hit	终止程序的执行
Error		Error 9000	发生出错时可以对程序执行停止、伺服 OFF 的指定
End	结束指令	End	程序运行结束
Clr	清除指令	Clr 1	对通用输出信号、程序内变量、程序间变量等进行清除
Rem	注释指令	Rem "ABC"	对注释进行记述

2. 器材、设备准备

①PLC 1 台、三菱 6 轴机器人 1 台；②PC 1 台及 GX Developer、RT ToolBox2 软件各 1 套。

四、学习任务实施

1. 编写机器人包装工作站 PLC 程序

1) 绘制 PLC 主程序流程图

参照图 2 - 6 - 2 所示的机器人包装工作站工艺流程图绘制 PLC 主程序流程图，图 2 - 6 - 9 可供参考。

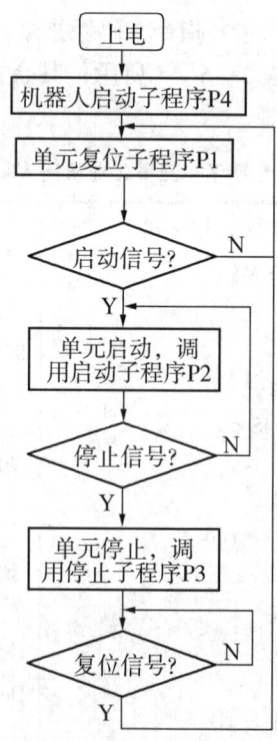

图 2 - 6 - 9　机器人包装工作站 PLC 主程序流程图

2)编写 PLC 程序

根据图 2-6-9 所示的 PLC 主程序流程图，编写 PLC 单元的启动、停止、复位程序，参考程序如图 2-6-10～图 2-6-12 所示。

(1)启动控制程序

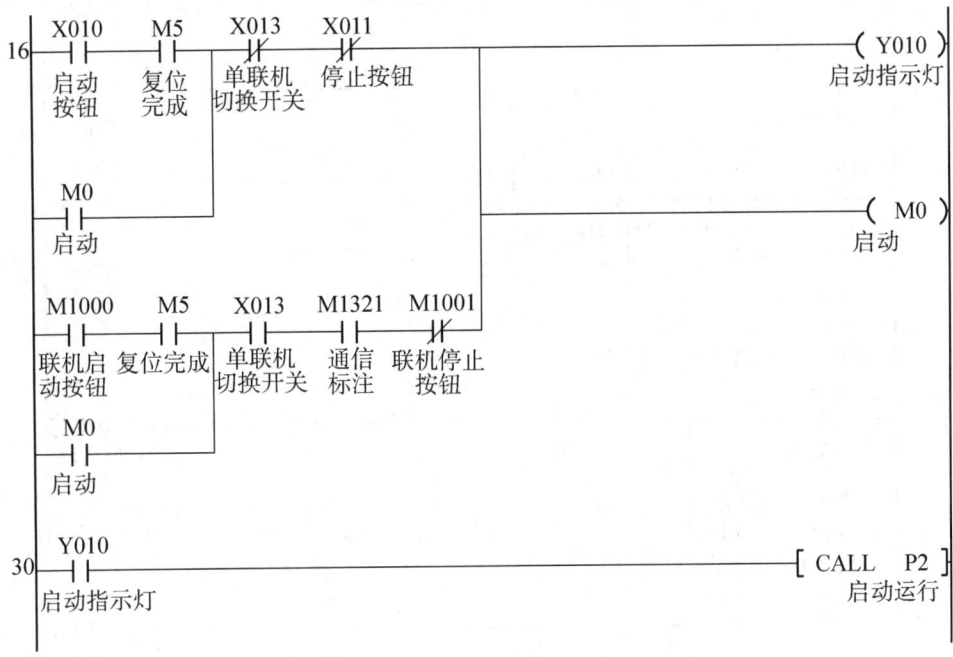

图 2-6-10 启动控制主程序

(2)停止控制程序

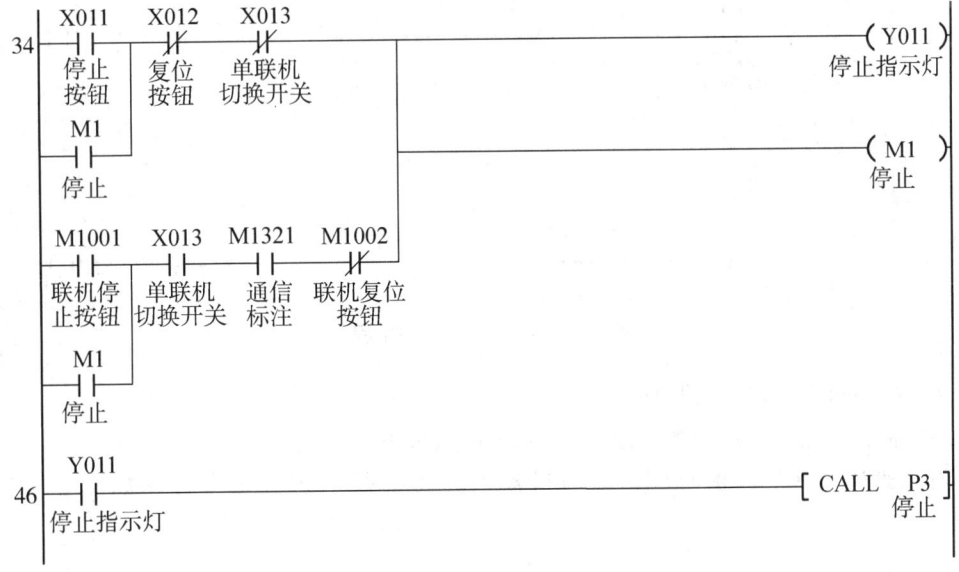

图 2-6-11 停止控制主程序

(3) 复位控制主程序

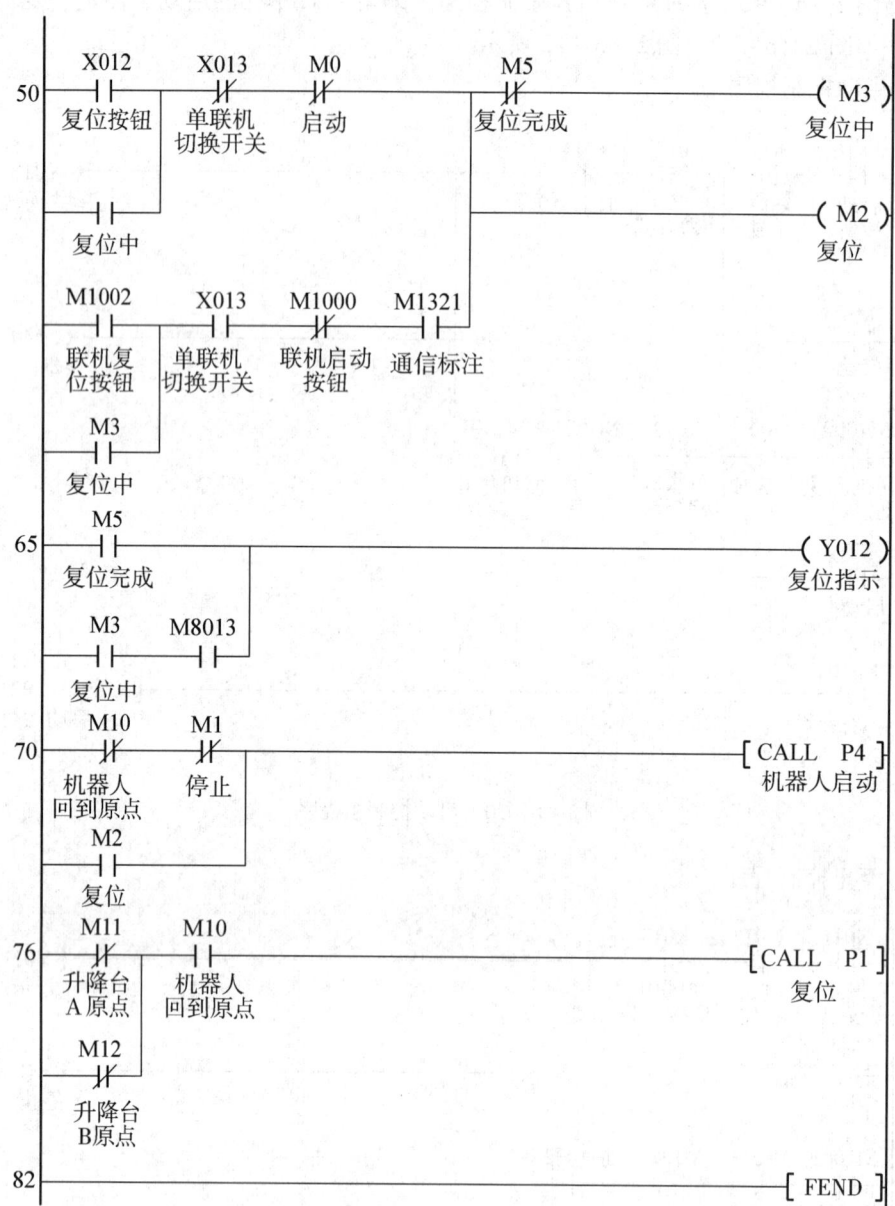

图 2-6-12 复位控制主程序

(4) 编写机器人启动子程序 P4

①绘制机器人启动流程图，图 2-6-13 可供参考。

②根据机器人启动流程图，编写机器人启动子程序 P4，参考程序如图 2-6-14 所示。

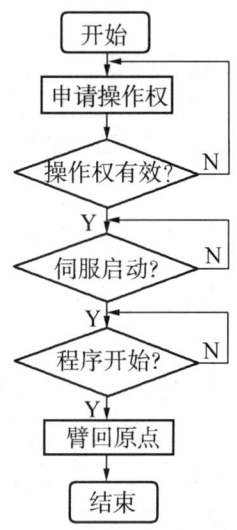

图 2-6-13 机器人启动程序流程图

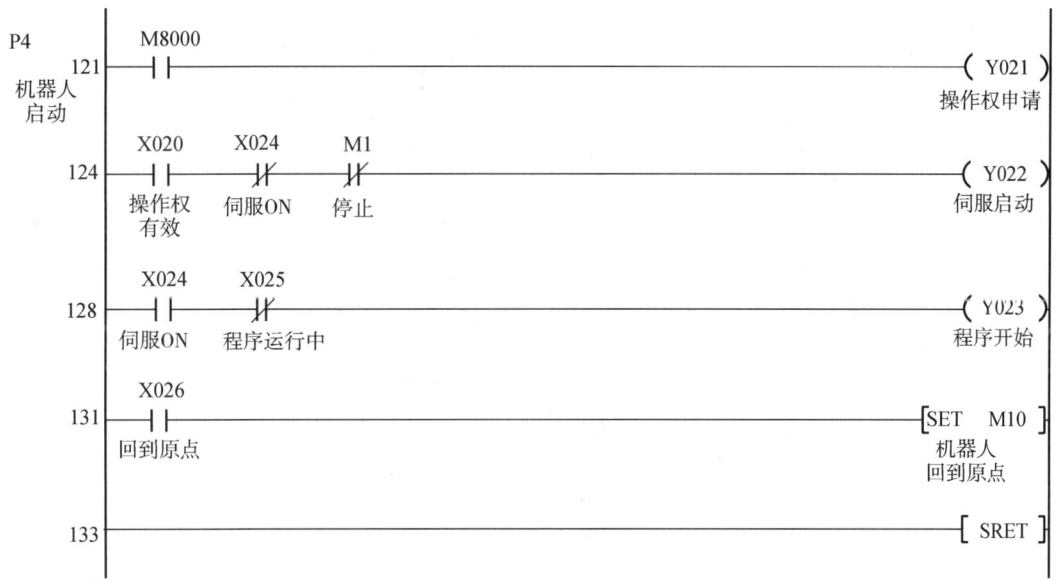

图 2-6-14 机器人启动子程序

2. 编写机器人程序

PLC 程序编写完成后，便可编写机器人程序。首先根据控制要求绘制机器人程序流程图，然后编写机器人主程序和子程序。子程序主要包括回原点子程序、放瓶位置选择子程序、瓶搬运子程序、盒盖搬运子程序和贴标签子程序，编写子程序前要先规划好机器人的运行轨迹和定义好机器人的程序点。

1）绘制机器人程序流程图

绘制机器人程序流程图。图 2-6-15 可供参考。

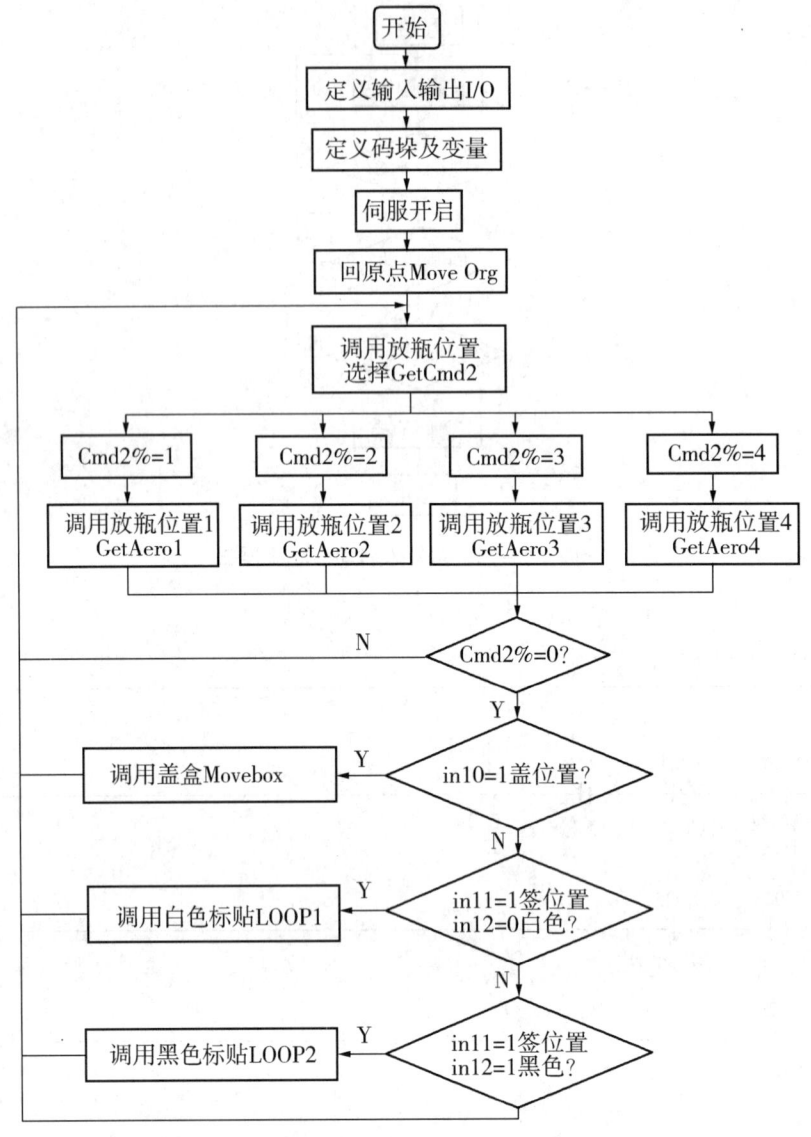

图 2-6-15 机器人程序流程图

2) 编写机器人主程序

根据机器人流程图 2-6-15 编写机器人主程序。

```
1 '-------------------定义输入点-------------------
2 Def Io in0 = Bit, 0        '程序停止
3 Def Io in1 = Bit, 1        '操作权申请
4 Def Io in2 = Bit, 2        '伺服 ON
5 Def Io in3 = Bit, 3        '程序开始
6 Def Io in4 = Bit, 4        '异常复位
7 Def Io in5 = Bit, 5        '伺服 OFF
8 Def Io in6 = Bit, 6        '程序复位
```

```
 9 Def Io in7 = Bit, 7          '回原点
10 Def Io in8 = Bit, 8          '开始搬运
11 Def Io in9 = Bit, 9          '瓶位置
12 Def Io in10 = Bit, 10        '盖位置
13 Def Io in11 = Bit, 11        '签位置
14 Def Io in12 = Bit, 12        '标签颜色
15 Def Io in13 = Bit, 13        '单联机切换
16 Def Io in14 = Bit, 14        '预留 14
17 Def Io in15 = Bit, 15        '预留 15
18 '-------------------定义输出点-----------------------------------
19 Def Io out0 = Bit, 0         '操作权有效
20 Def Io out1 = Bit, 1         '伺服 OFF
21 Def Io out2 = Bit, 2         '程序停止
22 Def Io out3 = Bit, 3         '异常发生
23 Def Io out4 = Bit, 4         '伺服 ON
24 Def Io out5 = Bit, 5         '程序运行中
25 Def Io out6 = Bit, 6         '到原点位
26 Def Io out7 = Bit, 7         '瓶搬运完成
27 Def Io out8 = Bit, 8         '盖搬运完成
28 Def Io out9 = Bit, 9         '签搬运完成
29 Def Io out10 = Bit, 10       '运行中
30 Def Io out11 = Bit, 11       '预留 11
31 Def Io out12 = Bit, 12       '预留 12
32 Def Io out13 = Bit, 13       '手抓
33 Def Io out14 = Bit, 14       '吸盘 A
34 Def Io out15 = Bit, 15       '吸盘 B
35 '-------------------定义码垛变量--------------------
37 Def Inte Cmd2               '位置选择临时变量
38 Def Inte M1                 '放瓶位置计数变量
39 Def Inte M2                 '取白色标签计数变量
40 Def Inte M3                 '取黑色标签计数变量
41 Def Inte M4                 '放标签计数变量
42 Def Jnt Safe
43 Def Plt 1, P50, P51, P52,, 6, 2, 2
44 Def Plt 2, P53, P54, P55,, 6, 2, 2
45 Def Plt 3, P56, P57, P58,, 4, 1, 2
46 '-------------------定义完成,运动程序开始--------------------
47 Servo On
48 M1% = 1                     '"%"是一个类型说明符,说明该变量为整型变量
49 M2% = 1
50 M3% = 1
51 M4% = 1
52 GoSub *MoveOrg              '回原点子程序
```

```
53  While 1              '"1"作为While的条件，表示该循环无限循环
54  GoSub *GetCmd2
55  Select Cmd2%         '放瓶位置选择
54  GoSub *GetCmd2
55  Select Cmd2%         '放瓶位置选择
56  Case 1
57    GoSub *GetAero1    '放瓶位置1#
58    Break
59  Case 2
60    GoSub *GetAero2    '放瓶位置2#
61    Break
62  Case 3
63    GoSub *GetAero3    '放瓶位置3#
64    Break
65  Case 4
66    GoSub *GetAero4    '放瓶位置4#
67  Default
68    Break
69  End Select
70  If in10 = 1 Then GoSub *Movebox              '盖盒程序
71  If in11 = 1 And in12 = 0 Then GoSub *LOOP1   '白色贴标程序
72  If in11 = 1 And in12 = 1 Then GoSub *LOOP2   '黑色贴标程序
73  WEnd
74  End
```

3) 编写机器人回原点子程序

（1）绘制机器人回原点子程序流程图，图2-6-16可供参考。

图2-6-16 回原点子程序流程图

（2）编写机器人回原点子程序，参考程序MoveOrg如下：

```
133  '--------------------回原点程序--------------------
134  *MoveOrg
135  Ovrd 10              '速度设置为10%
136  out10 = 1            '机器人正在动作中标志
137  J1 = J_Curr          '获取当前各关节坐标
138  J1.J2 = Safe.J2  ⎫
139  J1.J3 = Safe.J3  ⎪
140  J1.J4 = Safe.J4  ⎬  复位J2～J5轴
141  J1.J5 = Safe.J5  ⎪
142  Mov J1           ⎭
143  J1 = Safe        ⎫  复位J1、J6轴
144  Mov J1  '回到安全点 ⎭
```

'--------------------初始化输出点，out7～out15 清零--------------------
145 out7 = 0
146 out8 = 0
147 out9 = 0
148 out10 = 0
149 out11 = 0 } 复位机器人输出
150 out12 = 0
151 out13 = 0
152 out14 = 0
153 out15 = 0
154 out6 = 1
155 Return

4）编写机器人放瓶位置选择子程序
（1）绘制放瓶位置选择子程序流程图。图2－6－17 可供参考。

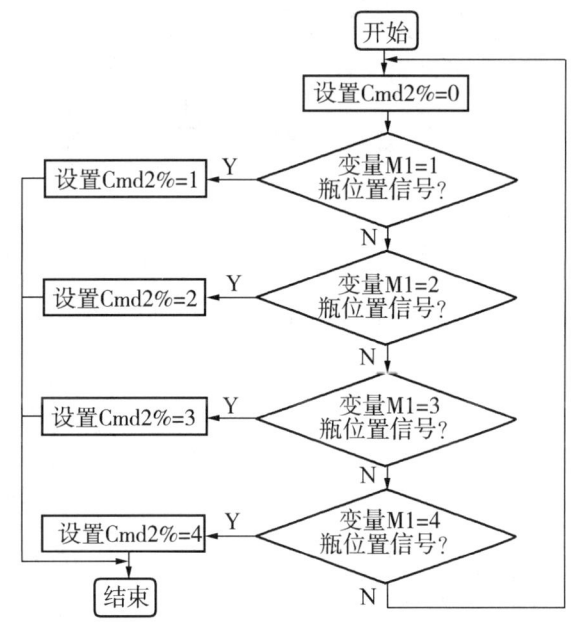

图2－6－17　放瓶位置选择子程序流程图

（2）编写放瓶位置选择子程序。参考程序 Get Cmd2 如下：

182 '----------放瓶位置选择 Get Cmd2 子程序----------
183 * GetCmd2
184 Cmd2% = 0
185 If M1% = 1 And in9 = 1　Then Cmd2% = 1　'1#位置
186 If M1% = 2 And in9 = 1　Then Cmd2% = 2　'2#位置
187 If M1% = 3 And in9 = 1　Then Cmd2% = 3　'3#位置
188 If M1% = 4 And in9 = 1　Then Cmd2% = 4　'4#位置
189 Return

5)编写瓶搬运子程序

(1)绘制瓶搬运子程序流程图,以1#瓶为例,如图2-6-18所示。

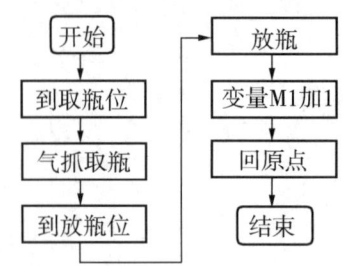

图2-6-18 1#瓶搬运子程序流程图

(2)规划机器人搬运瓶的运动轨迹,图2-6-19可供参考。

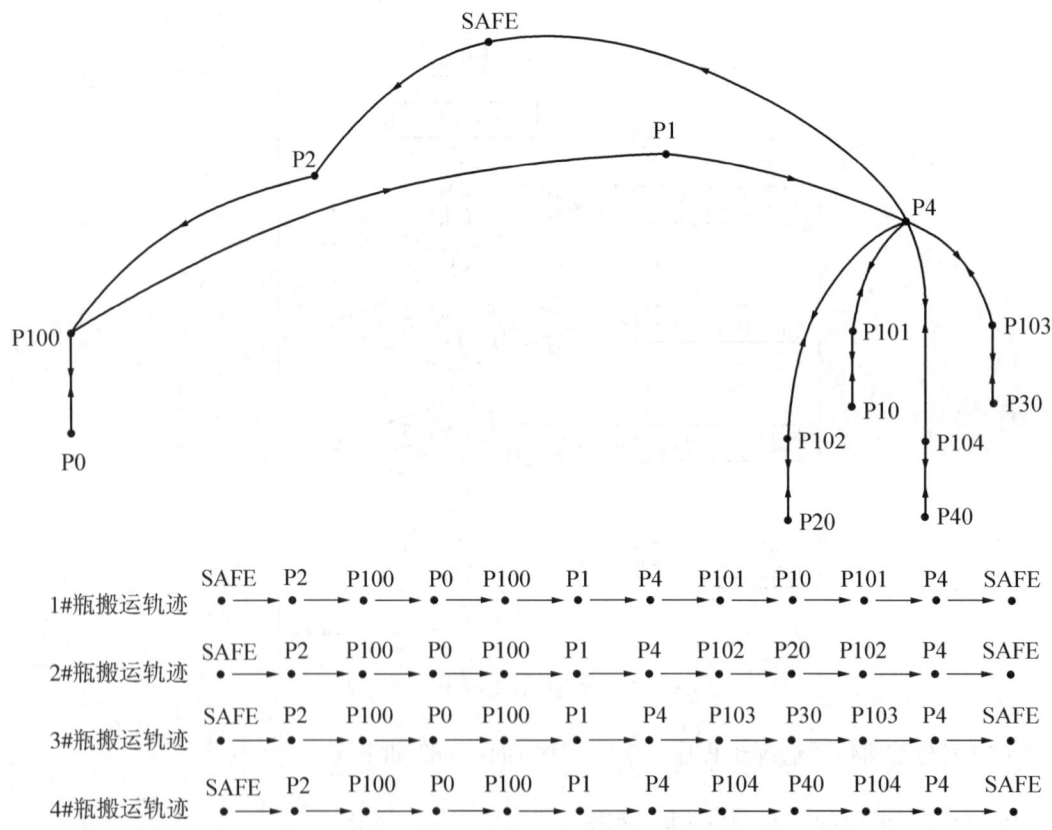

图2-6-19 机器人搬运瓶的运动轨迹图

(2)定义机器人程序点

根据机器人实际运行的位置,定义机器人的程序点。表2-6-6可供参考。

表 2-6-6　机器人程序点的定义

序号	点序号	注释	序号	点序号	注释
1	P0	取瓶点	18	P54	2 号托盘终点 1 坐标
2	P1	取瓶借助点 1	19	P55	2 号托盘终点 2 坐标
3	P2	取瓶借助点 2	20	P56	3 号托盘起点坐标
4	P3	取盖借助点	21	P57	3 号托盘终点 1 坐标
5	P4	取瓶借助点 3	22	P58	3 号托盘终点 2 坐标
6	P5	取签借助点 1	23	P60	1 号托盘运行坐标
7	P6	取签借助点 2	24	P70	2 号托盘运行坐标
8	P7	取签借助点 3	25	P80	3 号托盘运行坐标
9	P8	取签借助点 4	26	P100	P0 正上方位置
10	P10	放瓶 1# 位置	27	P101	P10 正上方位置
11	P20	放瓶 2# 位置	28	P102	P20 正上方位置
12	P30	放瓶 3# 位置	29	P103	P30 正上方位置
13	P40	放瓶 4# 位置	30	P104	P40 正上方位置
14	P50	1 号托盘起点坐标	31	P200	取盖位置
15	P51	1 号托盘终点 1 坐标	32	P201	P200 正上方位置
16	P52	1 号托盘终点 2 坐标	33	P202	P203 正上方位置
17	P53	2 号托盘起点坐标	34	P203	放盖位置

（3）编写瓶搬运子程序

以 1#瓶为例，说明瓶搬运子程序的编写方法，2#、3#、4#瓶搬运子程序可参考此方法编写。1#瓶搬运子程序 Get Aero1 参考程序如下：

191　'----------位置 1#放瓶----------
192　*GetAero1
193　Ovrd 50　'速度设置
194　out6 = 0　'清除在原点位标志
195　out10 = 1　'设置机器人正在动作中标志
196　Mov p2　'取料过渡点
197　Mov p100　'取料过渡点
198　Mvs P0　'取料点
199　Dly 0.5　'延时 0.5s
200　out13 = 1　'吸盘吸料输出

```
201 Mvs p100    '返回取料过渡点
202 Mov P1     '放料过渡点
203 Mov p4
204 Mov p101
205 Mvs p10    '放料点
206 Dly 0.5
207 out13 = 0
208 Mvs p101
209 M1% = M1% + 1   '放料计数
210 out7 = 1   '瓶搬放完成
211 Dly 0.5
212 out7 = 0
213 If in9 = 0 Then GoSub *MoveOrg    '回原点
214 Return
```

6）编写盒盖搬运子程序

根据2-6-20所示的盒盖搬运子程序流程图和图2-6-21所示的盒盖搬运轨迹图，并参照表2-6-6所示的有关机器人取盖放盖程序点的要求，请自行编写盒盖搬运子程序Movebox。

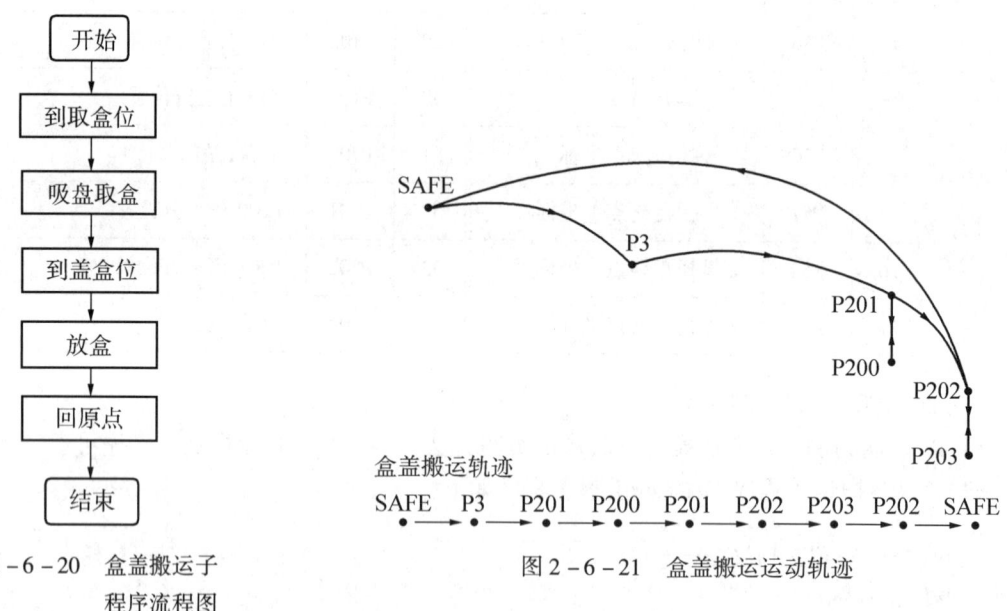

图2-6-20 盒盖搬运子程序流程图

图2-6-21 盒盖搬运运动轨迹

7）编写贴标签子程序

根据图2-6-22所示的白色标签搬运子程序流程图和图2-6-23所示的标签搬运运动轨迹图，参照表2-6-6所示取签、放签程序点的要求，请自行编写机器人搬运白色标签的子程序LOOP1和搬运黑色标签的子程序LOOP2。

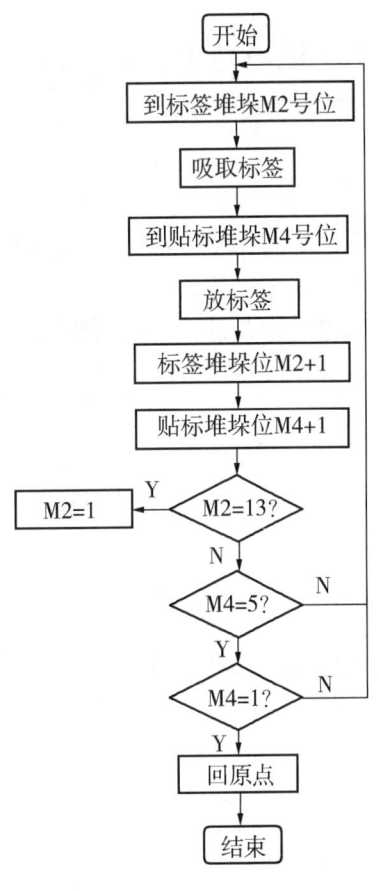

图 2-6-22 白色标签搬运子程序流程图

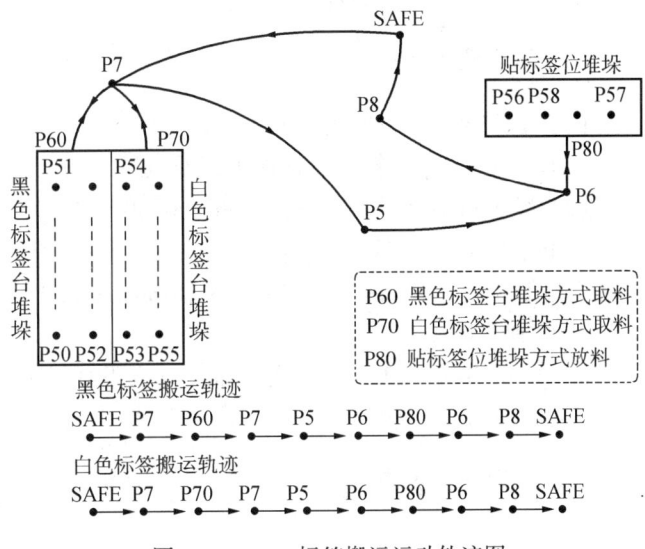

图 2-6-23 标签搬运运动轨迹图

五、学习任务拓展

(1) 改变 PLC 与机器人的接线端口,进一步编写 PLC、机器人的程序。

(2) 改变工艺流程后编写程序。(例如,6 轴机器人根据瓶盖颜色不同将瓶子搬运到两个不同类型的包装箱内,每个包装箱有 3 个工位;包装箱 3 个工位放满瓶子后,被推送到入仓台,等待成品入仓。)

(3) 如果选用 2 轴或 4 轴的机器人,请编写机器人程序。

(4) 如果选用西门子 S7-200 的 PLC,请编写 PLC 程序。

(5) 如果把三菱机器人更换成 ABB 机器人,请编写机器人程序。

学习任务 3　机器人包装工作站程序调试与维护

一、学习任务目的与要求

在前面两个学习任务的基础上，本学习任务主要目的是掌握 GX Developer 及 RT ToolBox2 软件及机器人程序下载与监控程序调试的方法与技能，根据机器人包装工作站的功能要求对设计好的程序进行调试，并根据实际运行情况对程序进行改进，提高系统的运行效率，实现系统运行最优化目标。

二、学习任务准备

1. 知识技能准备
(1) GX Developer 软件的程序下载及调试方法。
(2) RT ToolBox2 软件的程序下载及调试方法。
2. 设备与器件准备
① 电脑 1 台，带 RS232 串口，GX Developer 8.0、三菱 6 轴机器人编程软件；
② 6 轴机器人工作站 1 台；
③ SC-09 数据线 1 条、三菱 6 轴机器人下载线 1 条；
④ 物料瓶 4 套，包括瓶身和瓶盖。

三、学习任务实施

1. 设备上电通气
与本工作项目学习任务 1 的设备上电通气操作相同。
2. 程序下载
连接好通信电缆，设定好通信参数，将设计好的程序下载到 PLC 及机器人中。
3. 程序和功能调试
1) 设备复位功能调试
按[复位]按钮，设备进入复位状态，机器人复位，其它执行机构均恢复到初始位置，各机构的初始位置分别是：
(1) 6 轴机器人处于收回安全状态；
(2) 夹具爪张开，夹具吸盘关闭；
(3) 升降台 A：第一个物料盒刚好升到出料台面上方；
(4) 推料气缸 A：收回状态；
(5) 升降台 B：第一个盒盖刚好升到出料台面上方；
(6) 推料气缸 B：收回状态；
(7) 挡料气缸：收回状态。
2) 设备启动与停止功能调试
(1) 按[启动]按钮，设备进入运行状态，"启动"指示灯亮。

(2)按[停止]按钮,"停止"指示灯亮,设备进入停止状态,机器人停止搬运,其它所有机构均停止动作,保持状态不变。

3)6 轴工业机器人的调试

(1)设置机器人参数及点示教,把机器人的安全信号短接,如图 2-6-24 所示。

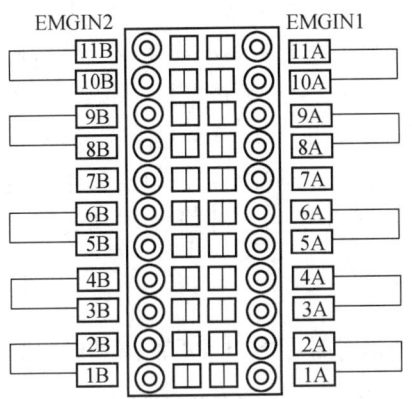

图 2-6-24 机器人的安全信号短接图

(2)启动机器人,写入机器人的原点数据;检测机器人的专用 I/O 是否正确,如图 2-6-25 所示;下载程序,重新启动控制器。

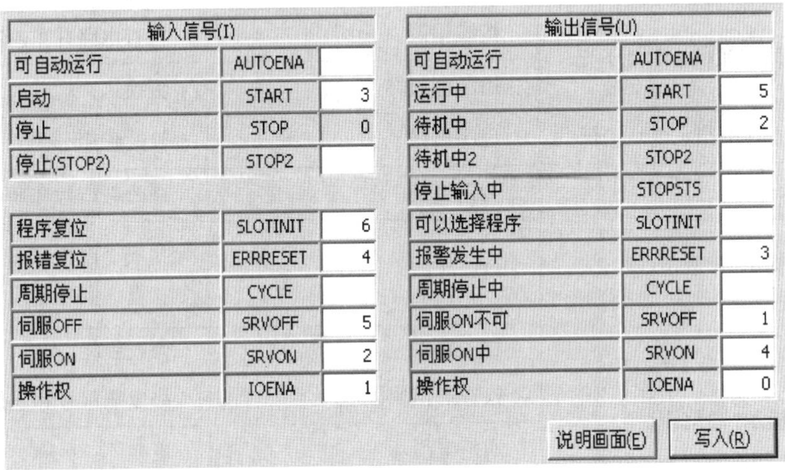

图 2-6-25 机器人的专用 I/O

(3)手动状态下调试程序。

(4)将备调试的机器人程序名调至程序的第一个位置,然后重新启动控制器;将机器人调至自动情况下并将速度降至 10%,再自动运行 PLC 程序。

4)机器人和 PLC 联机调试

检测 PLC 的 Y21 点是否有输出。若没有则检测 PLC,再看 PLC 的 X20 是否有输入。如果 X20 没有输入,请重新设置机器人的参数,并重新启动机器人控制器;如果 X20 有输入,再观察机器人的伺服是否 ON,如果没有,请检测 PLC 的 Y22 是否有输出,若 Y22 没有输出,请检查机器人专用 I/O 参数的设置,并重新启动机器人控制器和 PLC。

5)自动流程的调试

(1)开启机器人控制器电源,按照机器人说明书将运动速度调至 10%,将机器人的运动程序调至最前端,重新启动控制器。

(2)按钮板上选择"单机"状态,点动[启动]按钮,升降台 A 气缸和定位气缸伸出,锁定物料盒位置,机器人连续完成对瓶子搬运动作 4 次,然后机器人和两个气缸复位,同时升降台 A 上升一个物料盒的高度;再次按下[启动]按钮,机器人开始搬运盒盖并对物料盒进行上盖,机器人复位,升降台 B 上升一个盒盖的高度;再次按下[启动]按钮,机器人连续摆放 4 个蓝色标签于盒盖上,即可复位,单机动作完成。

(3)依照(2)流程,如此循环 3 次后,升降台 A 和升降台 B 均复位,人工填充物料,以供后续实验使用。

4. 常见故障及其解决方法

机器人包装工作站在调试运行时可能出现的故障和解决方法如表 2-6-7 所示。

表 2-6-7 常见故障及其解决方法

序号	故障现象	故障原因	故障解决方法
1	设备不能正常上电	电气件损坏	更换
		接线错误	检查电路并重新接线
2	上电后按钮板指示灯不亮	接线错误	检查电路并重新接线
		指示灯损坏	更换
3	PLC 上电后指示红灯闪烁	程序出错	修改程序
4	PLC 提示"参数错误"	端口错误	修改端口号和通信参数
		PLC 故障	执行"PLC 存储器清除"命令,直到红灯熄灭为止
		程序错误	修改程序
5	PLC 提示"通信错误"	检查通信协议	修改端口号和通信参数
		通信电缆坏	更换
6	传感器对应的 PLC 输入点没有输入	PLC 与传感器接线错误	检查电缆并重新连接
		传感器坏	更换传感器
		PLC 输入点损坏	更换输入点
7	PLC 输出点没有动作	线路错误	检查电缆并重新连接
		元器件损坏	更换元器件
		开关电源坏	更换
		PLC 输出点损坏	更换输出点
8	上电,机器人报警	机器人的安全信号没有连接	按照机器人接线图接线

(续表2-6-7)

序号	故障现象	故障原因	故障解决方法
9	机器人不能启动	机器人的运行程序未选择	在控制器的操作面板选择程序名(在第一次运行机器人的情况)
		机器人专用I/O没有设置	设置机器人专用I/O(在第一次运行机器人的情况)
		PLC的输出端没有输出	监控PLC程序
		PLC的输出端子损坏	更换其它端子
		线路错误或接触不良	检查电缆并重新连接
10	机器人启动就报警	原点数据没有设置	输入原点数据(在第一次运行机器人的情况)
11	机器人运动过程中报警	机器人从当前点不能直接移动到下一个点	重新示教下一个点
12	步进驱动器的电源指示灯不亮	桌面24V没电	检查电缆及24V电源,重新接线
		线路错误或接触不良	检查电缆,重新接线
		步进驱动器损坏	更换步进驱动器
		开关电源损坏	更换开关电源
13	步进电机不动作	程序没有运行	监控PLC程序,确定Y0、Y1输出
		接线错误	检查电缆并重新连接
		限位保护板损坏	更换
		步进驱动器拨码不正确	调整拨码
		步进驱动器损坏	更换步进驱动器
		步进电机损坏	更换步进电机
14	步进电机只能单方向运动	输出点Y2、Y3常亮或常灭	监控PLC程序,修改程序
		Y2、Y3点损坏	更换其它端子测试
		Y2、Y3接线错误	检查电缆并重新连接
		步进驱动器损坏	更换步进驱动器

四、学习任务拓展

(1)如果选用2轴或4轴的机器人,如何调试操作?

(2)如果选用西门子S7-200的PLC,如何调试操作?

(3)如果把三菱机器人更换成ABB机器人,如何调试操作?

工作项目七 成品入仓工作站的操作控制

本工作项目由两个学习任务组成：成品入仓工作站的安装与接线、成品入仓工作站的程序设计与调试运行。

学习任务1 成品入仓工作站的安装与接线

一、学习任务目的与要求

(1) 熟练掌握成品入仓工作站的硬件结构及组成。
(2) 掌握立体仓库的安装步骤。
(3) 熟练绘制 PLC 电气接线图。
(4) 熟练掌握成品入仓工作站部分电气线路的安装与连接方法。
(5) 熟练掌握伺服电机及驱动器的应用。

二、学习任务工作过程描述

成品入仓工作站是药物封装自动生产线控制系统的第五个环节，工作过程是：当工作站启动后，垛料机旋转到物料台取料位，气缸伸出，吸盘吸取成品物料；气缸缩回，成品物料被拖入垛料机托盘内；垛料机依次旋1～6号仓位并成功将物料放入到相应仓位。

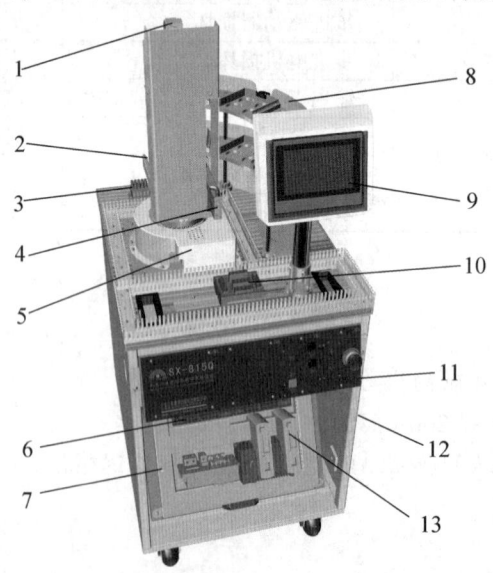

图 2-7-1 成品入仓工作站结构图
1—伺服电机；2—垛机托盘；3—电磁阀；4—拾取气缸；5—电机保护罩；6—挂板界面板；
7—网孔挂板；8—仓库；9—触摸屏；10—台面界面板；11—按钮面板；12—桌体；13—伺服驱动器

成品入仓工作站结构如图2-7-1所示。

三、学习任务准备

1. 知识技能准备

1)PLC基本指令与功能指令的运用知识

2)伺服电机及伺服驱动器的使用方法

(1)伺服系统主要由伺服驱动器和伺服电机两部分组成,如图2-7-2所示。成品入仓工作站应用了两套伺服系统,实现左右旋转和上下移动的运动模式,其型号为MR-E-10A-KH003和HF-KN-13J-S100。

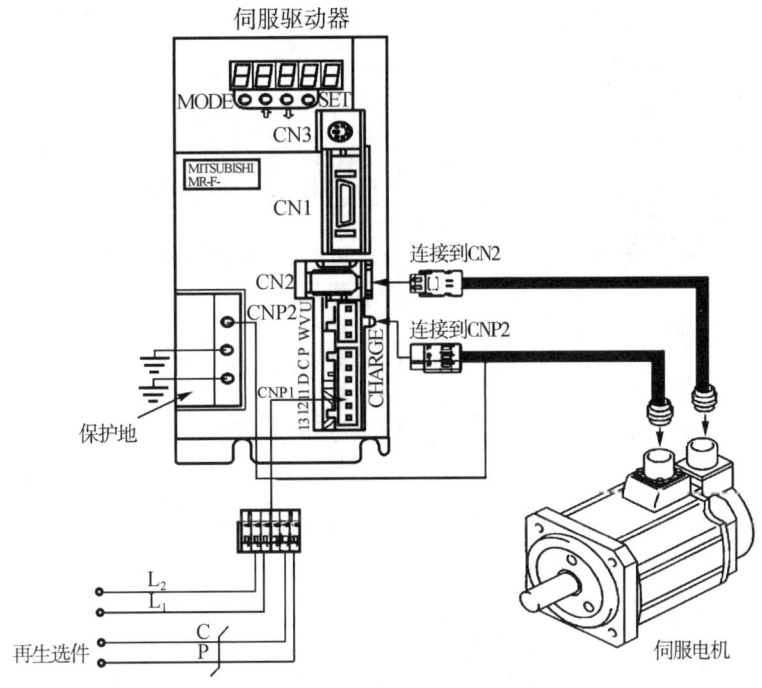

图2-7-2 伺服系统结构示意图

(2)伺服驱动器各端口详细定义如图2-7-3所示。

(3)伺服驱动器参数设定

①参数设定方法。参数的详细设定方法请参考驱动器使用说明书。下面以0号参数为例,简单说明更改速度控制模式的操作方法,如图2-7-4所示,接通电源后,使用[MODE]按键即进入基本参数画面。需要移动到下一参数时,请使用[UP][DOWN]按键。更改0号参数时,应在更改设置值后先切断电源,然后再接通,这样才会生效。

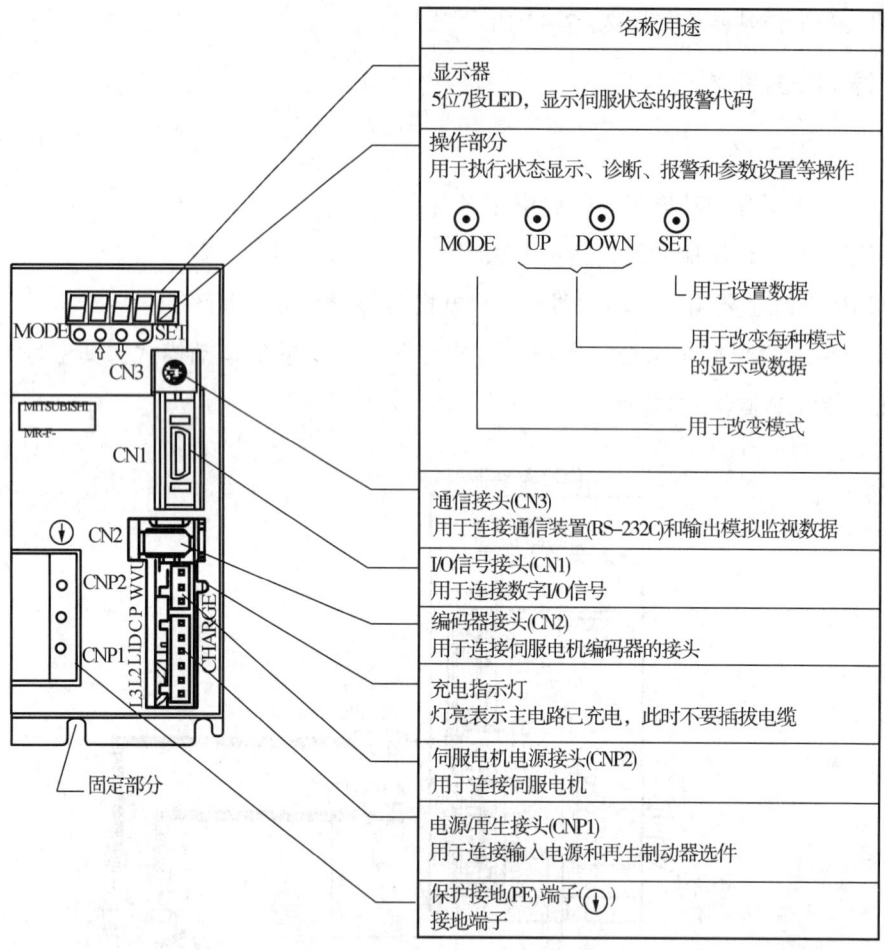

图 2-7-3　伺服驱动器端口定义

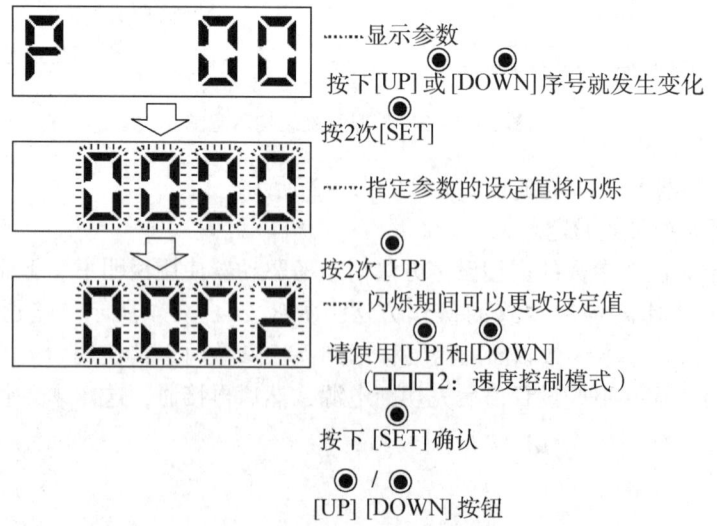

图 2-7-4　伺服驱动器参数设定操作方法示意图

②需要设定的主要参数如表2-7-1所示，详细参数请查阅伺服驱动器使用说明书。

表2-7-1 需要设定的主要参数

地址	名称	初始值	设定值
P 00	控制模式设置	0000	0000
P 03	电子齿轮分子	1	100
P 04	电子齿轮分母	1	1
P 19	参数写入禁止	0000	000C
P 21	指令脉冲选择	0000	0011
P 22	极限停止方式	0000	0000
P 41	输入信号选择	0000	0001
P 48	输入端子选择	0403	0403

3) 传感器应用

本工作站用到多种类型的传感器：其中E3Z-D61型传感器共有6个，分别安装于仓库各个仓位；EE-SX911-R型传感器共有2个，分别安装在两轴原点位置。

2. 器材、设备准备

①成品入仓单元1套(见图2-7-1)；
②工具：一字螺丝刀、十字螺丝刀、验电笔等电工工具；
③仪表：万用表。

四、学习任务实施

1. 立体仓库的安装

根据立体仓库装配示意图(见图2-7-5)进行安装。

2. PLC I/O 接线图的电气连接

根据成品入仓工作站PLC I/O接线图(见图2-7-6)进行电气连接。

3. 设备操作与调试

1) 上电通气

与工作项目六学习任务1的设备操作与调试相同。

2) 传感器初步调整

(1) 调整E3Z-D61型传感器。请参阅本篇工作项目五中的学习任务1相关内容。

(2) 调整EE-SX911-R型传感器。此传感器不用调节，只需根据设备的安装配合情况进行位置调整。本站要求调整后能确保机械部件在运行到各自原点时可以准确无误地遮挡该传感器，并输出信号。

五、学习任务拓展

如果选用西门子S7-200 PLC，请设计本工作站PLC I/O接线图。

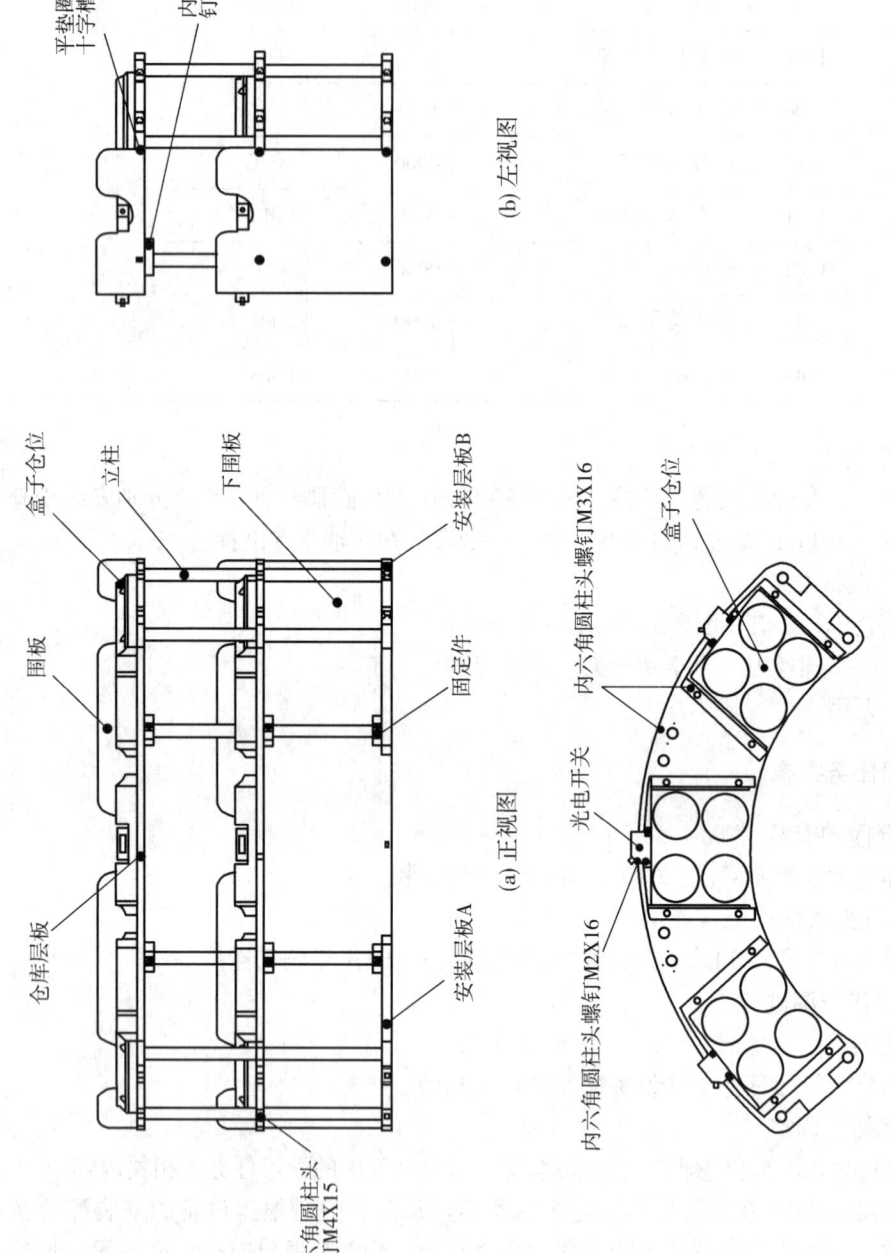

图2-7-5 立体仓库装配示意图

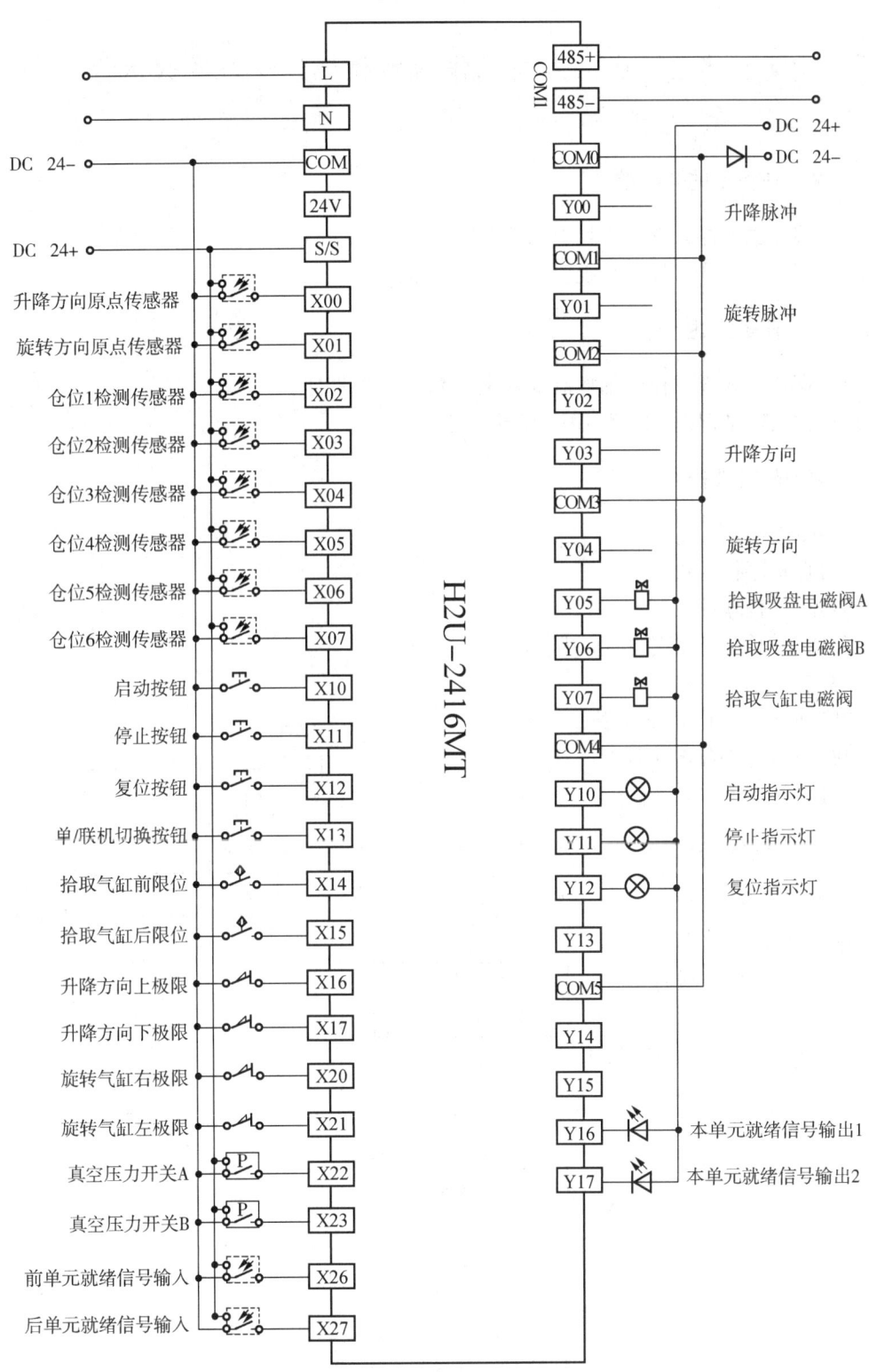

图 2-7-6 成品入仓工作站 PLC I/O 接线图

学习任务 2 成品入仓工作站的程序设计与调试运行

一、学习任务目的与要求

(1) 熟练掌握成品入仓工作站 PLC 程序设计。
(2) 掌握成品入仓工作站系统设计与调试技术。

二、学习任务描述

(1) 根据成品入仓工作站的控制要求进行 PLC 程序设计。
(2) 根据实际情况对 PLC 程序进行调试运行。

三、学习任务准备

1. 知识技能准备
(1) PLC 程序指令；
(2) PLC 编程软件；
(3) MCGS 工控组态软件的应用。

2. 器材、设备准备
①PLC 1 台、PLC 编程软件 1 套；②PC 1 台、MCGS 工控组态软件 1 套。

四、学习任务实施

1. 设计程序流程图

根据成品入仓工作站工作要求，设计 PLC 程序流程图。

(1) 主程序参考流程图 (见图 2-7-7)

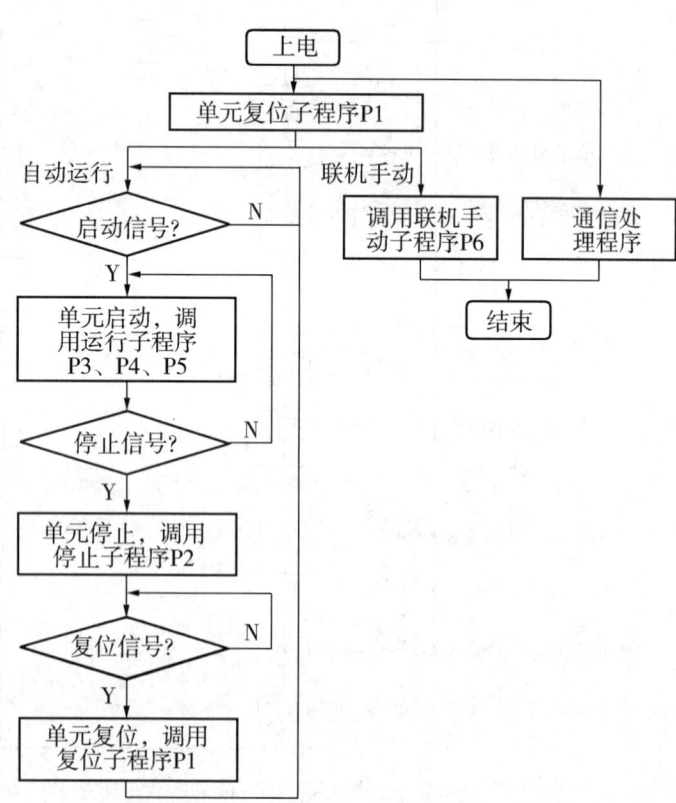

图 2-7-7 入仓工作站 PLC 主程序流程图

(2)子程序流程图(图2-7-8)

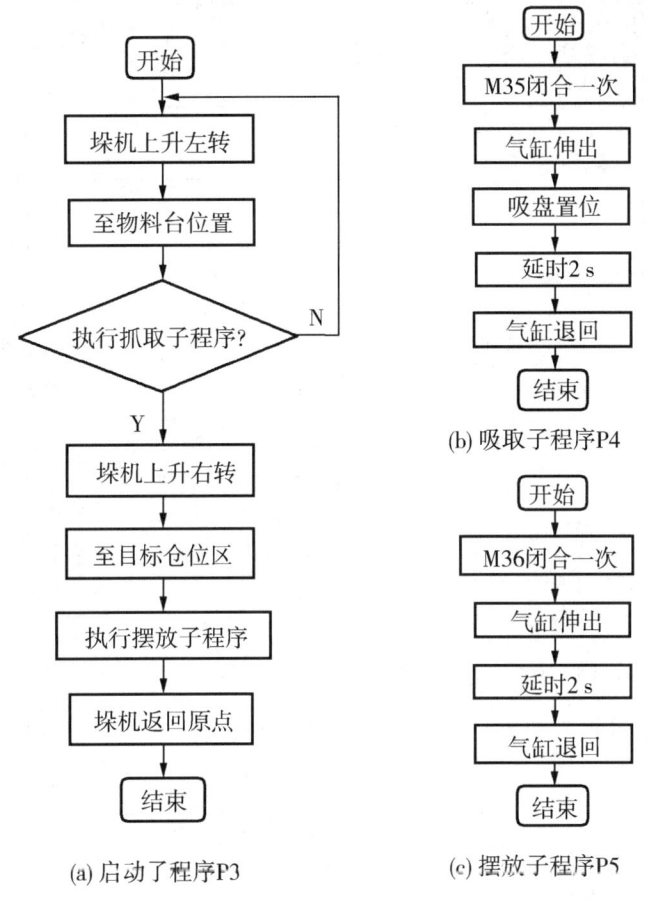

图2-7-8 成品入仓工作站PLC子主程序流程图

2. 设计PLC程序

(1)设计主程序

根据入仓工作站PLC主程序流程图,并请参阅本篇工作项目三中学习任务2的主程序,请自行编写本工作站主程序的启动、停止和复位控制程序。

(2)设计子程序,根据子程序流程图(见图2-7-8b)设计垛机吸取子程序P4,参考程序如图2-7-9所示。P4子程序开始的M35是一个中间临时变量,由主程序检测到垛机仓位定位结束时会给出此信号,由此触发P4子程序开始运行。

(3)根据垛机摆放子程序流程图(见2-7-8c),设计垛机摆放子程序P5。

2. 程序调试与运行

1)设备上电通气

与工作项目六学习任务3的设备上电通气操作相同。

2)程序下载

将设计好的程序下载到PLC中。

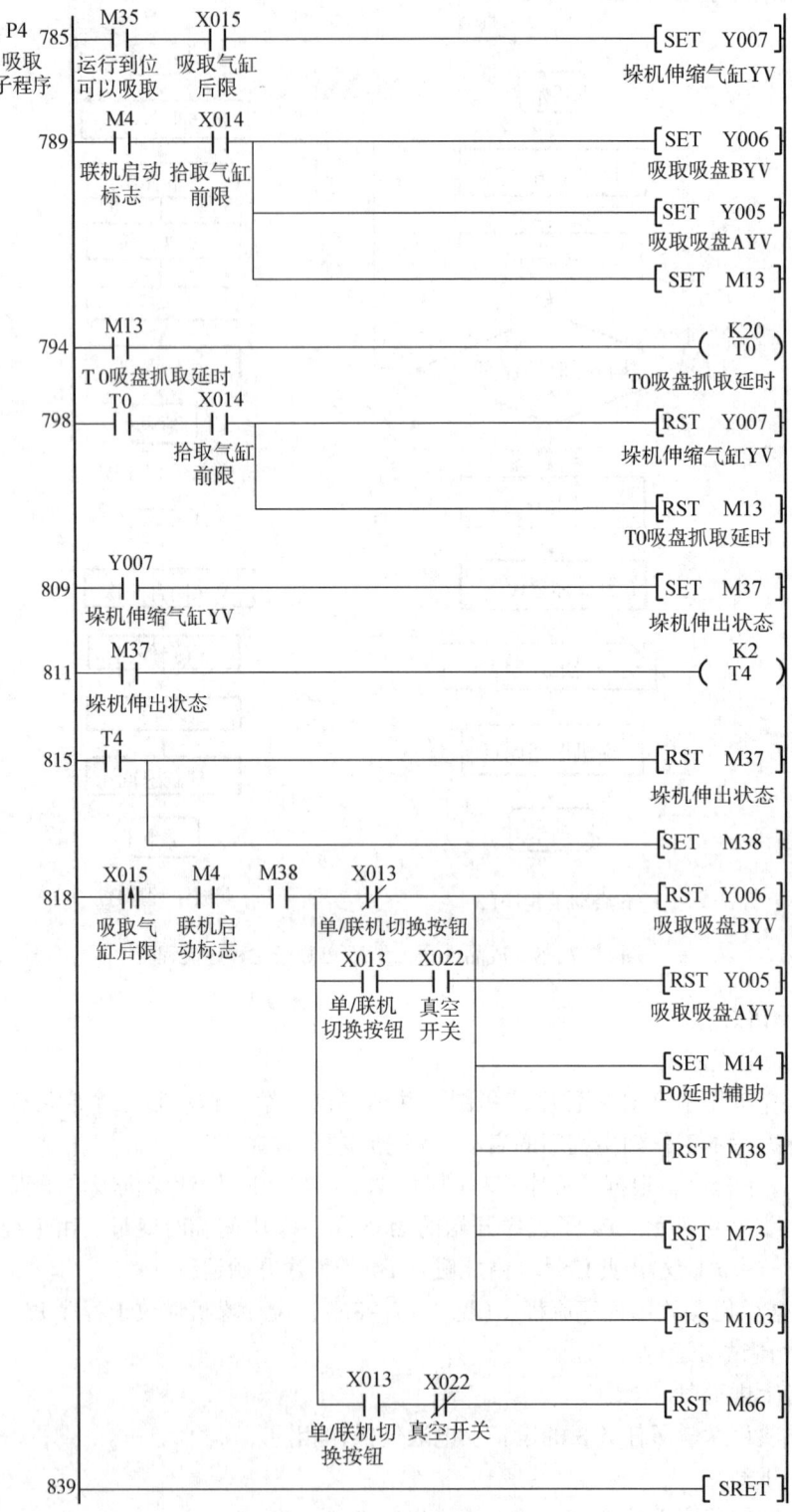

图 2-7-9 吸取子程序 P4

3) 程序和功能调试

(1) 设备启动功能调试

按[启动]按钮，设备进入运行状态，"启动"指示灯亮，垛料机旋转到物料台取料位，气缸伸出，吸盘吸取成品物料，气缸缩回，成品物料被拖入垛料机托盘内，垛料机依次旋1～6号仓位并成功将物料放入到相应仓位。

(2) 设备停止功能调试

按[停止]按钮，"停止"指示灯亮，设备进入停止状态，垛料机停止运行，其它所有机构均停止动作，保持状态不变。

(3) 设备复位功能调试

按[复位]按钮，"复位"指示灯亮，设备进入复位状态，垛料机复位，其它执行机构均恢复到初始位置。

(4) 伺服系统调试

①伺服驱动器参数设定。伺服驱动器即 MR-E-10A，共2台，分别与升降方向和旋转方向的伺服电机配套，整体性能以及详细使用方法请参考使用手册，参数的设定请参考学习任务1相关内容。

②伺服系统故障诊断。伺服系统可能出现的故障和排查方法如表2-7-2所示。

表2-7-2 伺服系统常见故障及其解决方法

序号	故障现象	故障原因	故障解决方法
1	电源电压下降到160VAC以下	1. 电源电压过低	检查电源
		2. 瞬时断电60ms以上	
		3. 电源功率不足导致启动时电源电压下降	
		4. 直流母线电压降到200VDC以下	
		5. 伺服驱动-器中内部元件故障	更换伺服驱动器
2	编码器和伺服驱动器之间出现通信错误	1. 编码器接头(CN2)断开	正确连接
		2. 编码器故障	更换伺服电机
		3. 编码器电缆故障(线缆断裂或短路)	修理或更换电缆
3	伺服驱动器和伺服电机的组合有误	伺服驱动器与所连接的伺服电机组合有误	采用正确组合
4	指令脉冲频率错误：指令脉冲的输入脉冲频率过高	1. 指令脉冲的脉冲频率太高	改变指令脉冲频率使其到达一个适当的值
		2. 噪声进入指令脉冲	采取噪声抑制措施
		3. 指令元件故障	更换指令元件

(续表 2-7-2)

序号	故障现象	故障原因	故障解决方法
5	参数设置错误	1. 伺服驱动器故障导致参数设定值发生改变	更换伺服驱动器
		2. 在参数 No.0 中选择伺服驱动器未使用再生选件或伺服电机	正确设置参数 No.0
		3. 由于写入参数等，EEPROM 的写入次数超过 100 000	更换伺服驱动器
6	主电路器件异常过热	1. 伺服驱动器故障	更换伺服驱动器
		2. 过载状态下连续接通和断开电源	检查驱动方法
		3. 伺服驱动器的冷却风扇停止	1. 更换伺服驱动器的冷却风扇 2. 降低环境温度
7	伺服电机温度上升热保护动作	1. 伺服电机的环境温度超过 40℃	使用环境温度在 0～40℃范围内
		2. 伺服电机过载	1. 降低负载 2. 检查运行模式 3. 采用更大功率的伺服电机
		3. 编码器内的热传感器故障	更换热传感器

五、学习任务拓展

（1）将 PLC 换成西门子 S7-200，其程序如何编写？

（2）如果改变立体仓库仓位数量，如何编写 PLC 程序？

工作项目八 药物封装自动化生产线系统编程与调试优化

一、学习任务目的与要求

(1) 掌握 PLC 系统通信连接方法。
(2) 掌握利用触摸屏监控自动化生产线的应用方法。
(3) 掌握自动化生产线的联机编程与调试方法。

二、学习任务描述

药物封装自动化生产线结构如图 2-8-1 所示。各工作站的功能任务详见项目三到项目七。

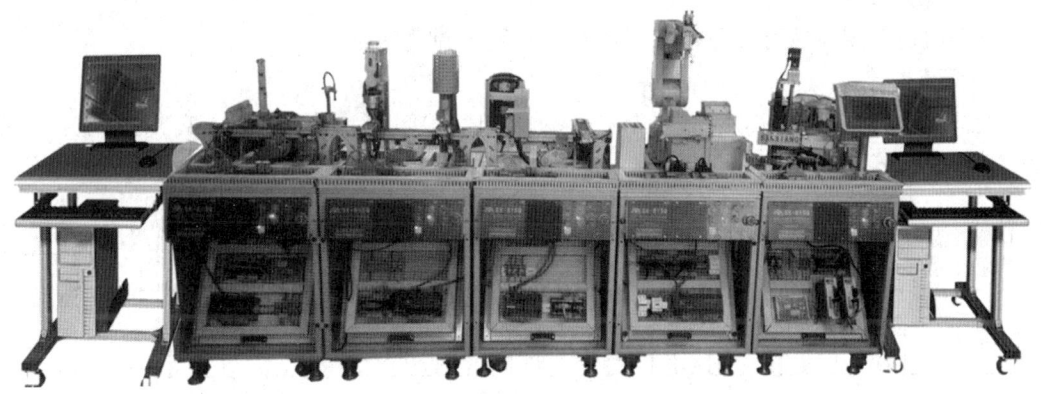

图 2-8-1 药物封装自动化生产线结构示意图

系统联机功能要求：
(1) 工艺流程图如 2-8-2 所示。

图 2-8-2 加盖拧盖工作站工艺流程图

(2) 触摸屏通过成品入仓单元对整个生产线每个单元进行 I/O 输入输出监控。

(3) 触摸屏可作为系统运行监控机构，包括 1 个主画面和 5 个各单元 I/O 监控画面。主画面有[启动][停止][复位][手/自动]切换按钮、各单元的运行状态指示灯以及切换到各单元 I/O 监控画面的切换按钮等。

三、学习任务准备

1. 知识技能准备

（1）触摸屏 TPC7062 的使用

TPC7062 是一款 7 英寸宽屏昆仑通态触摸屏，它的基本使用方法请参阅第一篇"基本技能篇"相关部分。

（2）基于 FX_{2N}-485BD 的 N:N 网络通信方式的应用

基于 FX_{2N}-485BD 的 N:N 网络通信方式基本使用方法请参阅第一篇"基本技能篇"相关部分。

2. 器材、设备准备

①上料单元 1 台；②加盖拧盖单元 1 台；③检测分拣单元 1 台；④机器人单元 1 台；⑤成品入仓单元 1 台；⑥ 2 芯 485 通信线 4 条；⑦工具：一字螺丝刀、十字螺丝刀；⑧测试仪器：万用表。

四、学习任务实施

1. 单站调试

根据项目三到项目七过程把各工作站单元程序调试完成。

2. 系统连接

设备要进行系统控制，就必须先进行系统通信连接。参考图 2-8-3，对系统各单元和触摸屏进行连接。

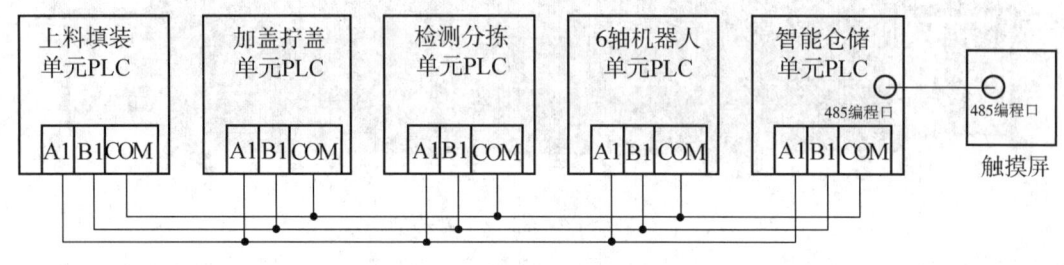

图 2-8-3 系统通信连接图

3. 各单元通信数据流分析

整个药物封装自动化生产线的控制器由 5 个单元的 PLC 和 1 个触摸屏组成，各单元间的通信数据是通过这 5 个 PLC 和 1 个触摸屏之间的数据交换实现的。各单元间分别独立工作，通过 485 通信共享各种数据信息，触摸屏用来统一监视和控制各 PLC 的运行过程。

由图 2-8-3 分析可以看出，触摸屏是通过 485 编程口与成品入仓单元的 PLC 进行通信连接，而与其它单元的 PLC 是没有直接通信连接的，因此触摸屏对其它单元 PLC 的监视和控制只能通过成品入仓单元 PLC 进行间接监控。

根据学习任务的要求，各单元间需要进行联机动作，就必须对各单元的动作信号进行相互交换。例如，各单元间的运行状态必须传递给触摸屏、触摸屏的控制信号必须传递给各单元 PLC、检测分拣单元的检测结果必须传递给机器人单元等。表 2-8-1 所示为整个生产线各单元间需要传递的信号。

表 2-8-1 整个生产线各单元间需要传送的信号

站 名	信号名称及地址分配		备 注
颗粒上料单元	M1129	颗粒填装完成	颗粒填装单元填装完成后,将信号传送给加盖拧盖单元
加盖拧盖单元	M1192	加盖拧盖完成	加盖拧盖单元拧盖完成
输送检测单元	M1139	分拣合格标志	检测分拣单元检测到合格物料,将信号传递给机器人单元
6轴机器人单元	D47	物料瓶盖颜色检测结果序列	连续 4 个瓶盖的颜色检测结果存于 D47 中,传送给机器人单元,用于贴标时所取标签颜色
	M1320	物料盒到位	
	M1322	取走物料瓶子	机器人取走瓶子后,将信号反馈给输送检测单元
成品入仓单元	M1000	联机启动	
	M1001	联机停止	
	M1002	联机复位	
	M1003	联机手动	

表 2-8-2 所示为触摸屏对颗粒填装单元的 I/O 监视信号。请参照该表列出其它单元的触摸屏 I/O 监视信号。

表 2-8-2 触摸屏对颗粒填装单元的 I/O 监视信号

从站 D10(写)主站(读)		主站 D1(写)从站(读)	
M828	吸盘填装限位	M848	上料皮带电机启停
M829	推料气缸 A 前限	M849	主皮带电机启停
M830	推料气缸 B 前限	M850	旋转气缸
M832	启动	M851	升降气缸
M833	停止	M852	取料吸盘
M834	复位	M853	定位气缸
M835	单/联机	M854	推料气缸 A
M836	物料瓶上料检测	M855	推料气缸 B
M837	颗粒填装位检测	M856	变频电机正转
M838	颜色确认 A 检测	M857	变频电机反转

(续表2-8-2)

从站 D10(写)主站(读)		主站 D1(写)从站(读)	
M839	颜色确认 B 检测	M858	变频电机高速
M840	料筒 A 物料检测	M859	变频电机中速
M841	料筒 B 物料检测	M860	变频电机低速
M842	颗粒到位检测		
M843	填装定位气缸后限		
M844	填装升降气缸上限		
M845	填装升降气缸下限		
M846	旋转气缸左限位		
M847	旋转气缸右限位		

4. 485 通信站参数设置

根据通信连接图，成品入仓单元必须设为 485 通信主站，其它单元可以随意设置。如表 2-8-3 所示设置系统参数分配。

表 2-8-3 系统参数分配

工作单元	站号 D8176	从站点数 D8177	刷新范围模式 D8178	字刷新范围	位通信范围	备注
成品入仓单元	0	6	2	D00～D07	M1000～M1063	
颗粒填装单元	2	6	2	D20～D27	M1064～M1127	
加盖拧盖单元	3	6	2	D30～D37	M1128～M1191	
检测分拣单元	4	6	2	D40～D47	M1192～M1255	
6 轴机器人单元	5	6	2	D50～D57	M1256～M1319	

5. 根据需求，编辑各单元 PLC 的通信程序

(1)主站(成品入仓单元)的通信程序，请参考图 2-8-4。

程序的过程是：上电首先设置通信参数，然后分别把各单元的输入信号 D20、D30、D40 等传送到触摸监视寄存器中，同时又将触摸屏的控制按钮信号寄存器的数据储存到 D2、D3、D4 等数据寄存器中，供各单元读取。

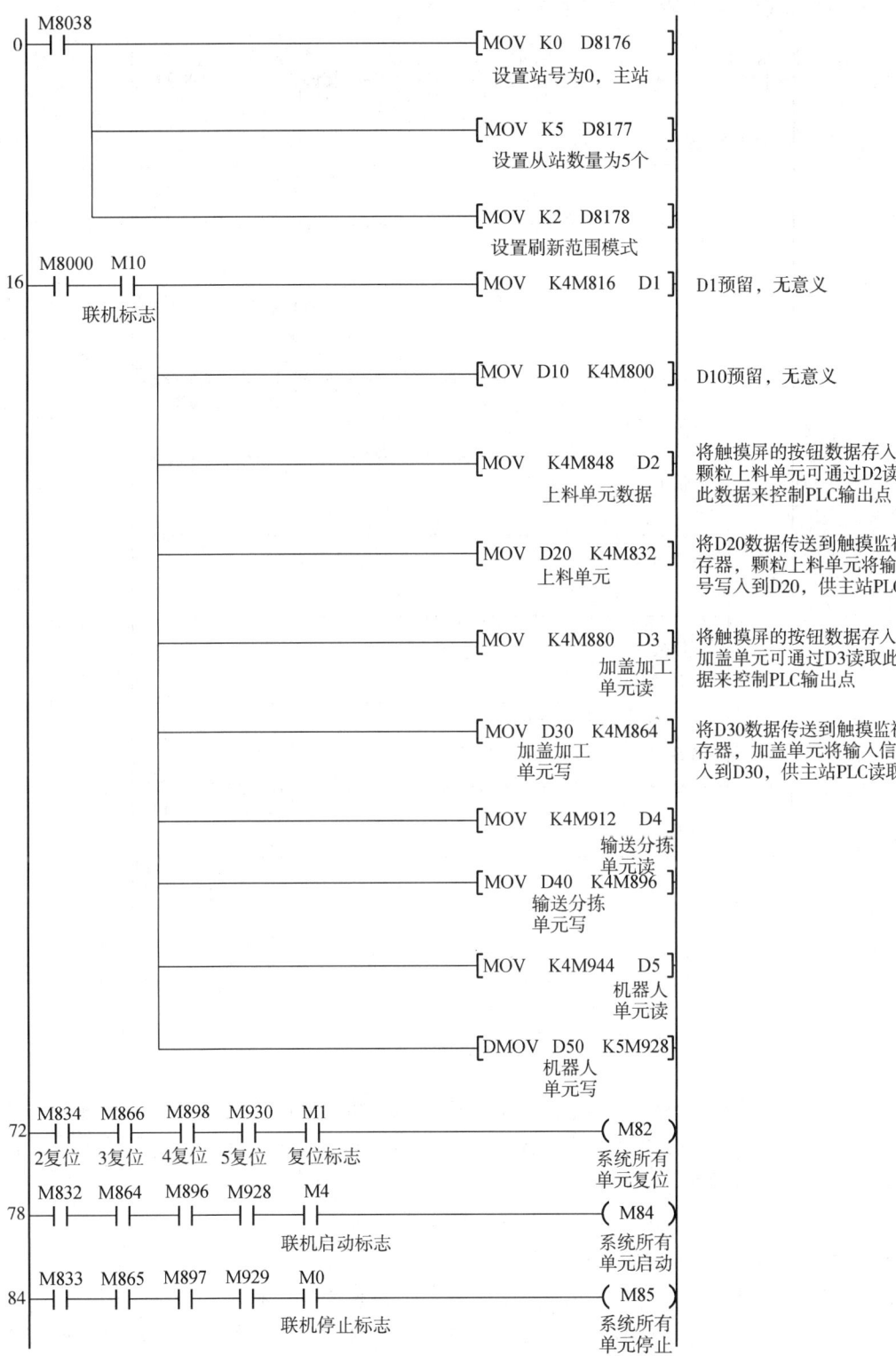

图 2-8-4 主站(成品入仓单元)通信程序

(2) 上料单元的通信程序(请参考图 2-8-5)。

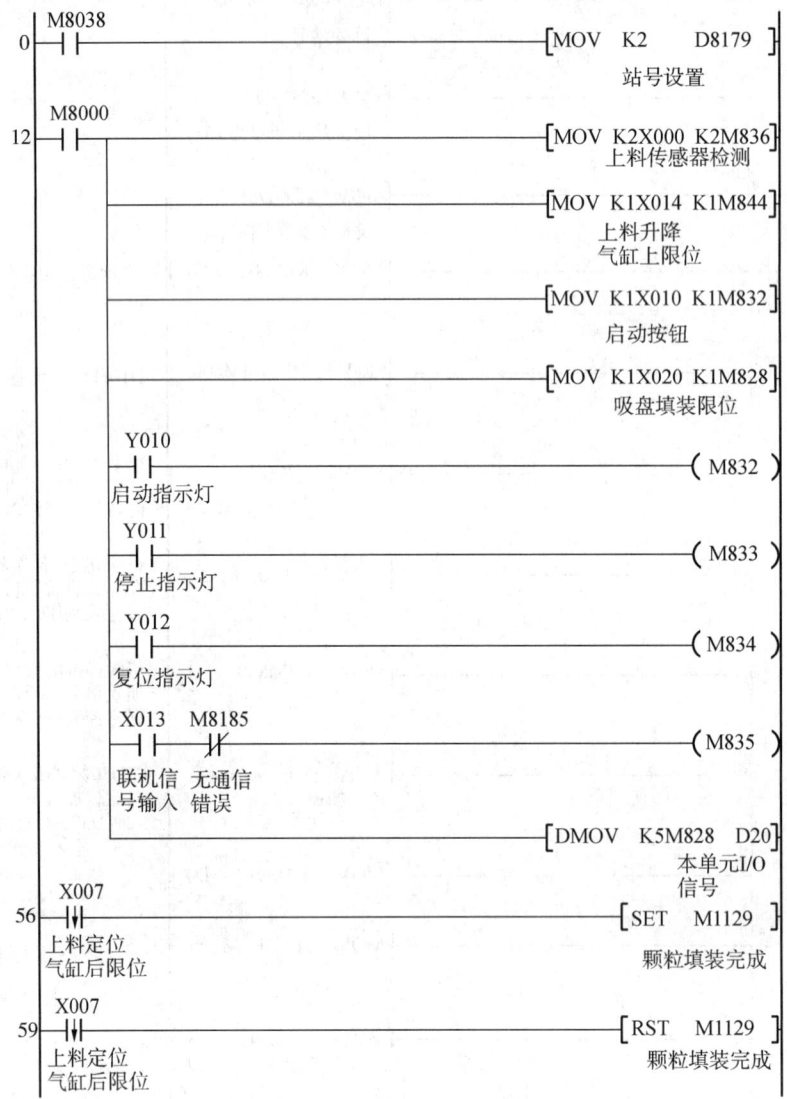

图 2-8-5 上料单元通信程序

程序过程是,首先通过 MOV 指令和 OUT 输出指令将分散的 X 点输入、Y 点输出等数据存储到 M828 开始的连续的辅助继电器区域内,再通过"DMOV"指令将这些数据一次性复制到 D20 内传送给主站。

(3) 其它单元的通信程序请参考以上两个单元通信程序编写。

6. 根据控制要求,组态各触摸屏程序

图 2-8-6、图 2-8-7 所示分别为触摸屏主画面和颗粒上料单元 I/O 监控画面,请根据控制要求,组态触摸屏的程序,其它单元可参照图 2-8-7 进行组态,组态程序的步骤和方法,请参考"基本技能篇"相关部分内容。

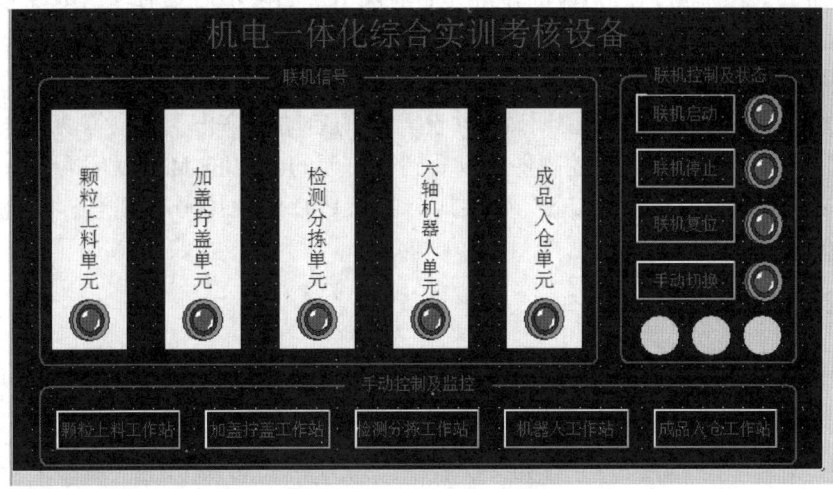

图 2-8-6 触摸屏主画面

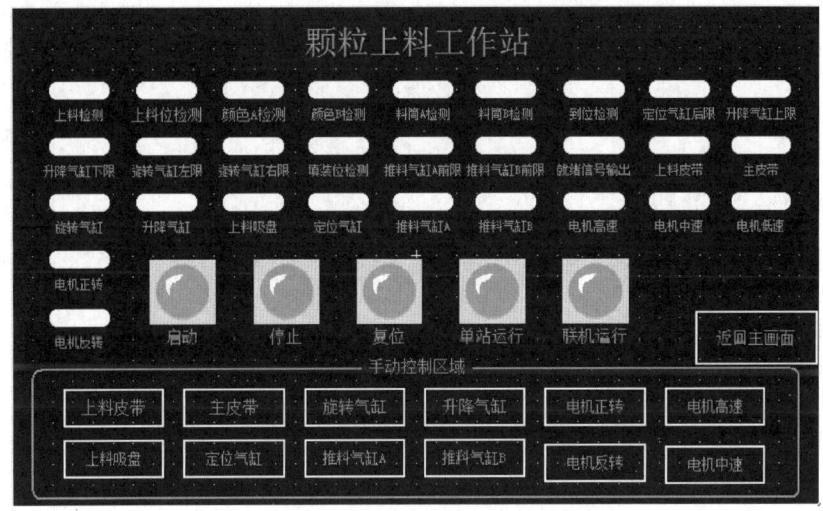

图 2-8-7 颗粒上料单元 I/O 监控画面

7. 联机调试与运行

在各单元单站调试完成的情况下，开始联机调试。

(1) PLC 与 PLC 之前的通信调试。下载完各单元的程序后，先进行手动强制改变通信数据，以测试通信参数是否设置正确。

(2) I/O 监控画面输入信号调试。例如图 2-8-7 所示 I/O 监控画面，通过用手或其它工具物品遮挡"上料传感器"的光纤头，同时查看触摸屏画面上"上料传感器"指示灯是否由红色变为绿色，如果没有变绿色说明颗粒上料单元 PLC 与成品入仓单元 PLC 之间或成品入仓单元 PLC 与触摸屏之间的通信存在错误，此时通过 PLC 监控软件来缩小错误查找范围。

(3) I/O 监控画面输出信号调试。例如图 2-8-7 所示 I/O 监控画面，用手按画面[上料皮带]按钮,上料单元 PLC 对应的 Y00 是否有输出,如果 Y00 没有输出则说明上料单元 PLC 与成品入仓单元 PLC 之间或成品入仓单元 PLC 与触摸屏之间的通信存在错误,此时也需要通过 PLC 监控软件来缩小错误查找范围。

(4)主画面调试。主画面主要调试整个生产线的启动、停止、复位等功能。按下主画面的[启动]按钮,通过 PLC 监控软件可以看到各单元的 PLC 的 M1000 闭合,如果单元处于就绪状态,则可以进入运行状态;如果某个单元 PLC 的 M1000 没闭合,则说明通信连接存在问题。

三、学习任务拓展

(1)如果通信方式改为无协议通信方式,通信程序该如何编写,参数该如何设置?

(2)如果触摸屏为西门子触摸屏,如何选择通信协议?

第三篇 拓展技能篇

本篇内容是第一篇、第二篇内容的延伸和拓展,只有在学习基本技能篇和综合技能篇相关项目的基础上才能更好地完成本篇各项目的学习任务,培养学生的创新思维和创新能力。

工作项目一　工业洗衣机控制系统程序设计与运行

一、情景描述

某工厂的工业洗衣机由 PLC 控制，洗涤电机 M_1 是由变频器驱动的三相电机，脱水电机 M_2 是由工频电直接驱动的高速三相电机。进水、排水电磁阀和水位高/低开关分别用指示灯(在触摸屏上模拟显示，非实际 I/O 控制)表示。人机界面触摸屏对工业洗衣机运行状态进行监视与控制。

二、控制要求

(1) 接通电源，通过触摸屏操作系统。

(2) 系统初始状态
- M_1 停止，M_2 停止；
- 进水电磁阀与排水电磁阀处于关闭状态；
- 高水位开关与低水位开关处于复位状态；
- 系统 LED 指示灯为熄灭状态。

(3) 按触摸屏[启动]键。

(4) 进水程序开始。进水电磁阀开启(触摸屏绿色指示灯亮)，随即低水位开关触发(触摸屏相应指示灯亮)，3s 后水位达到高水位时高水位开关触发(触摸屏相应指示灯亮)，进水电磁阀关闭(触摸屏绿色指示灯灭)。

(5) 洗涤程序开始。电机 M_1 开始正转(触摸屏相应指示灯亮)，洗涤 2s，暂停 1s；电机 M_1 反转(触摸屏相应指示灯亮)，洗涤 2s，暂停 1s，洗涤程序重新开始，为一个小循环。洗涤时变频器输出频率可在 20~40Hz 之间任意设置。小循环连续 3 次。

(6) 小循环 3 次后开始排水程序。电机 M_1 停止，排水电磁阀开启(触摸屏红色指示灯亮)，随即高水位开关复位(触摸屏相应灯灭)，4s 后水位到达低水位时，低水位开关复位(触摸屏相应灯灭)，排水停止，排水电磁阀关闭(相应指示灯灭)。

(7) 脱水程序开始。电机 M_2 高速运行(触摸屏相应指示灯亮)，工作 5s 后，电机停转(相应指示灯灭)，单个大循环洗涤完成。

(8) 返回进水程序，进入下一个大循环，完成 2 次大循环后，系统 LED 灯(触摸屏蓝色指示灯)闪烁 5 次，闪烁频率为 1Hz，所有洗涤结束。

(9) 在任意时刻按触摸屏上[停止]键，电动机 M_1、M_2 和进水、排水电磁阀停止工作，其它状态保留，再按[启动]键，程序继续运行。

(10) 在系统停止后按[复位]键，系统所有状态恢复到初始状态。

(11) 系统具有手动调试功能，对执行机构进行手动控制。

三、人机界面设计要求

（1）画面一：主界面。画面显示"工业洗衣机控制系统程序设计"以及日期。按"手动控制"或"自动控制"后方可进入下一个操作界面。

（2）画面二：自动控制界面。设置启动、停止、复位控制按钮和各种状态指示，其中洗涤频率的数值为20～40，可任意设置。

（3）画面三：手动控制界面。可手动控制M_1电机正向洗涤、反向洗涤和M_2电机高速脱水，并能设置洗涤频率，运行频率范围20～40Hz。

（4）画面四：优化后自动控制画面。设置启动、停止、复位控制按钮和各种状态指示，其中洗涤频率可任意设置（范围：20～40Hz），洗涤时间可设置（范围：1～5s），脱水时间可设置（范围：4～6s），小循环次数可设置（范围：3～5次），大循环次数可设置（范围：3～5次）。

（5）所有画面布局整齐美观，颜色协调，指示灯颜色按控制要求显示正确，功能齐全，并能相互切换。以上界面仅供参考，学习者可根据PLC程序设计情况自行增加或调整画面内容。

四、设备与器材

①西门子S7-300、S7-200各1台；②变频器（西门子MM440）；③三相电机2台；④触摸屏（昆仑通态TPC7062KS）1台；⑤安装平台1个。

五、任务要求

（1）学习任务1　根据控制要求，设计工业洗衣机控制系统电气原理图，并进行电气连接。

（2）学习任务2　根据控制要求，设计控制程序并优化运行。

六、任务实施

（1）根据工业洗衣机的控制要求，设计和绘制控制系统电气原理图，并在安装平台上进行电气连接。

（2）根据控制要求，绘制工业洗衣机PLC程序流程图。

（3）程序设计

①根据系统控制要求设置变频器相关参数。

②正确配置触摸屏与PLC的通信参数，正确组态S7-300与S7-200的Profibus通信参数，使整个系统能够协调工作。

③触摸屏画面组态。根据工业洗衣机系统"人机界面设计要求"制作。

④设计系统控制程序。根据工业洗衣机系统"控制要求"，设计系统控制程序。

⑤系统优化。在控制要求完成程序编制的基础上，能对洗涤时间、脱水时间和大/小循环次数进行任意修改（范围：最长洗涤时间≤5s，最长脱水时间≤8s，最大循环次数≤5次）。

4. 调试与运行

根据控制要求，细心调整各部件相关参数和控制程序，使系统运行正常。

工作项目二 手编器(手机)装配生产线系统自动化运行与优化

一、装配自动化生产线的工作过程简述

装配生产线系统由上料整列单元、6轴机器人按键装配单元和加盖单元组成,是含有工业机器人的模拟企业手机装配系统的智能设备。系统的上料整列单元将按键托盘送入工作区并把手机底座定位在装配工位上,由6轴机器人把手机按键送到装配工位的手机底座上。当按键装配完成后,上盖机构把手机盖送到固定工位,由6轴工业机器人加盖装配并送入仓库。

二、设备与器材

①手机装配自动化生产线模拟工作平台;②三菱6轴工业机器人1台。

三、控制要求

1. 初始状态
(1)上料整列单元:机座推杆缩回,按键推杆缩回。
(2)6轴机器人单元:机器人回到安全原点,机器人抓手张开。
(3)加盖单元:机盖升降台处于原点传感器位置,推盖机构缩回。
2. 系统控制要求
(1)上电后,打开气阀,气压调节到0.4MPa,各单元自动复位到初始状态,"复位"指示灯亮。
(2)将4套按键按照图3-2-1所示顺序排列在托盘上,将4套机座根据机座标识所示方向放置到机座料仓内,同时将4个手机盖根据手机盖标识所示方向放置在升降机构内。

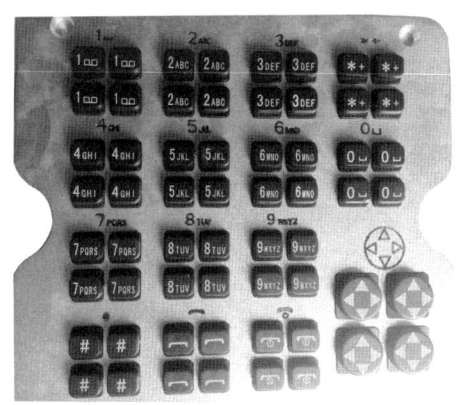

图3-2-1 按钮在托盘上的排列方式

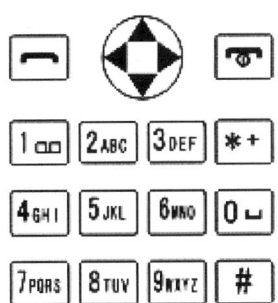

图3-2-2 按钮在机座上的排列方式

(3)将各单元切换到联机状态,按上料整列单元[启动]按钮,系统进入运行状态,所有单元"启动"指示灯亮,"复位"指示灯灭。

(4)按上料整列[送料]按钮,按键气缸将按键托盘送入工作区。

(5)同时机座气缸推出,将机座固定在装配工位上。

(6)加盖单元升降机构将盖子上升到出料位置,推盖机构将机盖推出到抓取位置后收回。

(7)机器人开始装配,将托盘上按键按照图3-2-2所示位置装配到手机座上。

(8)按键装配完成后,机器人再将盖子装在机座上,最后将手机放到料仓1内。

(9)重复第(5)到第(7)步直到4个手机全部装配完成并入仓。

(10)3个单元的数据通信可按485的通信方式进行。

四、任务要求

(1)学习任务1 根据控制要求,设计装配生产线的工业机器人单元电气原理图,并进行电气连接。

(2)学习任务2 编写装配生产线系统控制程序并调试优化运行。

五、任务实施

(1)绘制工业机器人单元的电气原理图并进行电气连接。

(2)根据控制要求绘制上料整列单元、6轴机器人按键装配单元和加盖单元PLC程序流程图、机器人运动轨迹图。

(3)根据控制要求,参照表3-2-1、表3-2-2和表3-2-3所示3个单元的PLC和机器人的I/O分配表设计整列单元机器人按键装配、取盖、加盖和产品入库控制程序。

表3-2-1 上料整列单元I/O分配表

序号	PLC I/O	功能描述	备注
1	X0	按下[启动]按钮,X0闭合	
2	X1	按下[停止]按钮,X1闭合	
3	X2	按下[复位]按钮,X2闭合	
4	X3	联机信号触发,X3闭合	
5	X4	推料到位检测传感器感应,X4闭合	
6	X5	按键底座检测传感器感应,X5闭合	
7	X6	料仓检测传感器感应,X6闭合	
8	X7	机座气缸伸出限位感应,X7闭合	
9	X10	机座气缸缩回限位感应,X10闭合	
10	X11	按键气缸伸出限位感应,X11闭合	
11	X12	按键气缸缩回限位感应,X12闭合	
12	X13	按下送料按钮,X13闭合	
13	Y4	Y4闭合,"启动"指示灯亮	
14	Y5	Y5闭合,"停止"指示灯亮	
15	Y6	Y6闭合,"复位"指示灯亮	
16	Y7	Y7闭合,机座气缸电磁阀得电	
17	Y10	Y10闭合,按键气缸电磁阀得电	

表3-2-2 机器人单元I/O分配表

序号	PLC信号名称	功能描述	对应机器人I/O	备注
1	X6	机器人输出取盖到位信号，OUT15为ON，X6闭合	OUT15	
2	X7	机器人输出换料信号，OUT14为ON，X7闭合	OUT14	
3	X10	按下[启动]按钮，X10闭合	无	
4	X11	按下[停止]按钮，X11闭合	无	
5	X12	按下[复位]按钮，X12闭合	无	
6	X13	按下[联机]按钮，X13闭合	无	
7	X15	机器人程序RUN中，OUT0为ON，X15闭合	OUT0	专用I/O
8	X16	机器人伺服ON中，OUT1为ON，X16闭合	OUT1	专用I/O
9	X17	机器人异常报警时，OUT2为ON，X17闭合	OUT2	专用I/O
10	X20	机器人操作权有效，OUT3为ON，X20闭合	OUT3	专用I/O
11	X21	机器人程序STOP，OUT4为ON，X21闭合	OUT4	专用I/O
12	X22	机器人回到原点，OUT5为ON，X22闭合	OUT5	
13	X23	机器人装配完成信号输出，OUT6为ON，X23闭合	OUT6	
14	X24	机器人加盖完成信号输出，OUT7为ON，X24闭合	OUT7	
15	X25	机器人入库完成信号输出，OUT8为ON，X25闭合	OUT8	
16	X26	仓库1满，OUT9为ON，X26闭合	OUT9	
17	X27	仓库2满，OUT10为ON，X27闭合	OUT10	
18	Y0	Y0闭合，IN12为ON，机器人伺服ON	IN12	专用I/O
19	Y1	Y1闭合，IN0为ON，机器人程序STOP	IN0	专用I/O
20	Y2	Y2闭合，IN1为ON，机器人伺服OFF	IN1	专用I/O
21	Y3	Y3闭合，IN2为ON，机器人异常复位	IN2	专用I/O
22	Y4	Y4闭合，IN3为ON，机器人程序RUN	IN3	专用I/O
23	Y5	Y5闭合，IN4为ON，操作权申请	IN4	专用I/O
24	Y6	Y6闭合，IN5为ON，机器人程序复位	IN5	专用I/O
25	Y7	Y7闭合，IN6为ON，有料信号	IN6	
26	Y10	Y10闭合，"启动"指示灯亮	无	
27	Y11	Y11闭合，"停止"指示灯亮	无	
28	Y12	Y12闭合，"复位"指示灯亮	无	
29	Y13	Y13闭合，IN7为ON，有盖信号	IN7	
30	Y14	Y14闭合，IN8为ON，盖颜色信号	IN8	
31	Y15	Y15闭合，IN9为ON，PLC复位	IN9	
32	Y16	Y16闭合，IN14为ON，仓库1清空信号	IN14	
33	Y17	Y17闭合，IN15为ON，仓库2清空信号	IN15	

(续表 3-2-2)

序号	PLC 信号名称	功能描述	对应机器人 I/O	备注
34	无	夹具 1 到位,槽型光电 OFF,IN10 为 OFF	IN10	
35	无	夹具 2 到位,槽型光电 OFF,IN11 为 OFF	IN11	
36	无	夹具 3 到位,槽型光电 OFF,IN13 为 OFF	IN13	
37	无	OUT11 为 ON,夹具更换控制电磁阀	OUT11	
38	无	OUT12 为 ON,吸盘 A 电磁阀动作/胶枪电磁阀/抓手电磁阀	OUT12	
39	无	OUT13 为 ON,吸盘 B 电磁阀动作/ NC/抓手电磁阀	OUT13	

表 3-2-3 加盖单元 I/O 分配表

序号	PLC I/O	功能描述	备注
1	X0	步进下限触发,X0 断开	行程开关
2	X1	步进上限触发,X1 断开	行程开关
3	X2	步进原点传感器感应,X2 断开	U 型槽光电
4	X4	颜色 A,X4 闭合;颜色 B,X4 断开	
5	X5	盖到位传感器感应,X5 闭合	
6	X6	有盖检测传感器感应,X6 闭合	
7	X10	按下[启动]按钮,X10 闭合	
8	X11	按下[停止]按钮,X11 闭合	
9	X12	按下[复位]按钮,X12 闭合	
10	X13	联机信号触发,X13 闭合	
11	X15	推盖气缸缩回限位感应,X15 闭合	
12	X16	推盖气缸伸出限位感应,X16 闭合	
13	X17	仓库 1 传感器感应,X17 闭合	
14	X20	仓库 2 传感器感应,X20 闭合	
15	Y0	Y0 闪动,步进脉冲信号触发	
16	Y2	Y2 闭合,步进方向信号触发	
17	Y4	Y4 闭合,推盖气缸电磁阀闭合	
18	Y5	Y5 闭合,"启动"指示灯亮	
19	Y6	Y6 闭合,"停止"指示灯亮	
20	Y7	Y7 闭合,"复位"指示灯亮	

3. 程序调试与运行

设定步进电机细分参数,并设工业机器人运行速度为70%。调试程序,使系统按控制要求运行。

4. 优化运行

为了提高效率,增加功能,使装配生产线系统能优化运行,请按以下所增加功能进行编程设计及调试运行。

(1)为提高工业机器人利用率,改进生产工艺,要求在每个按键装配前,机器人利用胶枪夹具,对每个按键孔位依次进行模拟点胶处理;但机器人模拟点胶时要先选用快速改换夹具,并按照图3-2-3所示实现安装及应用。

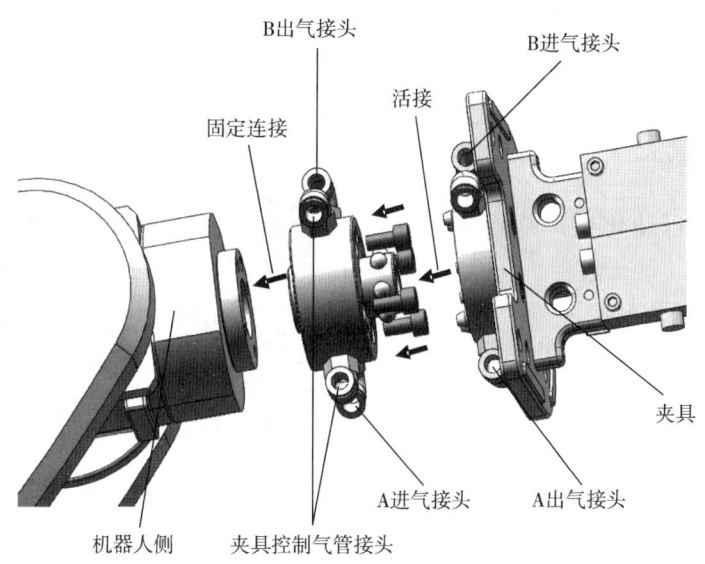

图3-2-3 快换夹具安装示意图

(2)当系统启动运行时,如果料仓1内已经有手机物料,则4个手机要全部准确地放置在料仓2内。

(3)增加报警功能

①当系统启动运行时,如果料仓1和料仓2内全部已经有物料,则系统暂停,加盖单元红灯闪烁进行报警;料仓1或料仓2任一仓内物料被清空后,系统消除报警;延时2s后,系统继续运行。

②当系统启动时,如果机座料筒内无手机底座,上料整列单元红灯闪烁,人工放入机座后,系统消除报警;延时2s后,系统继续运行。

(4)增加停止功能

①系统在运行状态下,任意时刻按上料整列单元[停止]按钮,系统停止运行,所有单元"停止"指示灯亮,"运行"指示灯灭。

②系统在停止状态下,按上料整列单元[复位]按钮,系统复位,所有单元执行机构回到初始位置,"复位"指示灯亮,"停止"指示灯灭。

(5)触摸屏可作为该系统运行状态显示和监控机构。触摸屏画面应包括手动、自动、启动、停止、复位、仓库存放物料状态、报警等功能。

工作项目三　工业机器人二维视觉系统的应用与设计

一、情景描述

某工厂的自动化生产线上,由前面工序生产好的产品需要进行检验并分类,原来用人工实现这一操作,效率较低而且错判率高,成了整个自动化生产线的瓶颈环节。为了增质增效,现要求用二维视觉传感器来实现产品的检验,并将检验的结果发到下一道工序(6轴工业机器人组成的分拣/包装单元),从而达到全自动生产的目的。

二、设备与器材

①手机装配自动化生产线模拟工作平台；
②6轴工业机器人；
③FQ系列二维视觉传感器(见图3-3-1)；
④PLC两套；
⑤快装夹具。

图3-3-1　FQ视觉传感器实物照片

三、任务要求

学习任务1　根据控制需要设计工业机器人与视觉传感器的电气线路,并进行线路安装。

学习任务2　设置二维视觉传感器的参数与模板。

学习任务3　按控制要求编写检验与分拣系统控制程序并调试运行。

四、控制要求

1. 初始状态

(1)6轴机器人单元:机器人回到安全原点,所有夹具归位。

(2)图像检测单元:盒盖升降台处于原点传感器位置,推盖机构缩回,皮带电机停止,视觉传感器准备完毕。

2. 系统控制要求

(1)上电后,打开气阀,气压调节到0.4MPa,各单元自动复位到初始状态,"复位"指示灯亮。

(2)将两套机座根据机座标识所示方向把按键按照图3-3-2所示放置到机座料仓内并安装好手机盖,另

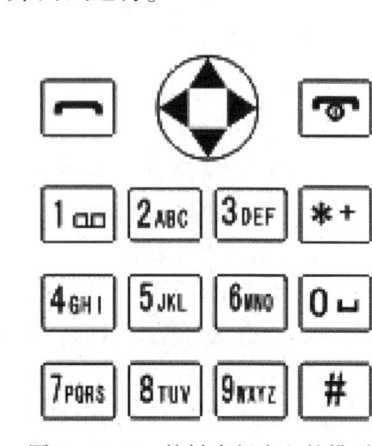

图3-3-2　按键在机座上的排列方式(合格品模板)

两套随意放置但不能与图3-3-2相同。(按照图3-3-2安装的手机设为合格产品,否则视为不合格产品。)

(3)将各单元切换到联机状态,按机器人单元[启动]按钮,系统进入运行状态,所有单元"启动"指示灯亮,"复位"指示灯灭。

(4)同时图像检测单元的皮带电机启动(往机器人单元方向输送),图像检测单元升降机构将包装盒盒盖上升到出料位置。

(5)手动将步骤(2)中组装好的手机放置到图像检测单元皮带的入口端。

(6)当手机输送到来料检测传感器时,利用来料传感器的下降沿信号停止皮带后进行图像拍照并将拍照结果输出到PLC,再由PLC输出给工业机器人。

(7)待拍照完成后,皮带机构将手机输送到皮带的末端,待皮带末端传感器检测触发时,机器人使用1号夹具,根据拍照的结果将手机搬运至不合格区或合格区后将夹具放回原位并回到安全点。

(8)重复第(4)到第(6)步直到4个手机全部分拣完成。

(9)两个单元的数据通信可按485的通信方式进行。

五、任务实施

(1)根据表3-3-1和表3-3-2的I/O情况设计并绘制工业机器人单元的电气线路原理图,根据线路图进行电气连接并进行必要的测试。其中二维视觉传感器的接线如图3-3-3所示,合格信号"OK"的输出信号设置在OUT0(设置步骤详见该产品说明书)。

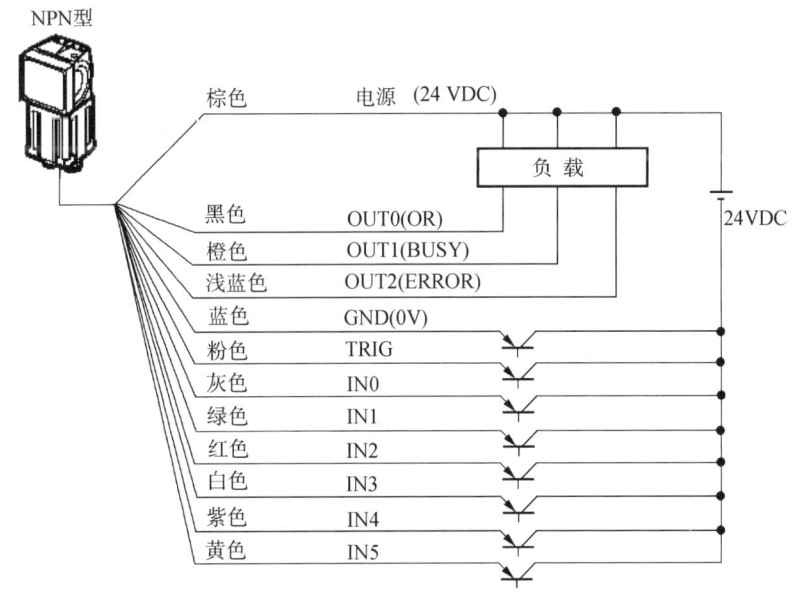

图3-3-3 FQ视觉传感器接线图

（2）根据控制要求，参照表3-3-1和表3-3-2所示两个单元的PLC和机器人的I/O分配表设计机器人分拣产品的控制程序，并按FQ视觉传感器的说明书要求设置"正确模板"与输出端口。

表3-3-1　图像检测单元I/O分配表

序号	PLC名称	功能描述	备注
1	X0	按下[启动]按钮，X0闭合	
2	X1	按下[停止]按钮，X1闭合	
3	X2	按下[复位]按钮，X2闭合	
4	X3	按下[联机]按钮，X3闭合	
5	X4	硬件就绪信号ON，X4闭合	
6	X5	来料检测传感器ON，X5闭合	
7	X6	盒盖检测传感器ON，X6闭合	
8	X7	步进上限位，触发限位，X7断开	
9	X10	步进下限位，触发限位，X10断开	
10	X11	步进原点传感器，触发限位，X11断开	
11	X12	推料气缸前限，限位ON，X12闭合	
12	X13	推料气缸后限，限位ON，X13闭合	
13	X14	盒盖到位检测传感器ON，X14闭合	
14	X15	皮带末端传感器ON，X15闭合	
15	X17	视觉传感器OUT0，OUT0为ON，X17闭合	合格信号
16	X21		
17	X22		
18	Y0	Y0闪烁，脉冲输出到步进驱动器	
19	Y1	Y1闭合，输出方向到步进驱动器	
20	Y4	Y4闭合，"启动"指示灯亮	
21	Y5	Y5闭合，"停止"指示灯亮	
22	Y6	Y6闭合，"复位"指示灯亮	
23	Y7	Y5闭合，IN4为ON，操作权申请	
24	Y10	Y10闭合，皮带电机正转继电器得电	
25	Y11	Y11闭合，皮带电机反转继电器得电	
26	Y12		
27	Y13	Y13闭合，硬件就绪信号，发射传感器ON	
28	Y15		
29	Y17	Y17闭合，视觉一触发信号ON	

表 3-3-2 机器人单元 I/O 分配表

序号	PLC 信号名称	功能描述	对应机器人 I/O	备注
1	X1	机器人输出无法识别盒盖信号,OUT14 为 ON,X1 闭合	OUT14	专用 I/O
2	X3	夹具1到位,槽型光电 OFF,X3 为 OFF	无	
3	X4	夹具2到位,槽型光电 OFF,X4 为 OFF	无	
4	X5	夹具3到位,槽型光电 OFF,X5 为 OFF	无	
5	X6	机器人输出废料仓满信号,OUT13 为 ON,X6 闭合	OUT13	
6	X7	前侧光幕信号,光幕 ON,X7 闭合	无	
7	X10	按下[启动]按钮,X10 闭合	无	
8	X11	按下[停止]按钮,X11 闭合	无	
9	X12	按下[复位]按钮,X12 闭合	无	
10	X13	按下[联机]按钮,X13 闭合	无	
11	X15	机器人程序 RUN 中,OUT0 为 ON,X15 闭合	OUT0	专用 I/O
12	X16	机器人伺服 ON 中,OUT1 为 ON,X16 闭合	OUT1	专用 I/O
13	X17	机器人异常报警时,OUT2 为 ON,X17 闭合	OUT2	专用 I/O
14	X20	机器人操作权有效,OUT3 为 ON,X20 闭合	OUT3	专用 I/O
15	X21	机器人程序 STOP,OUT4 为 ON,X21 闭合	OUT4	专用 I/O
16	X22	机器人回到原点,OUT5 为 ON,X22 闭合	OUT5	
17	X23	机器人取料完成信号输出,OUT6 为 ON,X23 闭合	OUT6	
18	X24	机器人取盖完成信号输出,OUT7 为 ON,X24 闭合	OUT7	
19	X25	机器人包装完成信号输出,OUT8 为 ON,X25 闭合	OUT8	
20	X26	机器人加盖完成信号输出,OUT9 为 ON,X26 闭合	OUT9	
21	X27	机器人输出视觉拍照信号,OUT10 为 ON,X27 闭合	OUT10	
22	Y0	Y0 闭合,IN12 为 ON,机器人伺服 ON	IN12	专用 I/O
23	Y1	Y1 闭合,IN0 为 ON,机器人程序 STOP	IN0	专用 I/O
24	Y2	Y2 闭合,IN1 为 ON,机器人伺服 OFF	IN1	专用 I/O
25	Y3	Y3 闭合,IN2 为 ON,机器人异常复位	IN2	专用 I/O
26	Y4	Y4 闭合,IN3 为 ON,机器人程序 RUN	IN3	专用 I/O
27	Y5	Y5 闭合,IN4 为 ON,操作权申请	IN4	专用 I/O
28	Y6	Y6 闭合,IN5 为 ON,机器人程序复位	IN5	专用 I/O
29	Y7	Y7 闭合,IN6 为 ON,有料信号	IN6	专用 I/O
30	Y10	Y10 闭合,"启动"指示灯亮	无	
31	Y11	Y11 闭合,"停止"指示灯亮	无	
32	Y12	Y12 闭合,"复位"指示灯亮	无	

(续表 3-3-2)

序号	PLC 信号名称	功能描述	对应机器人 I/O	备注
33	Y13	Y13 闭合，IN7 为 ON，有盒信号	IN7	专用 I/O
34	Y14	Y14 闭合，IN8 为 ON，有盖信号	IN8	专用 I/O
35	Y15	Y15 闭合，IN9 为 ON，视觉一 OK 信号	IN9	专用 I/O
36	Y17	Y17 闭合，IN11 为 ON，PLC 复位信号	IN11	专用 I/O
37	无	废料清空信号，废料清空后光电传感器 OFF，IN10 为 OFF	IN10	专用 I/O
38	无	抓手夹紧限位，抓手夹紧时限位 ON，IN13 为 ON	IN13	专用 I/O
39	无	抓手释放限位，抓手释放时限位 ON，IN14 为 ON	IN14	专用 I/O
40	无	OUT11 为 ON，夹具电磁阀动作	OUT11	专用 I/O
41	无	OUT12 为 ON，抓手电磁阀动作	OUT12	专用 I/O

3. 程序调试与运行

设定步进电机细分参数，并设工业机器人运行速度为 70%。调试程序，使系统按控制要求运行。

4. 如果把触摸屏作为工业机器人分拣产品的运行状态的监控机构，请设计触摸屏画面，编写 PLC 和工业机器人控制程序，并调试运行。

参 考 文 献

[1] 梁耀光,余文烋,王小涓,等. 工业控制新技术教程[M]. 广州:华南理工大学出版社,2014.
[2] 魏德仙. 可编程控制器原理及应用[M]. 北京:中国水利水电出版社,2013.
[3] 王阿根. 电气可编程控制原理与应用[M]. 北京:清华大学出版社,2010.
[4] 戴荣. 传感器原理与工程应用[M]. 北京:电子工业出版社,2013.
[5] 叶晖. 工业机器人典型应用案例精析[M]. 北京:机械工业出版社,2013.
[6] 叶晖. 工业机器人工程应用虚拟仿真教程[M]. 北京:机械工业出版社,2014.
[7] 三菱电机自动化(中国)有限公司. FX系列PLC通信手册[EB/OL]. http:∥www.mitsubishielectric.com
[8] 三菱电机自动化(中国)有限公司. FX特殊功能模块手册[EB/OL]. http:∥www.mitsubishielectric.com
[9] 三菱电机自动化(中国)有限公司. FX_{2N}编程手册[EB/OL]. http:∥www.mitsubishielectric.com
[10] 三菱电机自动化(中国)有限公司. FX_{3U}编程手册[EB/OL]. http:∥www.mitsubishielectric.com
[11] 三菱电机自动化(中国)有限公司. FR-A500变频器使用手册[EB/OL]. http:∥www.mitsubishielectric.com
[12] 三菱电机自动化(中国)有限公司. FR-E500变频器使用手册[EB/OL]. http:∥www.mitsubishielectric.com
[13] 深圳市汇川技术股份有限公司. H2U系列PLC指令及编程手册[EB/OL]. http:∥www.inovance.cn
[14] 北京力控元通科技有限公司. 力控组态软件数据库与网络开发手册. [EB/OL]. http:∥www.sunwayland.com
[15] 北京昆仑通态自动化软件科技有限公司. MCGS昆仑通态用户手册 [EB/OL]. http:∥www.mcgs.com.cn
[16] 百度文库 http:∥wenku.baidu.com/